水轮发电机组设备监造工作实践

程诗昊 张华清 张永柱 等 编著

中国三峡出版传媒
中国三峡出版社

图书在版编目（CIP）数据

水轮发电机组设备监造工作实践 / 程诗昊等编著 .
—北京：中国三峡出版社，2023.12
ISBN 978－7－5206－0303－4

Ⅰ.①水… Ⅱ.①程… Ⅲ.①水轮发电机—发电机组—设备—监督管理—研究 Ⅳ.①TM312②TV734.2

中国国家版本馆CIP数据核字（2023）第236989号

中国三峡出版社出版发行
（北京市通州区粮市街2号院　101100）
电话：（010）59401514　59401531
http://media.ctg.com.cn

北京世纪恒宇印刷有限公司印刷　新华书店经销
2023年12月第1版　2023年12月第1次印刷
开本：787毫米×1092毫米　1/16　印张：19.5
字数：505千字
ISBN 978－7－5206－0303－4　定价：130.00元

《水轮发电机组设备监造工作实践》
编 委 会

顾　问：李　峡

主　任：何荣生

副主任：蒯　健　何幼军

主　编：程诗昊　张华清　张永柱

编　写：程诗昊　张华清　张永柱　陈名夏　周　维
　　　　曾联川　程炎圭　陈志华　黄　石　魏兴红

审　查：蔡晓平　郭世忠　何幼军

编　辑：丁晓红　代　敏

前 言

水轮发电机组设备是水电站机电设备的重要组成部分，是实现能量转换并产生经济效益的关键设备。由于各个水电站水文地质、厂房结构、道路运输等条件不一，相关设备制造单位设计理念也各不相同，水轮发电机组设备的型式存在较多种类，即使是同一水电站，不同制造单位设计制造的机组也不尽相同。由于水轮发电机组设备的单件性，给水轮发电机组设备的设计制造带来较大的难度，因此水轮发电机组设备的制造质量和进度控制显得尤为重要。

设备监造就是设备监造单位接受业主方的委托，帮助业主完成设备制造质量和进度控制目标。设备监造制度在我国已实施多年，实践证明，设备监造制度的实施为保证设备的制造质量和交货进度起到了重要作用。

长江三峡技术经济发展有限公司监造业务起始于三峡左岸电站埋件设备，完整经历了国产水电设备的引进、消化、吸收、再创新全过程，是水电站重大装备国产化的见证者和护航者。经过三峡左岸电站埋件监造工作实践的积累，从三峡右岸电站 12 台 70 万 kW 水轮发电机组设备监造开始，长江三峡技术经济发展有限公司又完成了三峡右岸地下电站 6 台 70 万 kW 水轮发电机组设备、向家坝水电站 8 台 80 万 kW 水轮发电机组设备、溪洛渡水电站 18 台 77 万 kW 水轮发电机组设备、马来西亚沐若水电站 4 台 24 万 kW 水轮发电机组设备、呼和浩特抽水蓄能电站 4 台 30 万 kW 抽水蓄能机组设备等累计 52 台机组设备的监造任务，其间还顺利完成了澜沧江流域小湾、景洪、漫湾二期等水电站机组设备的监造工作，其中 70 万 kW 及以上机组达到 50 台。

自 2014 年起，长江三峡技术经济发展有限公司监造团队持续从事乌东德水电站 12 台单机 85 万 kW 水轮发电机组设备、白鹤滩水电站 16 台单机 100 万 kW 水轮发电机组设备、长龙山抽水蓄能电站 6 台单机 35 万 kW 抽水蓄能机组设备、巴基斯坦卡洛特水电站 4 台单机 18 万 kW 水轮发电机组设备的监造任务。

为了全面总结多年来水轮发电机组设备监造工作经验，打造更多的精品工程，我们以乌东德、白鹤滩、长龙山、卡洛特水电站水轮发电机组设备监造经验为主，编写了本书，以期为同行业设备监造工作提供一些借鉴，为其他项目设备监造工作的顺利开展提供一些帮助。

本书由程诗昊、张华清、张永柱等共同编写。其中，程诗昊编写了绪论、第 5 章和第 6 章，张华清编写了第 1 章和第 2 章，张永柱编写了第 3 章和第 4 章，程诗昊、张华清、张永柱、陈名夏、周维、曾联川、程炎圭、陈志华、黄石、魏兴红共同编写了第 7 章、第 8 章和附录。丁晓红、代敏参与了相关文字校对和排版编辑工作。全书由程诗昊、张华清、张永柱统稿。

由于作者水平有限，书中错误和疏漏在所难免，敬请各位读者批评指正！

作　者

2023 年 3 月

目　录

前　言
绪　论 ·· 1
第1章　水轮机设备 ·· 4
　1.1　水轮机的分类 ·· 4
　1.2　水轮机的组成 ·· 4
　　1.2.1　反击式水轮机的组成 ·· 4
　　1.2.2　冲击式水轮机的组成 ·· 5
　1.3　混流式水轮机 ·· 6
　　1.3.1　蜗壳 ··· 6
　　1.3.2　尾水管 ·· 6
　　1.3.3　机坑里衬 ··· 7
　　1.3.4　基础环 ·· 7
　　1.3.5　座环 ··· 8
　　1.3.6　导水机构 ··· 8
　　1.3.7　转轮 ·· 10
　　1.3.8　水轮机主轴 ··· 10
　　1.3.9　主轴密封 ·· 11
　　1.3.10　导轴承 ··· 13
　　1.3.11　水轮机附属装置 ·· 13
　1.4　轴流式水轮机 ··· 14
　　1.4.1　蜗壳 ·· 14
　　1.4.2　座环 ·· 14
　　1.4.3　导水机构 ·· 15
　　1.4.4　转轮 ·· 16
　　1.4.5　尾水管 ··· 17
　　1.4.6　受油器及操作油管 ·· 17
　　1.4.7　主轴及操作油管 ··· 17
　　1.4.8　主轴密封、导轴承和其他辅助设备 ·· 17
　1.5　贯流式水轮机 ··· 17
　　1.5.1　灯泡体及其支撑结构 ·· 18
　　1.5.2　水轮机引水室、管型座 ··· 18

  1.5.3 锥形导水机构 ·· 19
  1.5.4 转轮 ·· 20
  1.5.5 尾水管 ·· 21
  1.5.6 受油器及操作油管 ·· 21
  1.5.7 主轴 ·· 21
  1.5.8 主轴密封 ·· 22
  1.5.9 水导轴承 ·· 22
  1.5.10 附属装置 ·· 22
 1.6 冲击式水轮机 ·· 22
  1.6.1 配水环管 ·· 23
  1.6.2 机壳 ·· 24
  1.6.3 喷管部件 ·· 24
  1.6.4 转轮 ·· 25
  1.6.5 主轴、主轴密封和水导轴承 ·· 25
 1.7 进水阀 ··· 25
  1.7.1 蝶阀 ·· 26
  1.7.2 球阀 ·· 28
  1.7.3 圆筒阀 ·· 29
  1.7.4 进水阀的附属设备 ·· 29

第 2 章 水轮发电机设备 ·· 31
 2.1 定子 ·· 32
  2.1.1 定子机座 ·· 33
  2.1.2 定子铁心 ·· 34
  2.1.3 定子绕组 ·· 37
  2.1.4 定子装配 ·· 39
 2.2 转子 ·· 43
  2.2.1 转轴（发电机轴） ·· 43
  2.2.2 转子支架 ·· 44
  2.2.3 磁轭 ·· 45
  2.2.4 制动环 ·· 47
  2.2.5 旋转挡风板 ··· 48
  2.2.6 磁极 ·· 48
  2.2.7 风扇 ·· 49
  2.2.8 集电装置 ·· 49
 2.3 推力轴承 ·· 50
  2.3.1 推力轴承支撑结构型式 ·· 50
  2.3.2 推力轴承的油压顶起减载装置 ··· 53
  2.3.3 推力轴承油循环冷却 ··· 53
  2.3.4 推力轴承主要结构部件 ·· 55

2.4 导轴承 ·· 56
　2.4.1 具有单独油槽的导轴承 ·· 57
　2.4.2 与推力轴承合用一个油槽的导轴承 ·· 57
　2.4.3 楔子板式导轴承 ·· 57
　2.4.4 导轴承主要结构部件 ·· 57
2.5 机架 ·· 58
　2.5.1 机架分类 ·· 58
　2.5.2 机架组成 ·· 59
2.6 灭火系统 ··· 59
2.7 发电机中性点接地装置 ··· 59
2.8 制动器及制动系统 ·· 59
　2.8.1 机械制动系统 ·· 59
　2.8.2 电气制动 ·· 60
2.9 灯泡贯流式水轮发电机 ··· 60
　2.9.1 总体布置 ·· 60
　2.9.2 灯泡贯流式水轮发电机主要部件 ··· 61

第3章 抽水蓄能电站机组设备 ··· 64
3.1 抽水蓄能电站 ·· 64
　3.1.1 抽水蓄能电站的类型 ·· 64
　3.1.2 抽水蓄能电站在电网中的作用 ·· 64
3.2 抽水蓄能电站的机组 ··· 65
　3.2.1 抽水蓄能机组的型式 ·· 65
　3.2.2 抽水蓄能机组技术发展趋势 ·· 65
3.3 混流式水泵水轮机 ·· 66
　3.3.1 水泵水轮机转轮 ··· 66
　3.3.2 水泵水轮机轴承 ··· 67
　3.3.3 主轴密封 ·· 68
　3.3.4 水泵水轮机导水机构 ·· 68
　3.3.5 水泵水轮机的蜗壳、座环 ··· 69
　3.3.6 水泵水轮机的尾水管、机坑里衬 ··· 70
　3.3.7 水泵水轮机的油、气、水辅助系统 ··· 70
　3.3.8 抽水蓄能机组进水阀 ·· 71
3.4 发电电动机 ··· 71

第4章 水轮发电机组自动化元件（装置） ·· 72
4.1 自动化发信元件 ·· 72
　4.1.1 温度测量类 ·· 72
　4.1.2 压力测量类 ·· 72
　4.1.3 流量测量类 ·· 72
　4.1.4 液位测量类 ·· 73

  4.1.5 位置测量类 ·· 73
  4.1.6 其他 ·· 73
 4.2 自动化执行元件 ·· 73
  4.2.1 电控类 ·· 73
  4.2.2 液控类 ·· 73

第5章 设备监造概述 ·· 74
 5.1 设备监造的定义 ·· 74
 5.2 设备监造组织机构及人员职责 ·· 75
  5.2.1 设备监造组织机构 ·· 75
  5.2.2 设备监造人员职责 ·· 75
 5.3 设备监造工作程序 ·· 77
  5.3.1 设备监造准备 ·· 77
  5.3.2 设备制造准备阶段的监造工作 ·· 79
  5.3.3 设备制造过程的监造工作 ·· 79
  5.3.4 设备出厂检查 ·· 79
  5.3.5 设备监造工作总结与监造档案移交 ······································ 80
 5.4 设备监造工作内容和目标 ·· 80
  5.4.1 设备监造工作内容 ·· 80
  5.4.2 设备监造工作目标 ·· 80
 5.5 设备监造工作依据和方法 ·· 81
  5.5.1 设备监造工作依据 ·· 81
  5.5.2 设备监造工作方法 ·· 81
 5.6 设备监造报告 ·· 84
  5.6.1 设备监造报告的种类 ·· 84
  5.6.2 设备监造报告的编号 ·· 86

第6章 设备监造工作的实施 ·· 87
 6.1 进度控制 ·· 87
  6.1.1 进度控制的依据 ·· 87
  6.1.2 进度控制的方法 ·· 87
 6.2 质量控制 ·· 88
  6.2.1 质量控制的方法 ·· 88
  6.2.2 具体工序的质量控制 ·· 89
 6.3 信息管理 ·· 93
 6.4 外协外购部件管理 ·· 93

第7章 水轮发电机组设备监造质量控制实例 ······································ 95
 7.1 水轮机部分——以乌东德右岸电站为例 ·· 95
  7.1.1 尾水锥管 ·· 95
  7.1.2 尾水肘管 ·· 96
  7.1.3 蜗壳 ·· 98

7.1.4　机坑里衬 ··· 100
7.1.5　座环 ··· 101
7.1.6　基础环 ·· 104
7.1.7　转轮 ··· 106
7.1.8　顶盖 ··· 109
7.1.9　底环 ··· 111
7.1.10　活动导叶 ·· 113
7.1.11　导叶操作机构 ·· 115
7.1.12　导叶接力器 ··· 117
7.1.13　主轴 ·· 118
7.1.14　水导轴承 ·· 121
7.1.15　主轴密封 ·· 122
7.2　发电机部分——以白鹤滩右岸电站为例 ·· 124
7.2.1　定子机座 ·· 124
7.2.2　定子铁心 ·· 126
7.2.3　定子线棒 ·· 128
7.2.4　转子支架 ·· 130
7.2.5　转子磁轭 ·· 133
7.2.6　转子磁极 ·· 135
7.2.7　发电机主轴 ··· 136
7.2.8　发电机上端轴 ·· 138
7.2.9　下机架 ··· 140
7.2.10　上机架 ··· 142
7.2.11　推力轴承 ·· 143
7.2.12　上导轴承 ·· 147
7.2.13　下导轴承 ·· 148
7.2.14　集电环装配 ··· 149
7.3　水泵水轮机部分——以长龙山抽水蓄能电站为例 ································· 150
7.3.1　尾水锥管 ·· 150
7.3.2　尾水肘管 ·· 152
7.3.3　机坑里衬 ·· 154
7.3.4　座环与蜗壳 ··· 156
7.3.5　转轮 ·· 160
7.3.6　顶盖 ·· 163
7.3.7　底环 ·· 165
7.3.8　活动导叶 ·· 167
7.3.9　导叶操作机构 ·· 169
7.3.10　接力器 ··· 171
7.3.11　主轴 ·· 172

7.3.12 水导轴承 ··· 174
  7.3.13 主轴密封 ··· 175
 7.4 发电电动机部分——以长龙山抽水蓄能电站为例 ······································· 176
  7.4.1 定子机座 ··· 177
  7.4.2 定子铁心 ··· 178
  7.4.3 定子线棒 ··· 179
  7.4.4 发电电动机转子轴 ··· 181
  7.4.5 转子磁轭 ··· 182
  7.4.6 转子磁极 ··· 184
  7.4.7 下机架 ·· 185
  7.4.8 上机架 ·· 187
  7.4.9 推力轴承 ··· 189
  7.4.10 上导轴承 ·· 191
  7.4.11 下导轴承 ·· 191
  7.4.12 集电环装配 ··· 193
 7.5 进水球阀部分——以长龙山抽水蓄能电站为例 ······································· 194
  7.5.1 球阀主体 ··· 194
  7.5.2 伸缩节 ·· 197
  7.5.3 延伸段 ·· 198
  7.5.4 旁通阀和旁通管路 ··· 200
  7.5.5 球阀接力器 ·· 201
  7.5.6 球阀油压装置 ··· 202

第8章 水轮发电机组设备监造典型质量案例 ··· 203
 8.1 设计类 ··· 203
  8.1.1 乌东德右岸电站尾水排水阀材料与采购合同要求不符 ······························ 203
  8.1.2 乌东德右岸电站顶盖平压管材质与采购合同要求不符 ······························ 203
  8.1.3 乌东德右岸电站顶盖油箱管路材料与采购合同要求不符 ··························· 203
  8.1.4 乌东德右岸电站磁轭拉紧螺杆图纸要求机械性能指标低于
     行业标准要求 ··· 204
  8.1.5 白鹤滩右岸电站座环第1瓣大舌板内侧与环板接触处1处焊缝漏标 ············· 204
  8.1.6 白鹤滩右岸电站座环第1瓣蜗壳尾节处设计改进 ····································· 205
  8.1.7 白鹤滩右岸电站顶盖图纸合缝面间隙要求与标准不符 ······························ 205
 8.2 原材料类 ·· 206
  8.2.1 乌东德右岸电站7号水轮机主轴下法兰材料检测不合格 ··························· 206
  8.2.2 乌东德右岸电站7号水轮机固定导叶原材料检测不合格 ··························· 206
  8.2.3 乌东德右岸电站7号机磁轭钢板材料业主方复检不合格 ··························· 206
  8.2.4 乌东德右岸电站8号机发电机镜板轴承面硬度不符合合同要求 ·················· 207
  8.2.5 乌东德右岸电站7、8、9、10号发电机镜板化学成分超标 ························· 207
  8.2.6 乌东德右岸电站8号发电机下端轴筒体材料检测不合格 ··························· 208

8.2.7 乌东德右岸电站9号机转轮叶片1片精加工铲磨后PT探伤
发现4处裂纹缺陷 ·· 208
8.2.8 乌东德右岸电站11号机转轮叶片（5-1号）发现4处裂纹缺陷 ······ 208
8.2.9 乌东德右岸电站10号机控制环把合板母材缺陷 ······················ 209
8.2.10 乌东德右岸电站9、11号机座环原材料检测不符合要求 ············ 210
8.2.11 乌东德左岸电站1号水轮机座环3/4瓣环板母材表面裂纹 ········· 210
8.2.12 白鹤滩右岸电站座环环板材质不合格 ···································· 211
8.2.13 白鹤滩右岸电站座环固定导叶材质不合格 ······························ 211
8.2.14 白鹤滩右岸电站座环大舌板力学性能检测不合格 ···················· 211
8.2.15 白鹤滩右岸电站活动导叶力学性能检测不合格 ······················· 212
8.2.16 白鹤滩右岸电站转轮上冠Ni元素含量不合格 ·························· 212
8.2.17 白鹤滩右岸电站2个上冠、1个下环热处理温度偏低 ················ 212
8.2.18 白鹤滩右岸电站转轮叶片厂家出现部分二次回火温度偏低 ········ 212
8.2.19 白鹤滩左岸电站座环260mm厚环板（SXQ500D-Z35）业主方
检验不合格 ·· 213
8.2.20 白鹤滩左岸电站座环80mm厚过渡板（SX780CF）业主方
检测不合格 ·· 213
8.2.21 长龙山抽水蓄能电站球阀活动密封环铸件表面缺陷 ················· 213
8.2.22 长龙山抽水蓄能电站3、4号机磁轭拉紧螺杆生产不规范 ·········· 213
8.2.23 卡洛特水电站1号机上端轴原材料化学元素不合格 ·················· 214
8.3 焊接类 ··· 214
8.3.1 乌东德右岸电站12号机座环环板与固定导叶焊缝热处理前UT
发现较多缺陷 ·· 214
8.3.2 乌东德右岸电站12号机座环固定导叶MT探伤发现裂纹 ············ 214
8.3.3 乌东德右岸电站7号机底环止漏环塞焊区发现较多缺陷 ············ 215
8.3.4 乌东德右岸电站7号机下机架锥筒与中环板高度超差 ··············· 215
8.3.5 乌东德右岸电站12号水轮机座环20个吊耳大量返修 ··············· 216
8.3.6 乌东德右岸电站基础环分包单位不具备整体热处理条件 ··········· 216
8.3.7 乌东德右岸电站9号机顶盖环板拼焊探伤合格后在焊缝及热影响区
进行火焰矫形 ··· 216
8.3.8 乌东德左岸电站1、6号水轮机座环蜗壳尾节（第30节）违规矫形 ····· 217
8.3.9 乌东德左岸电站5号机座环机加工组圆后预验收尺寸超差 ········· 217
8.3.10 乌东德左岸电站2号机座环固定导叶出水边变形与缺肉问题 ······ 217
8.3.11 乌东德左岸电站2号机下机架焊接质量问题 ··························· 217
8.3.12 白鹤滩右岸电站座环焊接尺寸检查不满足见证条件 ·················· 218
8.3.13 白鹤滩右岸电站座环第1瓣蜗壳第25节下料成型过程中火焰矫形 ···· 218
8.3.14 白鹤滩右岸电站座环焊接预热温度不符合工艺要求 ·················· 219
8.3.15 白鹤滩右岸电站座环第3瓣退火后探伤检查发现一处裂纹缺陷 ··· 219
8.3.16 白鹤滩右岸电站座环上环板UT探伤发现一处超标缺陷 ············ 219

8.3.17 白鹤滩右岸电站顶盖油箱盖法兰出现焊接变形 ·········· 220
8.3.18 白鹤滩右岸电站顶盖第 4 瓣外圆侧减压管路法兰处存在磕碰伤、
漏焊等现象 ·········· 220
8.3.19 白鹤滩左岸电站 1 号机下机架母材焊后出现裂纹 ·········· 220
8.3.20 白鹤滩左岸电站座环焊缝焊接缺陷过多 ·········· 221
8.3.21 白鹤滩左岸电站 8 号机座环 +X 瓣退火后焊接尺寸超差 ·········· 221
8.3.22 长龙山抽水蓄能电站 3 号机蜗壳座环焊接尺寸超差 ·········· 221
8.3.23 长龙山抽水蓄能电站 3 号机球阀焊缝退火后 TOFD 出现缺陷 ·········· 221
8.3.24 长龙山地下电站 1 号机磁轭圈焊接裂纹 ·········· 222
8.3.25 长龙山抽水蓄能电站 1 号机蜗壳座环凑合节装配不合格 ·········· 222
8.3.26 卡洛特水电站 1 号水轮机尾水管肘管撑节发现十字焊缝 ·········· 222

8.4 机加工类 ·········· 223

8.4.1 乌东德右岸电站 8 号机转轮叶片坡口加工缺肉 ·········· 223
8.4.2 乌东德右岸电站 7 号发电机推力轴承推力头与镜板配合止口外圆
直径尺寸超差 ·········· 223
8.4.3 乌东德右岸电站 8 号机定子基础板螺孔螺距加工错误 ·········· 224
8.4.4 乌东德右岸电站 9 号水轮机座环固定导叶因加工缺肉大面积补焊 ·········· 224
8.4.5 乌东德右岸电站 7 号机顶盖 +Y、−Y 瓣机加工把合孔加工错误 ·········· 225
8.4.6 乌东德右岸电站 9 号机定子机座下基础板螺孔乱扣 ·········· 225
8.4.7 乌东德左岸电站 1 号水轮机基础环 G1/2 寸管螺纹通止规检查不合格 ·········· 225
8.4.8 乌东德左岸电站 3 号机座环底环基础板 M72 螺纹孔预钻孔位置
开错问题 ·········· 226
8.4.9 乌东德左岸电站 2 号机座环底环基础板尺寸 P8 超差问题 ·········· 226
8.4.10 乌东德左岸电站 6 号机镜板机加工问题 ·········· 226
8.4.11 乌东德左岸电站 4 号机压力腔机加工问题 ·········· 227
8.4.12 乌东德左岸电站 1 号机转轮下环机加工问题 ·········· 227
8.4.13 乌东德左岸电站 3 号机推力头 M56 螺纹孔烂牙 ·········· 227
8.4.14 乌东德左岸电站 3 号机发电机主轴机加工质量问题 ·········· 227
8.4.15 白鹤滩右岸电站导叶臂精加工后尺寸和探伤检查不满足
现场见证条件 ·········· 228
8.4.16 白鹤滩右岸电站 9 号机座环第 2 瓣上环板加工后过流面有一处
大面积黑皮 ·········· 228
8.4.17 白鹤滩右岸电站 13 号机座环第 2 瓣 4 号固定导叶进水边头部
发现明显的棱 ·········· 228
8.4.18 白鹤滩右岸电站 14 号机导叶臂上端面有一处螺纹孔螺纹损坏 ·········· 229
8.4.19 白鹤滩右岸电站 14 号机发电机主轴非驱动端联轴螺孔（20-M140×6）
的一个丝孔局部掉牙 ·········· 229
8.4.20 白鹤滩右岸电站 14 号机转子磁轭片螺栓孔部位存在凸点 ·········· 229
8.4.21 白鹤滩右岸电站 15 号机导水机构零件上套筒与止推压板同钻铰后，

　　　　发现4件不合格 230
　　8.4.22　白鹤滩右岸电站磁极线圈备件端部散热翅均存在变形 230
　　8.4.23　白鹤滩左岸电站首台机座环舌板机加工尺寸错误 231
　　8.4.24　长龙山抽水蓄能电站1号机鸽尾筋表面压痕 231
　　8.4.25　长龙山抽水蓄能电站3号机球阀机加工尺寸超差 231
　　8.4.26　长龙山抽水蓄能电站1号机磁轭圈加工错误 232
　　8.4.27　卡洛特1号机座环螺纹孔不合格 232
　　8.4.28　卡洛特1号机顶盖机加工尺寸超差 232
8.5　装配试验类 233
　　8.5.1　乌东德右岸电站定子线棒检验、试验方法改进及供应商选择的问题 233
　　8.5.2　乌东德右岸电站9号发电机定子线棒电晕试验不合格 233
　　8.5.3　白鹤滩右岸电站控制环侧瓦出现刮痕 233
　　8.5.4　白鹤滩右岸电站顶盖第2瓣减压管打压试验出现渗漏 233
　　8.5.5　白鹤滩右岸电站磁极装配交流耐压试验时，升压过程中出现放电现象 ... 234
8.6　涂漆外观和包装仓储类 235
　　8.6.1　乌东德右岸电站12、7号机座环喷漆转序不规范，防护处理不合格 235
　　8.6.2　乌东德右岸电站7号机磁极成品包装后露天存放 235
　　8.6.3　乌东德右岸电站7号发电机定子线棒氧化锈蚀 236
　　8.6.4　乌东德右岸电站9号水轮机底环包装破损，加工面擦伤 236
　　8.6.5　乌东德右岸电站9号发电机定子线棒外观破损及划痕 237
　　8.6.6　乌东德右岸电站9号发电机铜环引线包绝缘固化后外观质量较差 237
　　8.6.7　乌东德右岸电站10号发电机定子线棒外观质量不合格 237
　　8.6.8　白鹤滩右岸电站14号机定子线棒端部外观质量较差 238
　　8.6.9　白鹤滩右岸电站11号机座环涂漆质量不满足要求 238
　　8.6.10　卡洛特水电站3号机尾水肘管未涂面漆发运 239
　　8.6.11　卡洛特水电站2号机新增肘管、3号机中墩护头涂漆 239

附　录 240
　　附录A　水轮发电机组设备监造规划模板 240
　　附录B　水轮发电机组设备监造协议模板 241
　　附录C　水轮发电机组设备监造细则模板 244
　　附录D　水轮发电机组设备监造相关报告模板 245
　　附录E　水轮发电机组设备监造所需相关标准 259
　　附录F　水轮发电机组主要设备材料使用情况 264
　　附录G　水轮发电机组主要设备规格 271
　　附录H　水轮发电机组设备见证点设置参考 277
　　附录I　水轮发电机组设备原材料业主方检测清单参考 291

参考文献 293

绪　论

水电站需要进行监造的设备一般包括金属结构和机电设备两大部分。金属结构主要包括泄水建筑物、引水建筑物和通航建筑物等水工建筑物的各类闸门、启闭机、压力钢管、拦污栅等，是水电站输排水系统的重要设施。机电设备是指水电站内承担着能量转换、能量调节、能量控制、能量传输、安全监测和保护等作用的相关设备，主要包括发电设备、辅助设备、配电变电设备、监控保护设备。

发电设备主要是水轮发电机组及其辅助设备，主要包括水轮机和发电机两部分。水轮机是将水能转换为机械能的原动机，主要利用水流的势能和动能作为原动力，使转轮旋转输出机械能。水轮发电机是与水轮机连接配套的旋转磁极式交流同步发电机，可以将机械能转换为电能。水轮发电机组包括常规水轮发电机组和抽水蓄能机组，所有的水轮机和发电机基本都是通过"法兰盘"连接为一个整体，几种机组典型结构见图0-1~图0-4。调速器及其

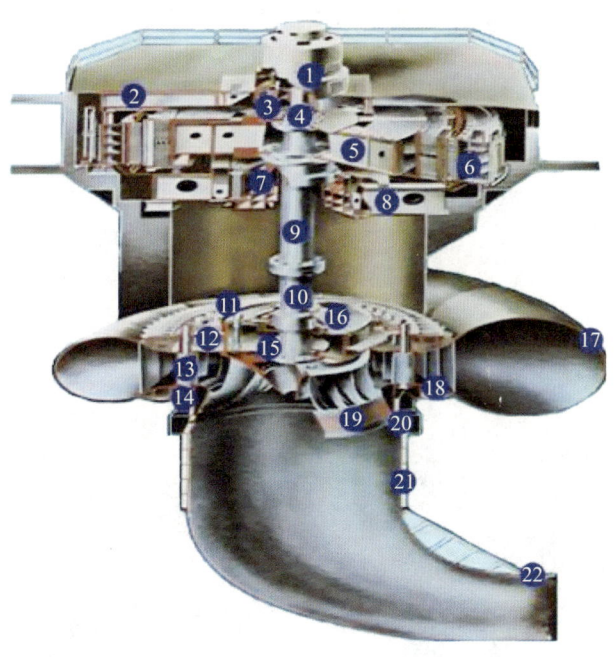

图0-1　混流式机组典型结构示意图

1—顶罩；2—上机架；3—上导轴承；4—顶轴；5—转子；6—定子；7—推力轴承；8—下机架；
9—发电机大轴；10—主轴；11—控制环；12—顶盖；13—导叶；14—底环；15—主轴密封；16—水导轴承；
17—蜗壳；18—座环；19—转轮；20—基础环；21—尾水锥管；22—尾水肘管

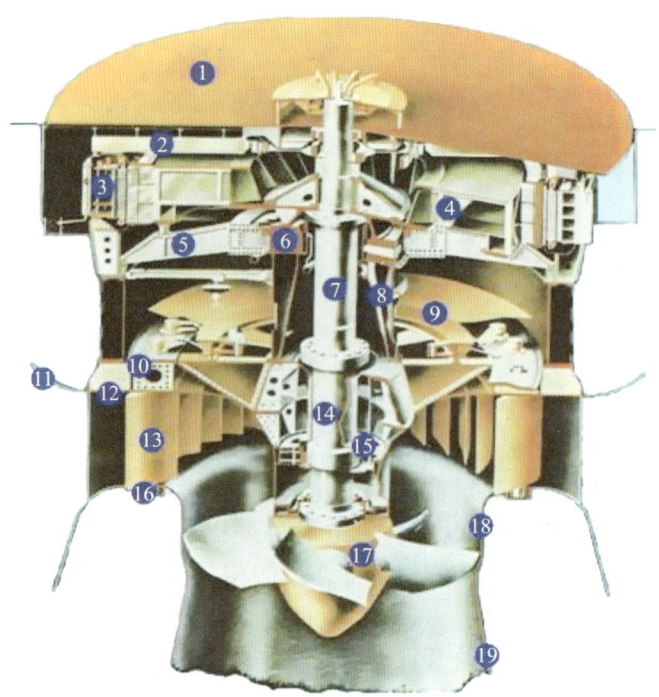

图 0-2　轴流式机组典型结构示意图

1—上盖板；2—上机架；3—定子；4—转子；5—下机架；6—推力轴承；7—大轴；8—推力轴承支架；9—控制环；10—顶盖；11—蜗壳；12—座环；13—导叶；14—主轴；15—水导轴承；16—底环；17—转轮；18—转轮室；19—尾水管

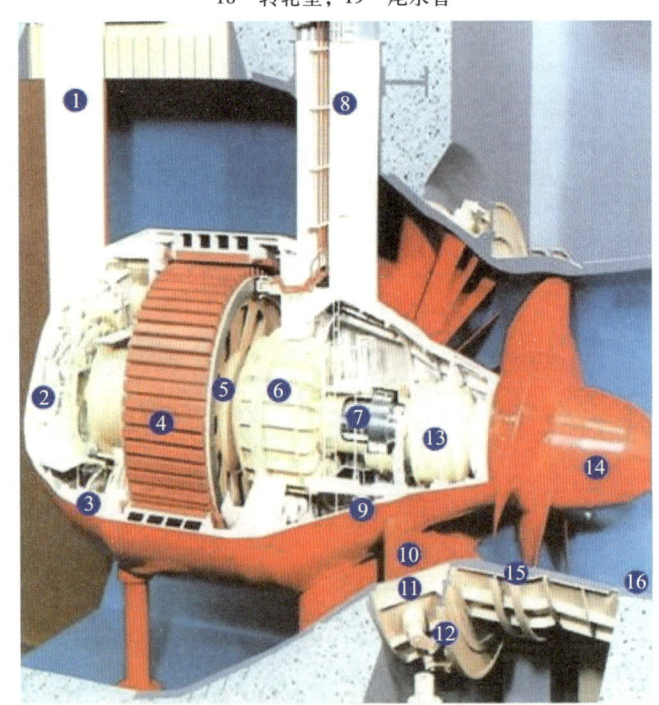

图 0-3　贯流式机组典型结构示意图

1—竖井；2—泡头；3—中间环；4—定子；5—转子；6—推力轴承和导轴承；7—主轴；8—管型座；9—内配水环；10—导叶；11—外配水环；12—控制环；13—水导轴承；14—转轮；15—转轮室；16—尾水管

图 0-4 抽水蓄能机组典型结构示意图

1—集电环装配；2—顶轴；3—机架；4—定子；5—转子；6—推力轴承；7—下机架；8—大轴；9—主轴；10—水导轴承；11—控制环；12—顶盖；13—导叶；14—引水管；15—球阀；16—蜗壳；17—底环；18—转轮；19—尾水管

油压装置是用来控制机组启停、调节机组转速和增减机组负荷，是重要的水轮机附属设备；装在水轮机蜗壳进口钢管上的蝴蝶阀（或球阀）及装在固定导叶与活动导叶间的筒型阀，称为水轮机的进水阀或主阀，可在油压或水压作用下迅速关闭，切断水轮机进水，防止事故发生与扩大，也是重要的水轮机附属设备。励磁调节器及灭磁开关用来调节励磁电流和在切除励磁时消散励磁线圈中的能量，是重要的发电机附属设备。

水轮发电机组设备制造技术复杂，质量要求高，制造过程中大量采用分瓣组装焊接、热处理、组合机加工等特殊工艺流程。各工序质量受人为因素影响大，制造过程隐蔽环节多，制造质量波动性大。许多部件一旦出现质量问题，返修处理起来难度很大，报废重做不仅会造成巨大损失，而且也会对工程建设进展造成重大影响。对水轮发电机组设备进行全过程监造，可以从源头控制设备制造质量及交货进度，避免因设备制造原因影响现场安装进度，确保水电站工程整体建设节点目标的顺利实现以及水电站设备最终安全稳定运行，最大限度实现水电站投资效益。

第1章 水轮机设备

1.1 水轮机的分类

水轮机根据水流作用原理可分为两类：同时利用水流动能和势能的水轮机称为反击式水轮机；仅利用水流动能的水轮机称为冲击式水轮机。在此基础上，可以根据水流作用于水轮机转轮的方向和转轮的结构特征对水轮机分类进一步细化。水轮机的分类详见表1-1。

表1-1 水轮机的分类

类型	型式			适用水头范围/m
反击式	混流式			30~700
	轴流式	轴流转桨式		3~80
		轴流定桨式		3~80
	斜流式			40~120
	贯流式	全贯流式		<25
		半贯流式	灯泡贯流式	<25
			轴伸式	<25
			竖井式	<25
冲击式	水斗式			300~1700
	双击式			50~80
	斜击式			25~300

1.2 水轮机的组成

1.2.1 反击式水轮机的组成

反击式水轮机的水力部件一般由埋入部分、导水机构部分、转动部分和辅助部分等组成。

埋入部分包括蜗壳、座环、基础环、尾水管里衬、机坑里衬等。轴流式水轮机的埋入部分还有转轮室，贯流式水轮机还有管型座。混流式水轮机一般采用金属蜗壳和整体座环；轴流式水轮机一般采用混凝土蜗壳，大机组有时采用无下环座环；贯流式水轮机一般采用引水压力钢管和导流灯泡体，固定导叶少而大，除起支撑作用外，内部往往是进人通道、油路通道、进排水通道、气路通道和电缆通道。混流式水轮机的基础环和轴流式、贯流式水轮机的转轮室性质相同，目的是保证流道的完整性，属于埋入部分。但轴流式、贯流式水轮机的转轮室应特别予以关注，因为其所受压力不是一般的相对稳定的水压力，而是交变水压力，同时受间隙空化的影响。尾水管一般用金属制成，有些机组的尾水管在肘管后采用混凝土制作。

导水机构部分：对于混流式和轴流式水轮机，一般由导叶、顶盖（大型轴流式水轮机为顶盖和支持盖）、底环、导叶操作机构等部件组成；对于贯流式水轮机，外配水环相当于顶盖，内配水环相当于底环，导叶为空间圆锥形斜向导叶，与混流式、轴流式水轮机的柱形径向导叶不同。导叶操作机构一般包括拐臂（导叶臂）、连杆、控制环、接力器等部件，以及剪断销保护装置、摩擦保护装置、导叶轴向位置调节装置、限位锁定装置等。导叶操作机构一般还应保证在异常情况下能够自动关闭或关闭到一个很小的开度。

转动部分包括主轴、转轮、水导轴承及密封零件。转轮为水轮机进行能量转换的核心部件，水能通过转轮转换为旋转的机械能。混流式水轮机的转轮一般由叶片、上冠、下环组成，上冠有时设计有泵板或泄荷孔，泄水锥也可以作为上冠的一部分。定桨式水轮机的转轮由叶片和轮毂组成。转桨式水轮机的转轮由叶片、轮毂和叶片驱动机构组成，叶片驱动机构由桨叶枢轴、连杆、操作架、活塞等部件组成。转轮为转动部件，受力复杂。水轮机的主轴主要承担转矩、轴向力和径向力。

斜流式水轮机的导水部件类似于贯流式水轮机，转轮类似于轴流式水轮机，叶片转桨机构与轴流式水轮机相比有自己的特点。但斜流式水轮机使用不多。

1.2.2　冲击式水轮机的组成

冲击式水轮机一般由配水管、喷管、喷针、转轮、控制机构、机壳、平水栅、排水渠、折向器、主轴、导轴承、密封等组成。

冲击式水轮机一般使用水头较高，配水管的作用是将水流合理地分配到各个喷嘴，其中的岔管设计较为复杂。

喷管、喷嘴、喷针和喷针操作机构组成流量调节装置，是冲击式水轮机的关键部件。喷嘴、喷针处流速高，容易产生腐蚀，在要求高精度的同时，其表面质量，如表面粗糙度、硬度等，也要求较高。由于喷针是在高压环境中的活动部件，对其密封应予以重视。

转轮是冲击式水轮机的核心部件，一般由水斗和轮盘组成。双击式转轮由两侧轮盘和环形布置叶栅组成。冲击式转轮一般都在空气中旋转，由于水斗交变受力应按疲劳寿命进行强度计算，设计中应选用较低的应力值，设计和加工过程中为避免应力集中，应控制铸件的质量缺陷。为保证转轮质量，目前有些厂家用锻件来加工冲击式转轮。

机壳是喷管的支撑部件，同时也将射流对转轮做功后导入尾水管，如果水斗断裂飞出，机壳还有一定的保护作用。

折向器又称偏流器，在机组甩负荷时切入射流，改变水流方向，避免射流对转轮做功，防止转轮转速上升。

冲击式水轮机转轮一般安装在尾水位之上,排水渠一般为无压排流,只要保证顺利排流即可。有时由于尾水位变化较大,洪水期的尾水位有可能高于转轮位置,为保证转轮在空气中旋转,应在转轮室处注入压缩空气。

1.3 混流式水轮机

混流式水轮机的混流,是指水流径向流入转轮,轴向流出。混流式水轮机使用水头一般为30~700m。混流式水轮机本体由埋入部分、导水机构和转动部分等组成。

1.3.1 蜗壳

混流式水轮机一般采用金属蜗壳,蜗壳适当位置开有蜗壳进人门,在蜗壳最低处设有排水阀。图1-1为焊接完成的白鹤滩水电站蜗壳。

图1-1 焊接完成的白鹤滩水电站蜗壳

混流式水轮机蜗壳采用钢板焊接而成,比如三峡水电站和白鹤滩水电站的蜗壳材料分别为B610CF和SX780CF,强度等级分别达到了600MPa和800MPa。通常将蜗壳分成若干个锥形环节,环节断面为圆形或椭圆形,每一节由钢板用卷板机滚压成型,在不同断面处,因受力不同可采用不同厚度的钢板,相邻节或同一节中相邻钢板厚度相差一般不应大于5mm。小型蜗壳一般直接焊接在座环上;大中型座环考虑到运输问题,一般在工地进行焊接。

混流式水轮机金属蜗壳的埋入方式通常有三种:一是蜗壳上半部敞开,不浇在混凝土内;二是蜗壳上部铺设弹性垫层;三是充水保压浇筑混凝土蜗壳。

1.3.2 尾水管

尾水管是水力流道的一部分,混流式水轮机的尾水管一般包括尾水锥管和尾水肘管两部分。尾水管里衬采用钢板卷焊而成。尾水锥管上装有尾水管进人门,上部与基础环连接;尾水肘管装有尾水排水阀。受运输限制,大型机组的尾水管一般分段分瓣制作,在工地组焊成整体。图1-2为安装中的白鹤滩水电站尾水锥管,图1-3为安装中的乌东德水电站尾水肘管。

图1-2 安装中的白鹤滩水电站尾水锥管　　　图1-3 安装中的乌东德水电站尾水肘管

1.3.3 机坑里衬

机坑里衬一般布置在座环上环板到发电机下风洞盖板之间，并采用焊接方式固定在座环上。机坑里衬上布置有接力器、机坑照明、机坑进人门等部件，一般用钢板焊接而成，考虑到运输等，大中型水轮机的机坑里衬一般分瓣分段制作。图1-4为安装中的白鹤滩水电站机坑里衬。

图1-4 安装中的白鹤滩水电站机坑里衬

1.3.4 基础环

基础环作为座环与尾水锥管的连接部件，和座环、尾水管一起永久埋入混凝土中。基础环由钢板焊接而成，一般其上还布置有转轮的下止漏环。图1-5为白鹤滩水电站基础环。

图1-5 白鹤滩水电站基础环

1.3.5 座环

座环是水轮机的重要基础部件,水轮机的轴向水推力、水轮机的重量以及座环以上厂房混凝土的重量等载荷均由座环承受并传递到电站基础,在水轮机整个装配中,它又是一个最重要的基准件。

对于混流式水轮机,通常采用锻焊结构或焊接结构,根据运输条件可采用整体或分瓣结构。在锻焊结构中,固定导叶采用锻件和上下环板钢板焊接成整体;焊接结构中,固定导叶也采用钢板。混流式水轮机顶盖的积水一般采用由座环排出的方案,一般位于蜗壳尾部的几个固定导叶中设有排水孔。此外在座环的下环板上一般开有若干灌浆孔和排气孔,以备安装完成后填灌浆使用。

按座环与金属蜗壳的连接方式,座环结构大致可分为带碟形边座环和双平板座环。双平板座环结构简单,蜗壳钢板一般直接焊在上下环板的过渡段上,蜗壳传递的力正好基本通过固定导叶的形心,改善了受力条件,因此目前通常采用此种结构。上下环板的外圆一般焊有导流环(也有采用将上下环板加工成圆弧的),改善了座环进口的扰流条件。图1-6为安装中的乌东德水电站座环和蜗壳。

图1-6 安装中的乌东德水电站座环和蜗壳

1.3.6 导水机构

混流式水轮机导水机构主要由导叶、导叶传动机构、接力器、顶盖、底环、控制环等部件组成。它的作用是形成和改变环量,从而调节通过水轮机的水的流量,同时,也用于正常的停机和事故停机。图1-7为混流式水轮机导水机构(带筒阀),图1-8为预装中的乌东德水电站水轮机导水机构(不带筒阀)。

1. 导叶

目前常用的导叶有对称型和非对称型。混流式水轮机一般采用三支点导叶,导叶通常采用整铸结构,材料一般为马氏体不锈钢。

导叶立面通常采用靠金属接触面研合封水,而上下端面通常采用橡胶或金属密封。

2. 导叶传动机构

大中型水轮机导叶传动机构通常采用叉头传动机构或双平板传动机构。

第1章 水轮机设备

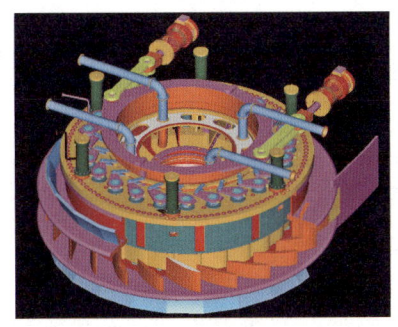

图 1-7 混流式水轮机导水机构（带筒阀）

图 1-8 预装中的乌东德水电站水轮机导水机构（不带筒阀）

3. 接力器

接力器通过传动机构转动导叶，其结构有直缸、环形（已不常用）等多种型式。每台水轮机一般布置两个接力器。导水机构在全关位置都设有锁定装置，它可布置在接力器或控制环上。图 1-9 为厂内试验中的白鹤滩水电站接力器。

图 1-9 厂内试验中的白鹤滩水电站接力器

4. 顶盖

顶盖固定在座环上，是导水机构部分部件、水导轴承、主轴密封等部件的基础。因受运输条件的限制，顶盖可以采用分两瓣或四瓣组成。顶盖与导叶配合面一般采用橡皮密封或青铜密封，在顶盖过流面一般铺设不锈钢抗磨板。顶盖与转轮对应的位置往往需要设置止漏密封环。带筒阀顶盖和不带筒阀顶盖分别见图 1-10、图 1-11。

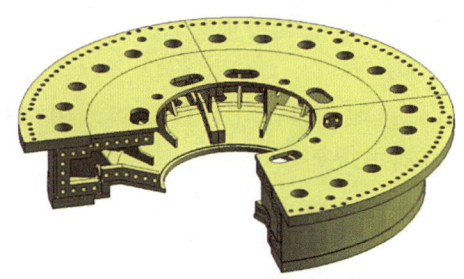

图 1-10 带筒阀顶盖

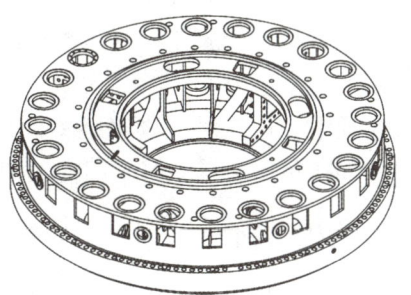

图 1-11 不带筒阀顶盖

5. 底环

底环是一个扁平的环形部件，固定于座环上，因受运输条件限制，可分为两瓣或四瓣制造。

6. 控制环

控制环是传递接力器作用力，并通过传动机构转动导叶的环形部件，一般采用钢板焊接结构。大型控制环受运输条件限制，设计成分瓣结构。

1.3.7 转轮

混流式水轮机转轮一般由上冠、叶片、下环、止漏环、减压装置和泄水锥等组成。混流式转轮一般都采用铸焊结构，上冠、下环、叶片一般都为马氏不锈钢铸件，采用数控加工成型后手工打磨光顺。根据运输条件，大型转轮可采用分瓣结构或整体结构工地装焊加工。

除常规转轮外，还有一种"长短叶片转轮"，即在转轮进水边的两个长叶片间增加一个短叶片，从而使转轮进口处的叶栅稠密度倍增，抑制转轮内部二次流发生，使转轮水力稳定性显著提高；另外由于叶片数增加，单个叶片水力载荷减轻，使转轮的空化性能也得到了提高。图1-12为白鹤滩水电站百万千瓦机组长短叶片转轮。

图1-12 白鹤滩水电站百万千瓦机组长短叶片转轮

转轮的止漏环根据水头的高低不同采用不同的型式。常用的型式有缝隙式、迷宫式、梳齿式和台阶式。对于水中含泥沙较大的情况，宜采用缝隙式止漏环，止漏环可以与转轮用热套连接，目前多在转轮上冠和下环上直接加工出来；对于高水头机组，为减少容积损失，采用梳齿式密封，止漏环可以采用螺钉紧固在转轮上，目前多在上冠和下环上直接加工出来。为减小转轮承受的向下轴向水推力，需要在转轮结构上采取减压措施，如在上冠上开减压孔，在转轮上冠相对应的顶盖上装焊平压管，在转轮上冠处装泵板装置等，减小作用在转轮上冠外表面上的水压力。

采用大轴中心补气时，泄水锥锥面应开补气孔。泄水锥采用铸焊结构或用钢板卷焊而成，可直接焊在转轮上冠下部或用螺栓把合在上冠后点焊加强。

1.3.8 水轮机主轴

主轴一般采用锻钢20SiMn或同等材料，可采用整锻、分段锻造和加上窄间隙焊接而成，也可采用钢板卷焊轴身与锻造法兰拼焊而成。大中型水轮机主轴一般都有中心孔，以消除轴心材质缺陷，方便检查主轴质量，还可用于中心孔补气。主轴上部与发电机轴相连，根据厂房布置也有水电站的水轮机与发电机为一根轴；主轴下部与转轮相连。带轴领主轴和不带轴领主轴分别见图1-13、图1-14。

图1-13 溪洛渡水电站主轴（带轴领）　　图1-14 向家坝水电站主轴（不带轴领）

水轮机主轴与转轮、水轮机主轴与发电机主轴的连接方式有销钉连接、键连接、销套连接和摩擦传递扭矩连接，见图1-15~图1-18。

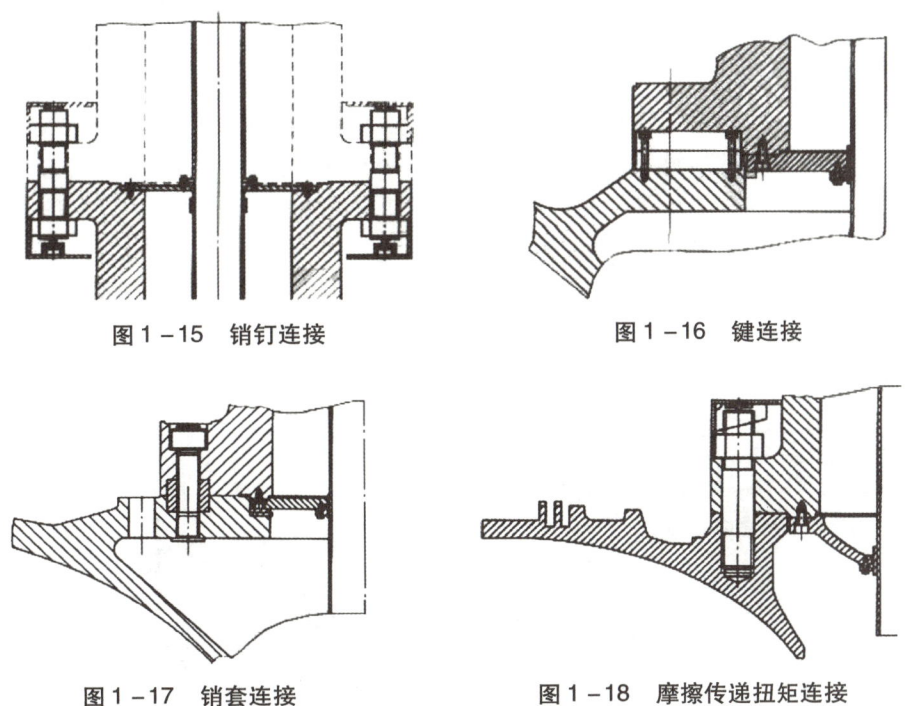

图1-15 销钉连接　　图1-16 键连接

图1-17 销套连接　　图1-18 摩擦传递扭矩连接

1.3.9 主轴密封

主轴密封装置分两种。

一种是机组正常运行中防止机组漏水的主轴工作密封，主轴工作密封有以下几种：

（1）端面水压式密封。利用橡胶块组成环形密封圈，支撑在支架上，利用水压使密封圈与固定在主轴上的转环平面贴合,保持密封性能。该密封结构见图 1-19。

（2）无接触金属密封。其密封转动环为不锈钢材料,具有较好的抗磨损和抗腐蚀性能。密封动环装在主轴上,一般不再拆卸。定环为普通钢板制造,在密封面粘接一层巴氏合金,并开有三道迷宫槽,其中、上两道迷宫槽与排水管连通,将密封漏水排至集水井。此密封结构一般用于高水头混流式水轮机。该密封结构见图 1-20。

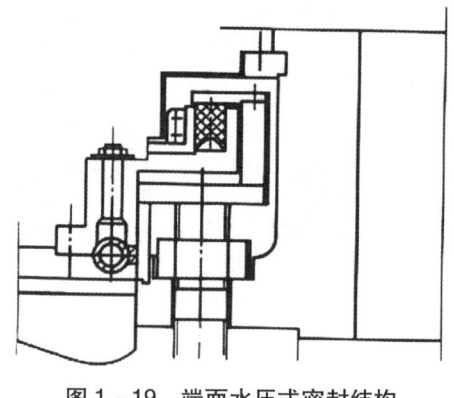 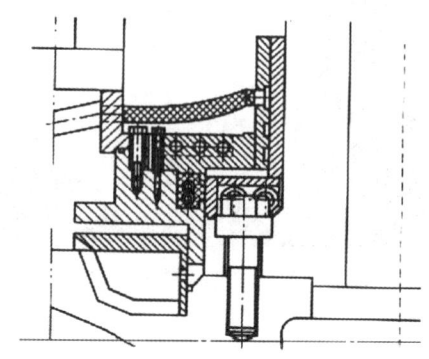

图 1-19　端面水压式密封结构　　　　图 1-20　无接触金属密封结构

（3）用于大型机组的浮动环端面密封。其工作原理为:不锈钢密封转环固定在主轴下法兰平面上,复合材料制成的密封块把合于密封环中,密封环装于固紧环内侧,滑动接触且设有密封圈。工作时依靠密封环的自重力,密封环与固紧环间的弹簧力和密封腔内的水压力将密封块与密封转环贴合,达到密封效果。密封块与密封环设有通水孔,依靠清洁水润滑,冷却密封块和密封转环间的接触面,防止干摩擦损坏密封块。同时此清洁水有一定的压力,这样可使密封块上下移动,保证密封块逐渐磨损以保证较长寿命。该密封结构见图 1-21。

（4）径向密封。利用数层碳精块或其他耐磨材料,在机械弹簧方式作用下,沿径向与套在主轴上的抗磨衬套形成径向密封,并通清洁水润滑,密封块磨损后在弹簧力作用下可以径向移动,继续贴紧主轴衬套。该密封结构见图 1-22。

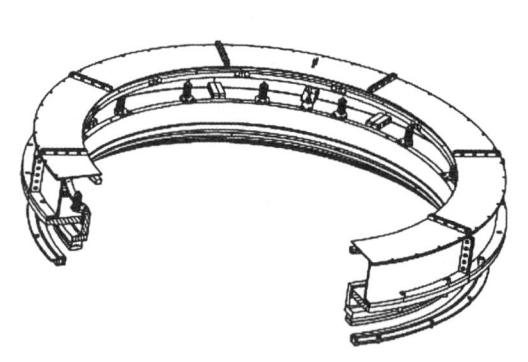 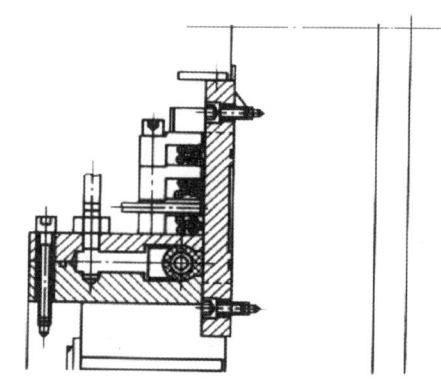

图 1-21　浮动环端面密封结构　　　　图 1-22　径向密封结构

另一种主轴密封是机组停机时所采用的检修密封,位于轴承和工作密封的下方,供停机或检修轴承及主轴密封时使用。常用的为空气围带式密封,当机组停机时,围带充气膨胀与护盖外圆紧密贴合,达到密封的目的。

1.3.10 导轴承

混流式水轮机导轴承（简称水导轴承）常用的结构型式有稀油润滑油浸式分块瓦式、稀油润滑筒式等。

1. 稀油润滑油浸式分块瓦水导轴承

这种水导轴承是现在最常用的一种结构，因分块瓦式轴承受力均匀，采用非同心瓦。分块瓦一般由 8~12 块沿圆周均布，轴瓦间隙调节靠楔块完成。分块瓦轴承冷却器可做成内冷却器，也可做成外冷却器，主要根据机组大小和空间位置决定。分块瓦一般采用偏心支顶。当瓦面内径与轴领直径之比为 1.03~1.05 时，轴瓦的摩擦损耗降低，承载能力提高，可采用中心支顶，这种非同心中心支顶轴承可用于双向旋转的机组（比如抽蓄机组）。为减少油雾、防止甩油，在制造和安装时，应保证挡油圈和主轴的同轴度，并增设吸雾孔和通气罩。图 1-23 为稀油润滑油浸式分块瓦水导轴承。

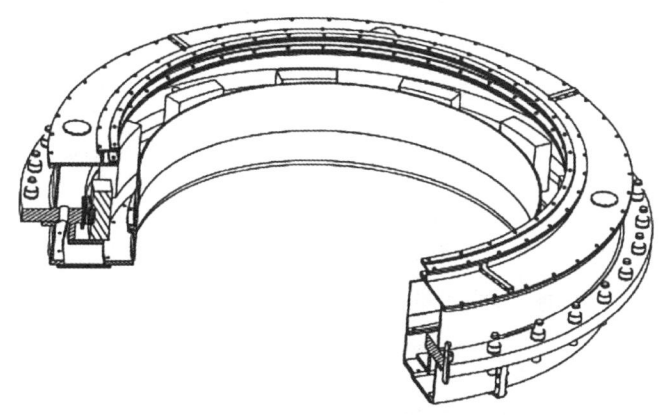

图 1-23 稀油润滑油浸式分块瓦水导轴承

2. 稀油润滑筒式水导轴承

稀油润滑筒式水导轴承主要由旋转油盆、轴承体、冷却系统等组成，包括筒式自循环水导轴承、带轴领的筒式自循环水导轴承、毕托管式稀油润滑筒式水导轴承、固定瓦面的分块瓦轴承等几种类型。固定瓦面的分块瓦轴承是把瓦面断开成 4 个扇形块，其瓦面朝轴的旋转方向倾斜（相当于固定瓦面的分块瓦），这种轴承适用于高转速机组。

1.3.11 水轮机附属装置

1. 补气装置

当混流式水轮机偏离最优工况运行时，由于水流振动，不同程度地存在压力脉动，一般在 40%~70% 额定出力时，尾水管内出现涡带，由于涡带强烈扰动，或其频率与机组固有频率产生共振，将引起机组振动或负荷摆动。补气装置的作用就是在出现这种不稳定工况时补入空气，借以吸振及降低漩涡强度，改善机组的运行状态。

1) 大轴中心孔补气装置

利用大轴中心孔对转轮下部进行补气是目前经常采用的一种补气方式。中心孔补气装置包括补气阀和相关管路部件。补气阀与轴一起旋转，可布置在水轮机主轴的下端或发电机层轴的上端,当布置在水轮机主轴下端时,其进气孔可设置在发电机层或水轮机机坑内。目前一般装在发电机上端轴的上部,以便于维护。

2)其他补气装置

其他补气装置还包括尾水十字架补气装置、尾水管短管补气装置和强迫补气装置,其中前两种现已不常采用。强迫补气(即压缩空气补气)在不能实现自然补气时考虑采用,强迫补气包括顶盖补气、底环补气等。

2. 排水阀

当机组停机检修时,为排除引水阀后钢管和蜗壳内的积水及尾水管内的水,分别在蜗壳或压力钢管的最下端和肘管底部装设排水管路,利用排水阀控制把水排走。为了避免一般闸阀容易被泥沙堆积、关闭不严等问题,一般采用液压操作的盘形阀。

3. 真空破坏阀

当水轮机转轮区出现 0.01~0.015MPa 的真空度时,真空破坏阀自动打开补入空气,消除压力脉动,减轻机组振动,避免发生抬机现象。真空破坏阀一般采用 2~4 个,均匀分布于顶盖(或支持盖)内,并尽量靠近机组中心。中小型机组中不便布置在顶盖内时,可用管子引出,将阀布置在机坑内。

1.4 轴流式水轮机

轴流式水轮机的轴流,是指水流沿转轮轴向流入,轴向流出,水流方向始终垂直于主轴。轴流式水轮机分为轴流转桨式和轴流定桨式,一般用于 3~80m 水头。叶片数一般为 4~6 片,有时也采用 3 片(水头较低)、8 片(水头较高)。

轴流转桨式随负荷变化,叶片与导叶协联动作,适用于水头和负荷变化较大的水电站,但结构相对比较复杂;轴流定桨式水轮机转轮室与转轮轮毂可做成圆柱式,由于没有叶片操作机构,轮毂直径可适当缩小,只适用水头较稳定的电站。

轴流式水轮机主要由蜗壳、座环、导水机构、转轮、主轴及操作油管、导轴承、密封、接力器、尾水管、受油器及操作油管、其他辅助设备等组成。

1.4.1 蜗壳

蜗壳为水轮机的引水部件。轴流式水轮机蜗壳有混凝土蜗壳和金属蜗壳两种型式。

混凝土蜗壳一般适用于水头 40m 以下的电站,由蜗型和非蜗型两部分组成,蜗型部分一般为 T 形或 Γ 形断面。Γ 形断面有利于导水机构、接力器和辅助设备的布置,T 形断面可减少水工的开挖量。

金属蜗壳适用于水头 40m 以上的电站,轴流式水轮机金属蜗壳结构与混流式类似。

1.4.2 座环

座环是水轮机的基础部件,其基本结构由上下环板和固定导叶组成,大中型机组的座环通常采用焊接结构。轴流式水轮机目前常用的结构型式有与金属蜗壳连接的座环和与混凝土蜗壳相连的座环两种。

与混凝土蜗壳连接的座环主要分两种:一种为大中型水轮机常用的整体结构座环,见图

1-24；另一种为支柱式座环，其上环与固定导叶采用装配式，没有下环。为便于运输，大尺寸座环一般分瓣制造。

图1-24　吊装中的大藤峡水电站整体结构座环

1.4.3　导水机构

轴流式水轮机导水机构与混流式基本相同，由于轴流式水轮机过流量较大，其导叶高度较高；且由于流道的差异，轴流式水轮机导水机构的内圆还设有支持盖（也称为内顶盖），这样在检修转轮时可不必拆卸顶盖和导叶。因此，轴流式水轮机导水机构主要由导叶、导叶操作机构、顶盖、支持盖和底环等组成。

1. 导叶

轴流式水轮机的导叶一般采用对称型，一般采用马氏体不锈钢铸件，大型水轮机活动导叶采用焊接结构。轴流式水轮机导叶端面密封与混流式水轮机相似；立面密封多采用橡胶，水头40m以下的轴流式水轮机将密封橡胶条直接镶入鸽尾槽内封水；对较高水头的轴流式水轮机，采用成型密封橡胶条加压板固定，也可以采用铜条复合密封结构。

2. 导叶传动机构和导叶接力器

轴流式水轮机导叶传动机构和接力器结构与混流式相似。

3. 顶盖（外顶盖）和支持盖（内顶盖）

轴流式水轮机顶盖和支持盖大多采用钢板焊接箱型结构，为便于运输，大中型水轮机顶盖和支持盖采用分瓣制造。轴流式水轮机顶盖和支持盖分别见图1-25、图1-26。

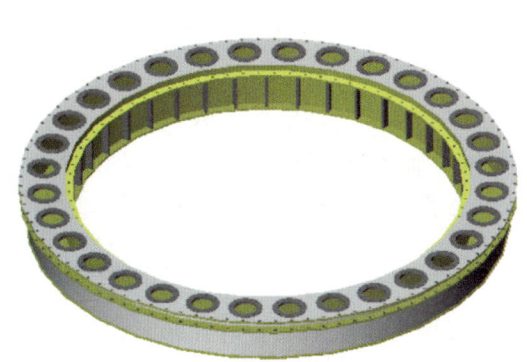

图1-25　轴流式水轮机顶盖

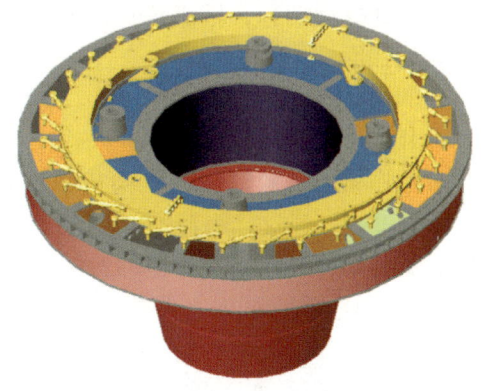

图1-26　轴流式水轮机支持盖

4. 底环和控制环

轴流式水轮机底环和控制环基本与混流式水轮机相同。

1.4.4 转轮

轴流式水轮机转轮分轴流定桨式转轮和轴流转桨式转轮。轴流定桨式转轮没有操作叶片转动的机构,中小型水轮机可采用叶片和转轮整体浇铸成一体(或铸焊成一体),尺寸较大时,叶片和转轮体可采用螺钉连接;轴流转桨式转轮主要包括操作架结构和缸动式结构,图1-27为预装完成的葛洲坝水电站转轮。

图1-27 预装完成的葛洲坝水电站转轮(操作架结构)

1. 转轮叶片

叶片由本体和枢轴两部分组成,有分体结构和整体结构。叶片材质一般为马氏体不锈钢铸件,为减少外圆的空蚀破坏,叶片外圆加有裙边。

2. 转轮体

转轮体一般采用铸钢ZG20SiMn整铸而成。对于多泥沙水电站,为防止转轮体表面的空蚀和磨损,在转轮体的球面外圆堆焊不锈钢,加工后的不锈钢厚度为5mm左右。转轮体外圆有柱形和球形两种,轴流转桨式转轮体采用球面以减少容积损失,轴流定桨式水轮机转轮体则采用柱面。

3. 叶片操作机构

叶片操作机构包括接力器、操作架(或接力器缸)、连杆、转臂等。叶片操作机构一般采用带操作架传动的斜连杆机构或缸动式斜连杆机构。轴流转桨式叶片操作机构动作原理(见图1-28):通过接力器的上下运动,带动操作架上的连杆运动,连杆带动与枢轴连接的拐臂做旋转动作,从而使与枢轴连接的叶片动作。

4. 叶片密封

为防止叶片法兰与转轮体的间隙漏油、渗水,轴流转桨式机组设置叶片密封,通常叶片密封结构采用V型和D型。

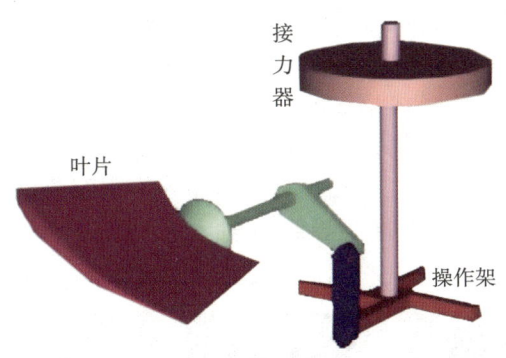

图 1-28 轴流转桨式叶片操作机构动作原理

1.4.5 尾水管

轴流式水轮机的尾水管一般为弯肘形尾水管，尾水管锥管段为钢板里衬，一般设有尾水管进人门，便于检修人员进出。尾水管肘管因流速不超过 6~8m，大多数采用混凝土肘管。

1.4.6 受油器及操作油管

受油器把压力油由固定的油管引入转动着的操作油管，把来自调速器主配压阀的操作油和转轮接力器上、下两腔接通。为避免轴电流损坏结构件，受油器和操作油管与发电机之间的连接均加绝缘件绝缘。

1.4.7 主轴及操作油管

主轴是水轮机的主要部件，它通常采用锻钢 20SiMn 或类似材料，主轴上部与发电机轴连接，下部与水轮机转轮相连。

转桨式水轮机的操作油管装于主轴的中心孔内。通常，操作油管用两根无缝钢管组成内外两个压力油腔，上部接至受油器，下部与转轮活塞杆连接。为保证操作油管的稳定性和安装方便，在主轴的内孔应设置足够数量的导向瓦。

1.4.8 主轴密封、导轴承和其他辅助设备

轴流式水轮机主轴密封、导轴承和其他辅助设备与混流式相似。

1.5 贯流式水轮机

贯流式水轮机的贯流是指水轮机的主轴装置呈水平或倾斜，不设蜗壳，水流直贯转轮。贯流式水轮机包括全贯流式水轮机、灯泡贯流式水轮机、轴伸贯流式水轮机、竖井贯流式水轮机，其中灯泡贯流式水轮机应用最广。

灯泡贯流式水轮机是大型贯流式水轮机应用最广泛的机型，适用水头一般小于 25m，适用于水头变化较大的电站。水头小于 12m 时采用 4 叶片转轮，水头大于 12m 时采用 5 叶片转轮。灯泡贯流式水轮机主要由埋入部分、导水机构部分、转动部分和附属部分组成。水轮机埋入部分主要由管型座、转轮室、伸缩节和尾水管组成；导水机构主要由内外配水环、导

叶、控制环、接力器、导叶传动件、重锤组成；转动部分主要由转轮、主轴、导轴承、主轴密封、操作油管和受油器组成；附属部分主要由回复机构，油、水、气管路和地板扶梯等组成。

灯泡贯流式水轮机流道内装有水轮发电机组的灯泡体，是一个大型薄壳外压容器；其水轮发电机组一般采用一根轴形式，机组的转动部分采用双支点、双悬臂支撑形式，即转动部分由水轮机导轴承和发电机推、导组合轴承支撑。典型灯泡式水轮发电机组结构见图1-29。

图1-29　典型灯泡式水轮发电机组结构（剖面图）

1.5.1　灯泡体及其支撑结构

水轮发电机组灯泡体的主支撑为管型座的固定导叶（一般采用上下两个固定导叶，超大容量机组采用上下和水平方向四个固定导叶）。

灯泡头的下部设有球面支撑作为辅助支撑，当流道排空后，球面支撑承担灯泡体一部分向下的重力，流道充满水时还承受一定的浮力，该支撑允许灯泡体有轴向及径向的微小位移；灯泡体两侧还分别设有水平侧向支撑，以防止水流引起的振动。

1.5.2　水轮机引水室、管型座

贯流式水轮发电机组引水室的形状为方形或长方形—圆锥形（收缩）—圆形—圆锥形（扩散）—方形或长方形，其中引水室前段和后段采用混凝土（方形或长方形），一般不设金属里衬，引水室的中段［圆锥形（收缩）—圆形—圆锥形（扩散）］均设金属里衬。

管型座是水轮机引水室的一部分，它由内壳、外壳、固定导叶和前锥体组成，采用Q235钢板焊接结构。管型座是灯泡贯流式机组最重要的埋入件，是整个机组的安装基准，发电机定子推力组合轴承和水轮机的导水机构均直接把合在管型座上；管型座又是整个机组的基础，整个机组的各种力几乎均通过管型座的固定导叶传至混凝土基础。图1-30为工地安装中的管型座，图1-31为装配完成的管型座。

图1-30 工地安装中的管型座　　　　图1-31 装配完成的管型座

1.5.3 锥形导水机构

贯流式水轮机转轮所需的全部环量均由导水机构形成,因此导水机构对贯流式机组而言尤为重要。贯流式水轮机的导水机构采用导叶轴线与水轮机主轴轴线成锥角布置的圆锥形导水机构,导叶翼形采用空间曲面,导叶立面密封的啮合线一般设计在圆锥面上,导叶传动机构中的连杆运动为空间运动。

锥形导水机构主要由导叶、导叶传动机构、导叶接力器、控制环、内外配水环、重锤等组成。导水机构设有关闭重锤,当导水机构操作系统油压消失时,在整个开度范围内,借助于关闭重锤和导叶水力矩可以使导叶关闭,防止机组发生飞逸。图1-32为厂内预装完成的导水机构。

图1-32 厂内预装完成的导水机构

1. 导叶

由于导叶担负形成转轮所需的环量,故导叶瓣体形状为空间扭曲面,导叶外枢轴和瓣体采用整体结构,导叶内枢轴和瓣体采用分体结构。导叶的材料一般为ZG20SiMn或其他铸钢,大型机组也采用钢板焊接结构;电站水流含泥沙较多时,还在导叶内外端面堆焊抗磨材料。

导水机构内外配水环过流面均为球面,因此导叶两端面也为球面,导叶的端面间隙可用套筒上的调整垫片、调节螺套、调节螺杆来调整。

导叶内侧为下端轴结构，便于安装。导水机构组装时，当外配水环与导叶一起吊起装内配水环后，利用内侧下端轴可以容易地从内配水环插入导叶下轴孔。

2. 导叶传动机构

导叶传动机构的型式主要有剪断销结构（包括叉头式连杆和耳柄式连杆两种传动机构）、液压连杆与挠性连杆间隔布置、间隔布置的安全弹簧连杆、摩擦装置等传动机构。

3. 导叶接力器

贯流式水轮机导叶接力器采用直缸接力器，接力器的布置方式主要有竖直布置在导水机构下方、交叉布置在水轮机机坑侧墙上、单导叶作用接力器等。接力器结构与混流式相似。

4. 内、外配水环

内配水环相对外配水环尺寸小很多，在运输条件允许的条件下尽量设计为整体焊接结构。如分瓣，分瓣接合面及上游和下游侧均采用法兰连接，并设有可靠的止漏装置。

外配水环采用分瓣结构，用钢板焊接并需要退火处理，目前也采用模压成型技术制造。分瓣接合面及上游和下游侧均采用法兰连接，并设有可靠的止漏装置。外配水环上布置有压力测嘴，以供压力测量，有的外配水环上还设有导叶转角指示装置。

导叶内、外配水环与导叶全关时的配合面处设有小范围的环形凸台，以避免导叶在转动过程中与导叶内、外配水环之间卡死的可能性，同时满足导叶关闭时具有良好的封水性。内、外配水环分别见图1-33、图1-34。

图1-33 内配水环

图1-34 外配水环

5. 控制环

控制环采用铸焊或焊接结构，如受运输限制，应在应力最低位置进行分瓣。控制环滑动面常规采用钢球作为滚动摩擦轴承，控制环上还设有悬挂重锤的吊环。

1.5.4 转轮

灯泡贯流式水轮机的转轮与立轴轴流转桨式水轮机相同，按叶片操作方式，可分为活塞套筒式、操作架式、缸动式等结构。

缸动式转轮就是活塞不动，活塞缸带动连杆、转臂、操作叶片转动，这种结构是灯泡贯流式水轮机转轮的典型结构，这种结构可缩短转轮重心至水导轴承支点的悬臂距离，可增强机组轴系的刚性，对机组运行的稳定性有利。图1-35为目前世界单机容量最大的巴西杰瑞水电站灯泡贯流式机组转轮（75MW，东电制造）。

图 1-35　巴西杰瑞水电站灯泡贯流式机组转轮（缸动式）

转轮的转轮体材料采用优质铸钢 ZG20SiMn（必要时外圆堆焊不锈钢）；叶片采用不锈钢铸造，常用的牌号有 ZG0Cr13Ni4Mo、ZG0Cr13Ni5Mo 等。叶片型线目前一般用数控机床进行加工，为防止叶片与转轮室间的间隙空蚀，叶片外圆设计有裙边。

为防止水进入转轮体腔内，一般设有轮毂高位油箱，其安装高程使进入转轮体腔内的油压略高于外部水压力。转轮叶片与转轮体间设有密封，目前一般用 V 型和 D 型密封。

1.5.5　尾水管

贯流式水轮机的尾水管一般分成 3～7 节，厂内焊接成瓣并对尾水管进行预装，其中仅尾水管前段带有环形法兰和分瓣法兰，工地安装时组圆并焊接成整体。尾水管外壁配有与混凝土结合的锚具、拉杆，尾水管底部开有一定数量的混凝土浇筑孔、灌浆孔和排气孔，并带堵板。在尾水管外壁设有一定数量的供调整用的支脚，以便安装调整。

1.5.6　受油器及操作油管

受油器一般采用浮动瓦结构，其安装在发电机前面的灯泡头内，包括受油器支架、操作油管、传输桨叶位置的回复杆和转轮接力器的位移传感器。从结构上将回复轴的水平运动与其自身的旋转运动分开，减少了浮动瓦的磨损，因此漏油量小，安装方便且运行可靠。两高压进油管处的浮动瓦采用分开的结构，避免了一块浮动瓦产生轴瓦憋劲的问题。此外，还设有漏油收集和排出装置，用管路将漏油排至漏油箱。

操作油管采用无缝钢管，法兰连接，操作油管作为转轮接力器的回复杆，受油器上设有桨叶接力器位移指示器，在受油器开、关腔压力油管上装设压力表。

受油器与发电机所有连接处都设有双重绝缘，以防止轴电流和漏电。

1.5.7　主轴

贯流式主轴为水轮机和发电机共用一根轴，主轴带有发电机的正反推力镜板面；主轴为整锻结构，其材料为锻钢，主轴两边法兰分别与发电机的转子和水轮机的转轮采用螺栓连接。

1.5.8 主轴密封

主轴密封由工作密封和检修密封组成。

工作密封常采用水压端面密封、平板密封、间隙密封、径向密封等组合结构型式。检修密封常为空气围带式密封。

1.5.9 水导轴承

水导轴承位于水轮机转轮侧。由于水轮机转轴为悬臂形式，因此要求水导轴承不仅能够承受径向力，还要适应悬臂引起的挠度（转角）变化。目前主要有筒式和球面轴承两种符合上述要求。

筒式水导轴承采用径向分瓣卧式的筒式轴承结构，该轴承为重载静压启动轴承，机组在启动及停机过程中由高压油系统将机组的转动部分顶起。水导轴承分两瓣，由于主轴为卧式，只有轴承下部浇铸巴氏合金，而轴承上部两端面各留一段巴氏合金以封住油。径向力通过轴承的凸缘和水封座的扇形支撑板传至管型座。轴承座和水封座的扇形支撑板接触面为球形或柔性结构，采用螺栓连接。

球面轴承是通过球面支承直接承受轴挠度引起的位移。

1.5.10 附属装置

贯流式水轮机附属装置主要包括轴承润滑油系统、油水气管路系统、测量仪表管路系统、地板扶梯栏杆、安装工具等。

1.6 冲击式水轮机

冲击式水轮机仅利用水流动能做功，主要有水斗式、双击式、斜击式三种。

水斗式水轮机一般适用于 300~1700m 水头，水斗数为 20 个左右，适用于高水头、低流量的水电站，其结构比高水头混流式水轮机简单，它的尾水在大气中，安装高程较高，厂房不需要很大的开挖量；其空蚀磨损较轻，易于维修，采用折向器、喷针双重调节。其中小型多为卧式，大型采用立式。

双击式水轮机一般适用于 50~80m 水头，其结构简单，制造容易，适用范围宽，适用于小于 1MW 的水轮机。

斜击式水轮机一般适用于 25~300m 水头，射流斜向射入转轮，适用于 5MW 左右的小型水轮机。

冲击式水轮机根据主轴布置型式不同，分为立轴式和卧式两种；根据喷嘴数不同，分为单喷嘴和多喷嘴；根据转轮数不同，分为单转轮和多转轮。

目前运行的大中型冲击式水轮机大多采用立轴水斗式多喷嘴单转轮的结构型式；小型冲击式机组通常采用卧式水斗式结构型式。由于双击式和斜击式主要用于小型机组，水斗式水轮机应用最广，故本章节主要介绍水斗式水轮机。

与混流式水轮机相比，冲击式水轮机具有使用水头高、厂房开挖量小、维护方便等优点，但同时也存在效率低、机组尺寸大等问题。随着混流式水轮机技术发展，已具有在某部分水头替代冲击式水轮机的趋势,在 500m 水头以下情况时,应对冲击式和混流式进行技术经济比较。

冲击式水轮机主要由引水钢管、机壳、喷管装配、转轮、主轴、轴承、仪表及管路、工具等部分组成。图 1-36 为世界上单机容量最大（423MW）、水头最高（1869m）的水斗式机组——瑞士毕奥德隆（Bieudron）水电站水轮机室。

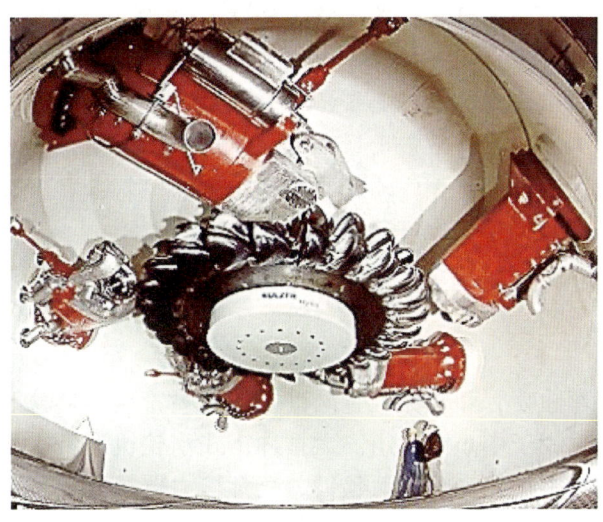

图 1-36　瑞士毕奥德隆水电站水轮机室

1.6.1　配水环管

配水环管的任务是将水流以最低的损耗引向喷嘴,多喷嘴配水环管的质量约占整个水轮机质量的 30%～40%。配水管通常采用钢板焊接结构,其设计和制造应符合压力容器规范的要求,配水管的焊缝需进行无损探伤检查,在工地全部组装后还应进行水压试验。在配水管的分岔处,要装设岔管。多喷嘴水轮机常用带月牙板三岔管结构。图 1-37 为工厂内喷管预装完成的配水管。

图 1-37　工厂内喷管预装完成的配水管

1.6.2 机壳

大型立轴冲击式水轮机普遍采用多边形机壳。机壳主要由里衬、上盖、内盖等组成,机壳在工地组焊后埋入混凝土内。内盖上部作为水轮机轴承的安装基础,内盖外壁为机壳流道的一部分。冲击式水轮机运行时,机壳内出现负压,为了避免机壳里衬的脱落,要求里衬外壁布置足够多的拉锚。机壳上还设有转轮运输门和进人门。

在机壳的下部装有平水栅,用于消除排水能量,防止排出的水冲刷尾水渠。平水栅同时作为检修平台,用于检修机壳内转轮、喷管、折向器等。平水栅还设有转轮转运车轨道。

在水轮机运行过程中,射流会带走大量空气,使机壳内形成部分真空,因此应对机壳进行补气,一般考虑三种通道:在机壳内喷管装配旁布置通风管;在顶盖上水导轴承油箱旁布置通风管;在尾水渠上方留有足够空气通道。

1.6.3 喷管部件

1. 喷管

常见的喷管结构有弯曲喷管和直流喷管两种。弯曲喷管接力器位于配水管流道外,布置尺寸大,水力效率低,只用于中小型机组。大型冲击式水轮机通常采用全液压控制的直流内控式喷管。直流喷管主要由喷管、喷嘴、喷针、喷针接力器及回复机构等组成。喷针接力器位于流道内。喷管一般为铸钢件,大型喷管也常用焊接结构。喷嘴的渐缩断面内,由于水流流速迅速增高,在喷嘴出口处会产生严重空蚀,因此喷嘴口环和喷针常用不锈钢制造,对多泥沙水电站还应作喷涂碳化钨或其他表面处理。

通常在喷针接力器内设置平衡活塞或采用平衡弹簧,用于平衡作用在喷针头上的水推力,改善调整机构的工作条件。为了防止机组飞逸,始终设计成喷针朝关闭方向运动。为了避免喷针突然关闭,引起压力水管内严重的水锤,在喷针接力器进油、排油通路上装有节流片,限制喷针关闭速度。喷针接力器回复机构目前基本采用电器回复,位移传感器通常布置在喷管内,也有通过机械连接布置在喷管外。在多喷管机组中,当相邻喷管的偏流器在投入或过渡工况、飞逸工况下的高速射流会直接打在喷管上,喷管上应设坚固的挡水板保护喷管不受冲蚀。图1-38为全液压控制直流内控式喷管结构图。

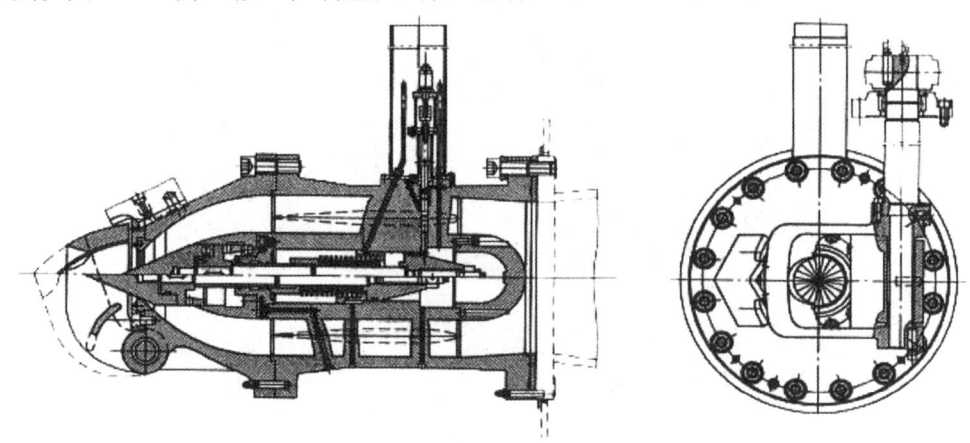

图1-38 全液压控制直流内控式喷管结构图

2. 折向器

折向器在机组甩负荷时,首先切入射流,改变水流流向,同时喷针缓慢关闭;这种双重调节机构可避免机组产生过高的速度上升,又可降低引水钢管的压力上升。

折向器布置在喷嘴头外侧,紧靠喷嘴口。折向器可由各自独立的接力器操作,也有采用一个接力器通过连杆操作几个折向器。为了提高折向器操作可靠性,通常采用差压式接力器或带储能弹簧接力器。折向器由调速器独立单元控制。

3. 制动喷嘴

水斗式水轮机都采用正的吸出高度,转轮在空气中旋转,不易停下来。为避免停机过程中转轮在低速下长时间旋转而损害滑动轴承,需要有较大的平稳且持续作用的制动力矩,在水斗式水轮机中通常设有制动喷嘴。

由于制动喷嘴射流对水斗疲劳寿命有影响,目前大型水斗式水轮机普遍采用电气制动方案。

1.6.4 转轮

水斗式水轮机转轮由轮毂和20~23个沿圆周布置的水斗组成。过去大型冲击式水轮机基本采用不锈钢整铸转轮,现在随着数控技术进步,已有机组采用不锈钢整锻结构:轮毂与水斗整锻成一体,水斗型线用数控机床加工。也有机组采用机械把合式转轮和焊接组合式转轮。水斗式转轮常用材料牌号为ZG00Cr13Ni4Mo,其实物见图1-39。

图1-39 水斗式水轮机转轮实物

1.6.5 主轴、主轴密封和水导轴承

水斗式水轮机的主轴和水导轴承结构与混流式水轮机相似。一般情况下,冲击式水轮机转轮主轴没有漏水,因此主轴密封比较简单。

1.7 进水阀

水轮机进水管道上一般都设有进水阀门,其安装位置取决于水轮机和引水管道在正常工况和事故状态下运行可靠性的要求,也取决于水电站水工建筑布置及整个水利枢纽的经济因素。

一般在水电站的进水口装设事故阀门(或快速闸门)和检修阀门,水轮机进水管为明管时应装设快速闸门。对于进水管道较长的水电站，由于管道的充水和放空时间较长，可在水轮机前增设一个阀门。这样在事故情况下，装于水轮机前的阀门可比安装在引水管始端的阀门更快地切断流向水轮机的水流；此外它还允许进行水轮机检修而无需排空引水管道。图1－40为安装中的进水球阀。

图1－40　安装中的进水球阀

另外，当几台水轮机共用一根进水管道时，每台水轮机的前面分进水管道上一般应装设一个阀门，以便一台机组检修时，不影响其他机组的正常运行。

有时为减小引水系统的压力上升，在水轮机蜗壳进水口的旁通管路上还装设空放阀，与水轮机导水机构联动；对于泥沙含量大且水轮机引水管道直径很大的水电站，为减小水轮机过流表面的磨损同时减少水电站的成本，在水轮机的固定导叶与活动导叶之间装设圆筒阀。

水轮机进水阀门的作用：机组或进水管道检修时，静水关闭阀门，可靠切断水流；机组长期停机时，静水关闭阀门以减少导水机构的水流漏损和磨蚀；机组发生事故而导水机构失灵不能关闭时，紧急动水关闭阀门，切断水流以防止事故扩大。

水轮机常用的进水阀类型有闸阀、蝶阀、球阀和圆筒阀四种。本书只对大中型水轮机常用的蝶阀、球阀和圆筒阀进行介绍。

1.7.1　蝶阀

蝶阀的优点是外形尺寸小、重量轻、结构简单、操作方便；缺点是活门刚性差、挠度大、密封不当、漏水量大，活门在水流中造成一定水力损失。蝶阀一般适用于低水头、大直径的水电站。其适宜水头一般不超过240m，更高水头时，应与球阀和圆筒阀作选型比较。

蝶阀一般安装在水轮机蜗壳前端，一般取与钢管直径相同或小于钢管直径而大于蜗壳进口直径。蝶阀布置型式一般有卧式和立式，一般情况下宜优先选用卧式布置。蝶阀由本体结构和附属结构及控制机构组成。

(1) 蝶阀本体结构。

蝶阀本体结构部分由阀体、活门、轴承、密封、转臂、配重块、接力器基础部件等组成。蝶阀型式根据活门结构可分为菱形、铁饼形、平斜形、双平板形，其中双平板形水力性能好，设计制造成本低，在大中型蝶阀中占主导地位，并在水电站得到广泛应用。图 1-41 为卧轴双平板蝶阀的典型结构。

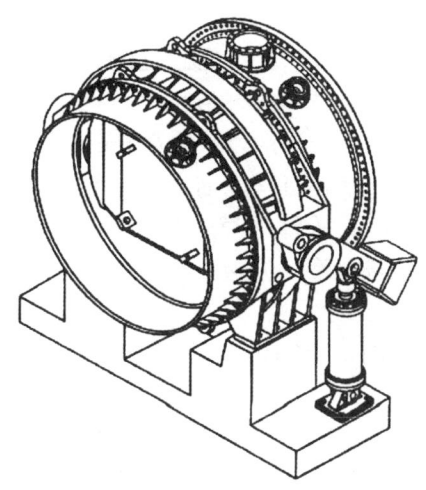

图 1-41 卧轴双平板蝶阀的典型结构

阀体是蝶阀的主要部件，阀体一般设计成整体结构，但受运输、制造、安装条件限制，直径大于 4m 以上的阀体应设计成分瓣结构。小型阀体一般采用铸件，大中型阀体一般采用焊接件。

活门在全关位置时承受全部水压力，在全开位置时，处在水流中心。偏心结构的活门具有水力自关闭特性，活门可以在机组紧急状态时实现动水自关闭，保证机组安全。肋板和盖板的迎水面与出水面采用翼型设计，使活门获得良好的流态，避免活门在紊流中抖动。活门轴插入活门孔后采用打销方式连接，使销子传递扭矩。活门轴一般采用锻钢，活门一般采用钢板焊接。

轴承一般采用自润滑轴承，大体分为镶嵌式、烧结式、高分子纤维式三类。

活门主密封采用整圈实心橡胶密封结构，其密封紧量可以通过压板进行微调，可在不拆卸阀体的情况下检修或更换密封圈。

由于蝶阀水头较低，一般活门阀轴采用 O 形橡胶圈密封，近些年随着密封技术提高，多采用 U 形或 V 形组合密封，以增加密封的寿命。

蝶阀接力器分环形接力器和摇摆直缸接力器两种。摇摆直缸接力器加工和装拆方便，现已基本取代环形接力器。摇摆直缸接力器下部用铰链与地基连接，工作时随着转臂摆动，重锤通过螺钉把合在转臂上，为了适应刚体的摆动，接力器的进出油管在接力器本体附近采用高压软管或专门的供油装置。

(2) 蝶阀附属结构。

蝶阀附属结构包括上游连接管、下游连接管、伸缩节、液压旁通阀、空气阀和排水阀。上游连接管与上游压力钢管通过焊接相连；下游连接管通过法兰把合与水轮机蜗壳相连；伸缩节设于蝶阀的下游侧，其作用是便于阀门的安装和拆卸，同时补偿由于温度变化、地基下沉不均等原因造成的钢管变形；旁通阀的作用是当活门开启前，使活门上下游侧的压力达到平衡；空气阀的作用是当钢管充水时排气，钢管排水时进气；排水阀通常用于钢管的排水。

（3）蝶阀控制部分。

蝶阀通过油压操作接力器进行控制，其控制部分主要包括控制机构和油压装置两部分。

1.7.2 球阀

球阀的优点是活门刚性好、挠度变形小、密封性能好，活门全开时，活门的过水孔与管道直径一致，水力损失很小；缺点是球阀的外形尺寸较蝶阀大、重量重、制造工艺复杂。一般情况下，球阀主要用于高水头电站，一般水头在240m以上，低于240m时，应与蝶阀和圆筒阀作选型比较。球阀一般安装在水轮机蜗壳前端，一般采用卧式布置。

球阀型式按阀体结构可分为沿铅垂线垂直对称分瓣球阀、大小分瓣球阀、斜分瓣球阀、沿水流方向垂直分瓣球阀、整体球阀等。球阀由本体结构、附属结构和控制机构组成。

1. 球阀本体结构

球阀本体结构基本和蝶阀相同，由阀体、活门、轴承、密封、转臂、配重块、接力器、基础部件等组成。

球阀阀体结构一般有大小瓣、沿轴线垂直分瓣、沿水流方向垂直分瓣、斜分瓣、整体结构五种型式。阀体的材料一般为铸钢或钢板焊接结构。

大小瓣型阀体的分瓣避开了阀轴处，能够避免由于阀轴处密封与阀体分瓣面处密封黏结不好而产生漏水的问题。大小瓣型式通常用于大型球阀，球阀和活门必须是装配式的，否则无法装入阀体。

斜分瓣型阀体的优点与大小瓣型阀体基本相同，只是斜分瓣型通常用于中小型球阀，阀轴和活门可以为整体结构。

对称分瓣型阀体通常用于小型球阀，阀轴和活门为整体结构，加工和装配比较简单，但由于阀体分瓣面在大轴中心线上，阀轴处易漏水。

阀体还可以做成整体结构，两瓣阀体在活门装入后焊接成整体，然后再与活门同加工，由于阀体是不可拆卸结构而且加工较为复杂，受运输条件和加工条件的限制。

球阀活门一般有装配式结构、锻铸焊结构、整铸结构三种型式。装配式结构是阀轴与活门通过螺栓连接成一体。锻铸焊结构是将锻造活门轴与铸造的活门分别加工后焊在一起，此种结构通常用于尺寸较大的球阀活门。整铸结构是将活门和阀轴整铸为一体，此种结构一般用于尺寸比较小的球阀活门。

球阀的密封分为活门主密封和活门阀轴密封。活门主密封装置分工作密封和检修密封。

检修密封位于球阀上游侧进口位置，检修密封结构为环状不锈钢制的密封环，在活门上也制作一个密封面与检修密封相接触，该密封面焊有不锈钢材料或在活门上把合上一个不锈钢密封座。检修密封环的动作靠水压或油压实现。正常情况下检修密封为常开状态，只有需要检修密封和轴头密封时，检修密封才投入工作。

工作密封一般位于球阀下游出流侧，其结构与检修密封一样采用密封环结构，由活动密封环和把合在活门上的固定密封环组成，活动密封环可用上游侧压力水或压力油来操作。密封环型式大体有T形、L形和弹性金属密封三种。

阀轴轴头密封与蝶阀类似，一般采用V形密封圈，轴用回转方形密封圈或O形密封圈。

如果球阀分瓣面不通过轴孔，则三种密封型式都具有良好的效果。轴头处轴瓦目前一般采用自润滑轴套，如聚甲醛钢背复合轴套、镶嵌式轴套、烧结式轴套、高分子纤维轴套等。

球阀接力器及连接型式与蝶阀基本相同。

2. 球阀附属结构

球阀附属结构与蝶阀基本相同。

3. 球阀控制部分

球阀主密封的操作通常通过水压或油压来实现，水压取自上游连接管，油压取自球阀的油压装置，工作密封采用自动控制，检修密封采用手动控制。球阀活门的正常操作和事故情况下的动水紧急关闭通常通过接力器来实现，由于通过重锤来实现动水关闭需要很大重量，一般球阀不设机械式重锤。如果水质允许的话，球阀接力器的关闭腔通过压力水来操作，压力水取自上游连接管，这样通过液压重锤代替机械式重锤，保证球阀在机组事故情况下实现动水紧急关闭。

1.7.3 圆筒阀

圆筒阀的优点是：操作灵活，启闭时间短，投入快，可频繁操作；关闭时密封性能好，可减少导叶漏水和减轻由此产生的磨蚀；阀体全开时阀体下端面与顶盖过水面基本平齐，水力损失很小；重量轻；最大的优点是没有单独的阀室，可明显降低水电站开挖投资。圆筒阀的缺点是其在现阶段还不能完全替代蝶阀、球阀在岔管上使用，且关闭后一般不能进行水轮机维修，还使水轮机顶盖刚度减弱等。圆筒阀工作水头一般在 400m 以下。

圆筒阀布置在水轮机活动导叶与座环固定导叶之间，在机组停机时，圆筒阀处于关闭状态，圆筒阀阀体下落处于座环固定导叶与活动导叶之间，上端紧压布置在顶盖上的密封条，下端紧压布置在座环上的密封条，从而达到截流止水的作用。机组开启时，首先开启圆筒阀，将圆筒阀阀体提升到座环上环与顶盖形成的空腔内，阀体底面与顶盖下端面齐平，不干扰水流运动。

圆筒阀主要由阀体、操作机构（接力器、控制机构、油压装置）、同步机构、密封等组成。以圆筒阀操作方式划分，可分为油泵操作和直缸接力器操作；以圆筒阀同步方式划分，可分为机械同步和电液同步。目前主要以直缸接力器操作电液同步为主。

圆筒阀阀体一般为钢板卷制焊接而成，当阀体尺寸超过运输条件许可，阀体一般分为两瓣，采用螺钉连接、销钉定位，并在分瓣面的四周开有 U 型坡口，工地组合焊接在一起。

在阀体全开和全关位置均设置有密封，密封多采用氯丁橡胶密封条，用不锈钢压板和螺钉将密封条压在顶盖和底环上，阀体相对应密封接触部位镶焊不锈钢。为防止阀体运动时晃动，在固定导叶尾端镶焊有不锈钢板或青铜，与导向板对应位置的阀体上镶有不锈钢或青铜。

1.7.4 进水阀的附属设备

1. 旁通阀

旁通阀一般为液压操作的针形阀，装于阀门两侧连接管和伸缩管上，阀门正常开启前先打开旁通阀，将活门上游侧的压力水引入活门下游侧，待两侧压力趋近平衡时再开启活门。由于抽水蓄能机组球阀在活门开启前的平压通过打开其主密封来实现，因此有的抽水蓄能机组不设旁通阀,但蝶阀必须设旁通阀。

2. 伸缩节

伸缩节装在阀门的上游或下游侧,使阀门能沿管道方向移动一定距离,以便于阀门的装拆。伸缩节一般由法兰、密封、密封压板、伸缩管等组成。在与密封接触处的伸缩管,一般采用不锈钢板卷制而成。有些伸缩节分瓣结构,即伸缩节法兰、密封压板和伸缩管为分瓣结构,法兰和密封压板采用螺栓把合。伸缩管在分瓣面处开有焊接坡口,工地连接成整体后再焊接为一体。此种伸缩节主要用于受运输条件限制的大型蝶阀上。

3. 连接管

连接管装设在伸缩节的对侧,将阀门与上游或下游的压力钢管连接,是承受阀门水推力的主要基础部件。大型阀门上采用分瓣式连接管。

上游连接管钢管部分采用高强度钢板卷焊而成,法兰采用锻造法兰或厚钢板。

4. 空气阀

空气阀位于阀门下游侧伸缩管的顶部。当开启旁通阀向下游侧充水时或放空压力钢管和蜗壳内的积水时,空气阀自动开启,以排气或充气。

第 2 章　水轮发电机设备

水轮发电机是由水轮机驱动，将水轮机的机械能转换为电能输送到电力系统的设备。

根据布置型式，发电机可分为卧式和立式。通常小容量水轮发电机多采用卧式结构，中等容量的水轮发电机多采用立式或卧式结构，大容量水轮发电机则广泛采用立式结构。贯流式机组的水轮机和水轮发电机一起装入水电站过流部件的机壳内，因此一般为卧式结构。

根据推力轴承布置位置，立式水轮发电机又分为悬式和伞式两种型式。

悬式结构水轮发电机推力轴承布置在发电机转子上部，把整个发电机组转动部分悬挂起来。悬式水轮发电机有两种结构型式：其一是在上机架中心体内装有上导轴承，其结构见图2-1（a），或在推力头外缘装有上导轴承，见图2-1（b），同时在下机架中还装有下导轴承，连同水轮机导轴承构成三导结构；其二是取消发电机的下导轴承，保留上导轴承，和水导轴承构成两导结构。悬式结构适用于高、中速水轮发电机组，其优点是机组径向机械稳定性好、推力轴承损耗小，维护、检修方便。

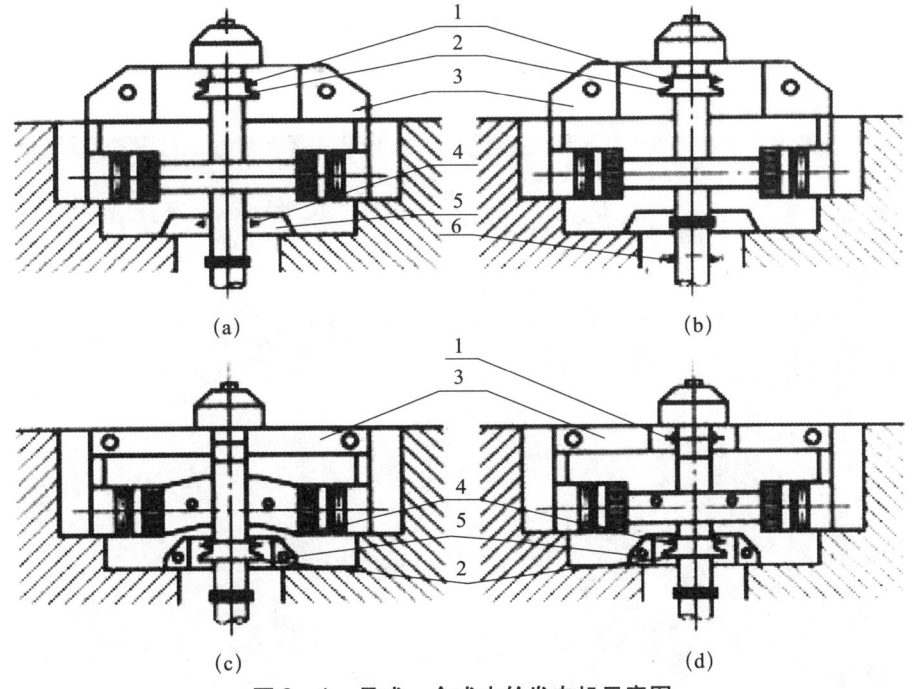

图2-1　悬式、伞式水轮发电机示意图
1—上导轴承；2—推力轴承；3—上机架；4—下导轴承；5—下机架；6—水轮机导轴承

伞式结构水轮发电机推力轴承布置在发电机转子下部。根据导轴承的数量和布置位置，主要可分为三种结构型式：

（1）伞式结构。装有推力轴承、发电机下导轴承和水轮机导轴承，机组共2个导轴承，见图2-1（c），也称全伞式结构，这种结构适用于转速150r/min以下的低速、大容量发电机。

（2）半伞式结构。装有推力轴承、发电机上导轴承和水轮机导轴承，机组共2个导轴承。该种结构可以扩大伞式结构的适用范围，因为在机组的上部设有一个导轴承，可以增加机组的稳定性，机组的转速适用范围可以扩大到200~300r/min。

（3）具有两个导轴承的半伞式结构。发电机装有推力轴承和上下导轴承，见图2-1（d）。这种结构在大容量水轮发电机上采用。具有两导轴承的半伞式发电机，其下导轴承有两种结构型式：一是将下导轴承与推力轴承设计在同一个油槽内；二是将下导轴承设计成一个独立的油槽，与推力轴承分开。

伞（半伞）式结构发电机的转子一般可设计成分段轴结构，这种结构的最大优点是：可以解决机组大而引起的大型铸锻件问题，也可以减轻转子起吊重量和降低起吊高度，从而降低厂房高度；另一个优点是可以减轻定子和负重机架的质量，从而减轻发电机质量。但该结构推力轴承直径较大，故轴承损耗大于悬式结构。大型伞（半伞）式机组推力轴承可放置在发电机下机架上，也可通过推力支架放置在顶盖上。

水轮发电机主要由定子、转子、推力轴承、导轴承、机架等组成。

2.1 定子

定子是发电机产生电磁感应，进行机械能和电能转换的关键部件。水轮发电机的定子主要由定子机座、铁心、绕组、端箍、铜环引线、基础板及基础螺栓组成。图2-2为装配完成的乌东德水电站定子。

图2-2 装配完成的乌东德水电站定子

2.1.1 定子机座

定子机座是水轮发电机定子部分的主要结构部件,是用来固定定子铁心的,也是水轮发电机的固定部件。小容量水轮发电机的机座,一般采用铸铁整圆机座或钢板焊接机座。大中型水轮发电机组机座采用钢板焊接结构。

定子机座结构类型:机座按电机结构类型分为立式和卧式;按机座形状分为圆形和多边形;按机座大小分为整体和分瓣机座;按机座的立筋型式分为普通立筋结构、盒型立筋结构(见图2-3)及斜立筋结构(见图2-4)。

图2-3 乌东德水电站定子机座厂内预装(盒型立筋结构)

图2-4 三峡水电站定子机座吊装(斜立筋结构)

1. 卧式发电机机座

对于大型卧式机座,通常在水平方向分成两瓣。如果机座质量和尺寸受到运输限制时,也可分为3瓣或4瓣。分瓣机座合缝处可以制成凸缘,用销钉式的螺栓把合。

2. 立式发电机机座

除了一些小容量的发电机采用卧式结构外,大部分水轮发电机都为立式结构。立式发电机机座的结构特点是:除了用以固定定子铁心外,其机座顶上还要支撑上机架;对悬式水轮发电机还要支撑推力轴承。

一般中小型水轮发电机组,机座直径4m以下的均设计成整圆机座,见图2-5。整圆机座一般采用钢板焊接结构。大型水轮发电机机座由于运输条件限制,一般采用分瓣结构(见图2-6),通常分为2、3、4、6、8瓣,3瓣和8瓣较少采用。

图2-5 整圆定子机座

图2-6 分瓣定子机座(大合缝板结构)

立式发电机机座的主要零件有合缝板、支撑零件和机座壁等。

不在工地装压铁心和下线的水轮发电机分瓣定子,通常采用大合缝板结构;分瓣定子通过合缝板、合缝螺栓将定子把合成一体,见图2-6。对于大容量水轮发电机机座,目前都采用在厂内分瓣制造加工,运到工地后通过小合缝板将机座把合成整圆后焊接在一起,使机座形成一个整圆。小合缝板主要用于分瓣机座在工地焊接成整圆时的连接和定位;分瓣机座在工厂分瓣焊接,然后在小合缝板上穿上定位螺栓进行把合定位,临时将分瓣机座组合成整圆加工,运到工地后,按照小合缝板上的定位螺栓将分瓣机座把合成整体并焊成整圆。

立筋是定子机座的主要支撑元件。机座各层环板通过立筋连接组合,通常立筋由16~20mm厚的Q235钢板制成。一般大型机座选用20mm厚的钢板,中小型机座选用16mm厚的钢板。立筋的型式有三种:一是普通立筋,均匀布置在机座的圆周上和机座环板的各层间;二是盒型筋,该种结构不但有利于通风,对增强定子机座的刚度也有显著效果;三是斜立筋,其特点是:在机组运行、定子铁心发热膨胀时,定子机座可以通过斜立筋的弹性变形,增大半径来满足铁心的膨胀量,避免铁心产生永久变形,从而保证铁心的圆度。

定子机座除了用立筋支撑和连接各环板外,在机座环板之间沿圆周还布置有支撑钢管(或钢板),一方面可以支撑环板,另一方面在焊接定位筋时可作为装设夹具的支撑。

一般中小型机座,除了立筋和支撑钢管(钢板)外,为了便于机座制造、起吊和翻身,通常还设计有起吊柱。整圆机座布置在环间,位于冷却器窗口处;分瓣定子机座布置在靠近合缝板两侧和每瓣机座中心的中环板处。

2.1.2 定子铁心

定子铁心是定子的重要部件,也是发电机磁路的主要组成部分。它一般由扇形片、通风槽片、定位筋、上下齿压板、拉紧螺杆及托板等零件组成。定子铁心是用硅钢片冲成的扇形片叠装于定位筋上，定位筋通过托板焊于机座环板上，并通过上下齿压板用拉紧螺杆将铁心压紧成整体，见图2-7。铁心也是固定绕组的部分。

图2-7 乌东德水电站定子铁心叠装

1. 铁心冲片

（1）铁心冲片材料。

水轮发电机铁心冲片材料通常采用硅钢片。涡流损耗是与硅钢片的厚度成比例的，通常铁心用硅钢片的厚度为0.35~0.5mm。

目前，在电机中应用的硅钢片分为冷轧和热轧两种。冷轧硅钢片又分为有取向和无取向两种。有取向硅钢片即是各向异性，是变压器铁心的一种理想材料。无取向硅钢片即是各向同性，主要应用在大型水轮发电机的定子铁心冲片上。

（2）扇形冲片。

每张扇形冲片上的槽数必须为整数，并使片间接缝处不在齿上。为避免相邻扇形冲片边缘搭叠，接缝处应留有0.2~0.25mm的间隙。另外，为防止接缝处槽底错牙损伤绕组绝缘，应将接缝处的槽底直角冲成30°倒角2mm。

（3）扇形冲片绝缘。

由于冲头和冲模之间必须有间隙，在冲剪时模具的刃口处产生剪切和弯曲，因此冲片的一边总是有毛刺，即便在新模具开始使用时也存在。扇形冲片在除去毛刺后再进行绝缘，即扇形冲片在涂漆机上涂上一层硅钢片漆。

（4）端部扇形片。

定子铁心上下端由于受到端部磁通影响，引起铁心附加损耗增大，特别是转子伸出定子铁心较长的电机更为突出；为此，定子铁心上下端一般设计成阶梯形，为了减小漏磁通在定子铁心上下端引起的损耗增加，可对端部扇形片开小槽。端部阶梯片是由普通扇形再次冲制而成，目前为了防止端部阶梯片在发电机运行时，在电磁力作用下产生松动，一般会将若干阶梯片进行粘接，形成粘接片。

2. 通风槽片

大中型水轮发电机大都采用径向通风系统。因此,在定子铁心段必须设计有一定数量的由通风槽片构成的通风沟。

通风槽片由扇形冲片、通风槽钢及衬口环组成。

3. 铁心固定

(1) 铁心固定结构。

扇形冲片通过定位筋、拉紧螺栓、齿压板等零件固定在机座上称为定子铁心。水轮发电机的铁心固定结构有以下几种:

① 图2-8 (a) 所示结构:将压力通过拉紧螺栓加到铁心两端的压板上,再将齿压片加到铁心上,固定定子铁心。拉紧螺栓位于定子铁心背部与定位筋间隔放置,并在同一圆周上。

② 图2-8 (b) 所示结构:采用在定位筋上加工螺孔,铁心压紧时用一组螺栓拧入定位筋上的螺孔内,以代替铁心背后的拉紧螺栓。

③ 图2-8 (c) 所示结构:将定位筋穿过压板,并将伸出部分车圆,加工出螺纹,并使其成为受拉杆件。加压时,通过压板(齿压片)将压力传递到铁心上。

④ 图2-8 (d) 所示结构:将绝缘的拉紧螺栓穿过定子扇形片径向宽度(轭部)中间的孔,然后把紧螺栓,将铁心压紧并固定铁心。

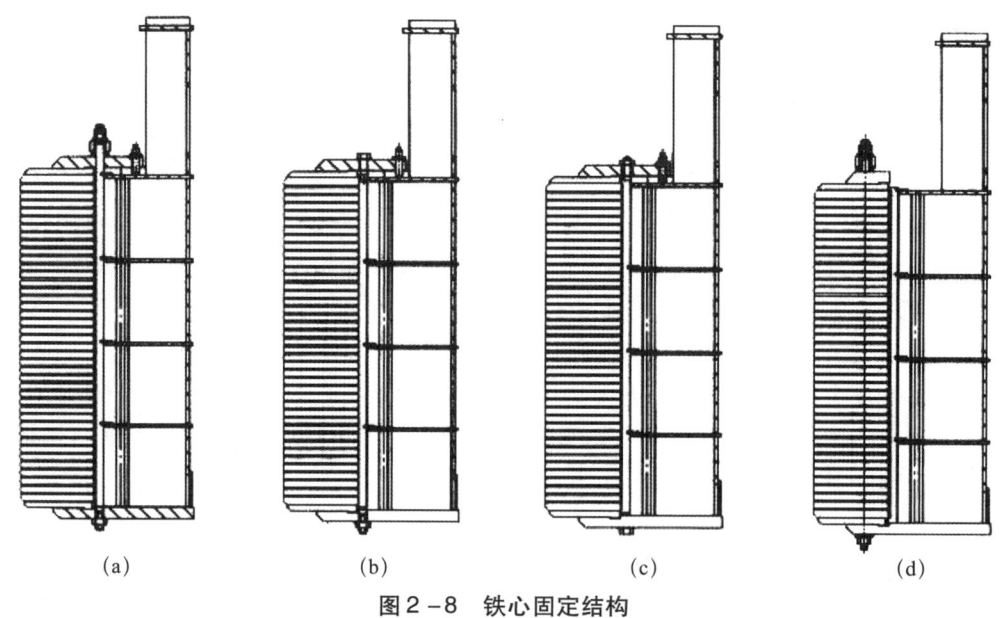

图2-8 铁心固定结构

图2-8 (a)、(b)、(c) 三种结构,铁心和固定结构(机座)要承受冷热之间,即停机和满载之间产生的有差膨胀作用,这对铁心的固定是不利的。理想的结构是图2-8 (d),这种结构由于铁心和螺栓处在相同的温度下,不仅可以消除有差膨胀,还大大降低了固定结构和机座的质量及成本;这种结构螺栓绝缘可能由于螺栓横向振动损坏而导致铁心严重烧损,可以通过在每根螺栓上套一个绝缘套管解决。

(2) 铁心固定零件。

定位筋:定位筋因其形状像鸽尾,故又称为鸽尾筋。定位筋通常用方钢加工而成,目前应用的定位筋是拉制而成的。定位筋的主要功能是固定扇形片。随着发电机容量的不断增大，大容量水轮发电机运行中，可能出现定子铁心因热膨胀而翘曲变形，影响机组安全运行。为此，在定子铁心中设有双鸽尾定位筋，此种结构使定子铁心与焊在机座托板上的双鸽尾筋保持一定间隙，可以适应铁心的热膨胀，同时铁心能够承受相应的扭矩及径向磁拉力而不变形。图2-9为安装完成的乌东德水电站定位筋。

拉紧螺栓：拉紧螺栓是铁心压紧和固定的重要零件，在结构布置上，经常采用定位筋、拉紧螺栓分开布置的结构，有时也采用定位筋伸长加工成圆形并车出螺纹作为拉紧螺栓使用。一般水轮发电机采用定子拉紧螺栓为M42螺栓或M48螺栓，材料为冷拉圆钢或调质圆钢。

托板：托板是铁心固定零件，大部分水轮发电机组中都采用托板。托板常用16mm厚的Q235钢板制成。

齿压板：齿压板由压板和齿压片组成，是固定铁心的主要零件。铁心的轴向压紧力是通过齿压板及拧紧螺母和拉紧螺栓产生并维持的。齿压板分小齿压板和大齿压板两种结构。一般水轮发电机上下端都采用小齿压板结构；大中型水轮发电机上端一般采用小齿压板，而下端采用与定子机座连成一体的大齿压板结构，这种结构可以方便定子铁心装压和提高铁心装压质量，并能增强机座的刚度，但是对于长铁心电机存在调整和压紧不便的问题。目前为了便于装压铁心和防止铁心松动，采用大齿压板和小齿压板组成的复合式齿压板。水轮发电机的压板一般采用钢板结构型式；齿压片（压指）是焊在压板上起压紧铁心作用的零件，有扁钢结构和矩形钢管结构等型式。

水轮发电机运行中，有时会产生铁心松动，调节螺栓是专门用来在铁心松动时压紧铁心的。机组运行时，拉紧螺栓会产生振动，因此在拉紧螺栓上每隔一定距离需焊一块固定片。为防止水轮发电机运行中铁心松动，在拉紧螺栓上下两端还装有碟形弹簧。

铁心上端固定零件见图2-10。

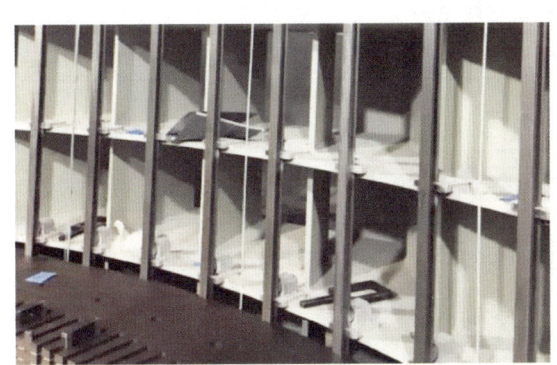

图2-9 安装完成的乌东德水电站定位筋

图2-10 铁心上端固定零件

2.1.3 定子绕组

定子绕组是构成发电机的主要部件，属于发电机的导电元件，也是发电机产生电磁能量转换必不可少的零件。

1. 绕组型式

发电机绕组型式可按电机相数、绕组层数、每极每相所占槽数和绕法来分类。按电机相数划分,可分成单相绕组和多相绕组;按槽内绕组的布置划分,可分为单层绕组和双层绕组;按绕组每极每相所占槽数是否为整数划分,可分为整数槽绕组和分数槽绕组;按绕组制作和绕法划分,可分为多匝圈式叠绕组和单匝条式波绕组。目前水轮发电机的定子绕组大多数为三相、双层多匝圈式叠绕组或单匝条式波绕组。

2. 绕组换位

大中型水轮发电机的定子绕组由多股导线组成,实践证明,在这种绕组中存在两种环流:第一种环流,流动于每一股线导体中,产生集肤效应(挤流),使导体内的各点电流密度分布不均匀,从而使附加铜损耗及交流电阻增加;第二种环流,存在于任意两根股线组成的回路中,它叠加在由负载电流决定的平均值之上,使各股线电流呈现出不均匀现象,其原因是各并联股线处在不同的位置,磁链不相同,因而产生的电势也就不同,因此在各股线回路中形成了电势差而出现环流。第一种环流采用较薄的股线就能解决;第二种环流采用不同方式的换位解决。

3. 绕组绝缘

绕组主要由两种材料组成,其中铜线为金属材料,是用来通电的,称为导电材料;另一种不通电的材料称为绝缘材料,它在绕组中使电流按照指定的路径通过和承受电场,使之达到满足一定的电气特性要求。

绕组绝缘的基本性能主要有耐电、耐热以及力学性能,其评价指标主要有介电强度(击穿强度)、耐电晕性、耐热性能、绝缘电阻、介质损耗角正切值 $\tan\delta$、介质损耗角正切值的增量 $\Delta\tan\delta$、力学性能等。

4. 绕组绝缘结构

定子绕组的绝缘主要包括股间、匝间、排间、换位和对地防晕层等。典型的圈式和条式高压定子绝缘结构见表2-1。

表2-1 高压定子绕组绝缘结构

绕组型式	绝缘结构图	序号	名称	材料
圈式		1	股间绝缘	玻璃丝
		2	匝间绝缘	薄膜三合带
		3	对地绝缘	B、F级环氧粉云母带
		4	防晕层	半导体漆或带
条式		1	股间绝缘	双玻璃丝/涤纶玻璃丝
		2	排间绝缘	环氧浸渍玻璃坯布
		3	对地绝缘	B、F级环氧桐马粉云母带
		4	防晕层	半导体漆或带
		5	换位绝缘	环氧桐马柔软云母板
		6	换位凹坑填充	粉云母换位填充板

目前大中型水轮发电机对地绝缘主要采用多胶模压成型和少胶 VPI（Vacuum Pressure Impregnating，真空压力浸渍）两种工艺。

多胶模压成型工艺原理：主绝缘材料为多胶云母带。包绕好的线棒在模具中通过加热、加压方式的变化，使云母带中的胶流动，并将多余胶流出，同时将低分子物和潮气等带出并固化成型。其工艺路线主要为多胶云母带包扎→模具中压力下加热固化成型；其使用绝缘材料主要为环氧多胶云母带。优点为单支线棒制造工艺简单、周期短；压缩量大，线棒绝缘层机械强度高；缺点为线棒质量有分散性。

少胶 VPI 工艺原理：主要材料为少胶云母带。包绕好的线棒置于真空罐中，随着真空度的增加，绝缘层及股线间的绝对压力降低，当它的压力降到与环境温度相对应的饱和水蒸气压力时，系统内的水分子汽化，被连续抽出，有效地减少了线棒中气泡数目和针孔；然后浸入树脂，将浸渍完成的线棒取出，在模具中加热固化成型。其主要工艺路线为少胶云母带包扎→预热→抽真空→输漆→抽真空→回漆→上模具→烘焙固化成型；其使用的绝缘材料主要为含促进剂的少胶云母带、浸渍树脂。其优点为云母含量高，绝缘层厚度均匀，线棒质量分散性小；缺点为主绝缘层间粘接强度较模压线棒差。

2.1.4 定子装配

1. 绕组连接

水轮发电机定子绕组连接大致可分为定子线棒带导电块和不带导电块两种。

不带导电块的定子线棒一般采用并头套连接，连接部件主要包括直并头套、楔块、斜并头套等。直并头套用于同槽上下层线棒端头间的连接，是最常用的一种，其典型连接结构型式和应用见表 2-2；斜并头套用于相邻上下层线棒端头间的连接。

表 2-2　直并头套典型连接结构型式和应用

结构型式	连接（焊接）方式	应用说明
无底直并头套	采用打紧楔块连接后，用锡焊	结构简单，装配方便。锡焊接触面积达 60%～70%，适用于中小型发电机
盒型并头套	楔块连接锡焊	用专用夹具打紧楔块，盒型并头套拉制工艺复杂，锡焊接触面积达 80%～90%，适用于中小型发电机

续表

结构型式		连接（焊接）方式	应用说明
股线对接于并头套内		铜焊接	股线分一束或二束，对接于并头套内，按电流及接触面决定分束。要求下线时上下端头对齐，不错位，具有良好的组合间隙，一般为 0.2~0.3mm，适用于大中型发电机
铜板连接		铜焊接	铜板直接与线棒上下层端头连接，结构简单，适用于大中型发电机
端头股线搭接		高频焊	将银焊片置于股线之间，用夹具固定位置，采用高频设备加热焊接，股线接头之间插入云母片绝缘（云母片应比股线宽度大 2mm），一般适用于叠绕组连接

带导电块定子线棒相当于将并头套在中心分开，在制造厂内直接焊在定子线棒端部接线处，工地安装时只需将导电块在合缝处焊在一起即可，其结构见图 2-11。

图 2-11 带导电块线棒连接

2. 极间连接

连接同一相不同极性下的同层线棒端头用极间连接线。中小型叠绕组发电机一般采用电缆作为极间连接线。波绕组极间连接线一般采用铜板、铜带或铜母线制成。

3. 绕组连接绝缘

绕组连接绝缘主要有接头绝缘和极间连接绝缘。绕组接头绝缘目前都采用绝缘盒结构，绝缘盒可分为直绝缘盒和斜绝缘盒两种，采用酚醛玻璃纤维压塑料压制而成。

4. 绕组固定

绕组固定主要包括两个部分：线棒槽内的固定和线棒端部的固定。

（1）线棒槽内固定。

线棒在槽内的固定主要考虑切向和径向两个方向。切向主要是结合线棒槽部的防晕处理进行，下线时将导电腻子和导电槽衬包绕在线棒表面，以消除线棒表面与铁心槽壁间的间隙；有些切向也采用波纹板来固定。径向主要采用槽楔和楔下波纹板的固定结构；定子槽楔分平槽楔、斜槽楔（由上楔和下楔组成，配对使用），按布置位置又分为上端槽楔、中部槽楔和下部槽楔；槽楔通常用酚醛玻璃纤维压塑料压制而成。弹性波纹板是采用玻璃纤维和合成树脂压制而成的一种加强型玻璃纤维制品。

（2）线棒端部固定。

线棒端部的固定主要由端箍、槽楔垫块、线棒斜边垫块以及端部绑扎等部分组成。

端箍包括金属材料端箍和绝缘材料端箍。金属材料端箍用金属型钢制成端箍环，在端箍环外包扎绝缘，形成一个完整的端箍。金属端箍截面可分为圆形和方形两种。当发电机电负荷 $A \leqslant 600 \mathrm{A/cm}$ 时，可采用圆钢或方钢；当 $A > 600 \mathrm{A/cm}$ 时，建议采用非磁性钢，常用的有 $40 \mathrm{Mn} 18 \mathrm{Cr} 3$。绝缘材料端箍材料为环氧玻璃布板，是采用纤维缠绕固化成型的。

为了防止线棒受到电磁振动而磨损绝缘，在线棒出槽口处放置双斜块式槽口垫块。槽口垫块通常用酚醛玻璃纤维压塑料压制而成。在双层绕组中，采用上下层分开的槽口垫块。

斜边垫块主要用来支撑线棒的斜边。斜边垫块通常用环氧玻璃布板加工并浸漆，目前也有采用聚酯玻璃粘层压板加工后浸漆。

完成端箍、槽口垫块和斜边垫块装配后，使用特制的玻璃纤维将它们与线棒绑扎在一起，并涂刷高强度的室温固化树脂，使整个定子线棒端部成为一个刚性的整体，防止绕组端部松动，消除线棒端部的机械磨损。

5. 铜环引线

水轮发电机定子电流，通过绕组的出线端经铜环引线和铜排引出发电机机座外壁，再由母线引出发电机机坑与系统中的电气设备连接，将电流输入系统。

铜环引线的布置结构主要有竖直截面布置、水平截面布置、组合结构布置三种。

铜环引线的引出主要有打开极间连接线引出和打开并头套或斜并头套的线棒端头引出两种。

铜环引线与引出线棒端头的连接主要包括叠绕组的连接和波绕组的连接。铜环引线分段合缝处的主要连接方式见表 2-3。

表 2-3 铜环连接方式

铜环分瓣或分段处连接方式		特点及应用
搭板铆接		两铜环间，采用搭板用铆钉连接，接触面要求加工，用于排间距离大的单根母线连接。铆接后再锡焊，现在很少采用
双股或多股铆接		两铜环先加工，铆接后银焊，用于双股或多股铜母线结构
搭板焊接		银焊连接，接触面不加工，用于排间距离大的单根铜环连接
对接焊接		对接焊接，结构简单，要求较高的焊接质量，用于排间距离较小的单根母线铜环连接，目前应用较多
铜管对接		两铜管（铜环）内塞上接头，银焊。目前大容量发电机均采用

6. 基础部件

立式水轮发电机的定子，主要通过定子基础部件固定在发电机的基础混凝土上。定子基础部件包括基础板、楔形板、螺栓、销钉及基础螺栓等。

7. 空气冷却器

空气冷却器是水轮发电机空气冷却系统的主要部件，一般布置在定子机座外圆。其制造一般采用整体穿片胀接式结构，即冷却管路首先穿散热翅片，然后通过胀接工艺，将冷却管固定在冷却器的两头端盖上。冷却管可采用紫铜管、铜镍合金管或不锈钢管；散热翅片一般由薄铜板冲制而成。空气冷却器的上端一般设排气阀，下端设排水阀。空气冷却器见图2-12。

图 2-12 空气冷却器

2.2 转子

水轮发电机转子（见图2-13）是由转轴、转子支架、磁轭和磁极等部件组成。

图2-13 吊装中的向家坝水电站转子

2.2.1 转轴（发电机轴）

转轴分为一根轴和分段轴结构。

1. 一根轴结构

高转速、大容量悬式发电机一般选择一根轴结构，其上部装有推力头和上导滑转子。目前广泛使用的一根轴结构有以下几种型式：

（1）转轴与转子支架轮毂热套在一起，通过轴与轮毂的配合紧量或紧量与键传递扭矩，其结构见图2-14。

图2-14 马来西亚沐若水电站发电机转轴与转子支架（与转子支架轮毂热套）

（2）转轴与厚钢环磁轭热套在一起，采用轴与磁轭之间的紧量与键传递扭矩，该结构适用于高转速中大容量机组。

（3）对转速高于750r/min的发电机，采用将磁轭与转轴锻成一体的结构。

（4）为避免磁轭与转轴锻成一体引起加工和竖轴困难，可在轴上焊接或加工出支架，然后热套磁轭。

2. 分段轴结构

中低转速、大容量伞式发电机多采用分段轴结构，分段轴由上端轴、转子支架中心体和下端轴组成。

上端轴下法兰与转子支架中心体通过螺栓连接。图 2－15 为向家坝水电站上端轴。

下端轴上法兰与转子支架中心体连接，下法兰与水轮机轴连接。如厂房内起吊高程和结构布置允许，下端轴可与水轮机轴合为一体。图 2－16 为溪洛渡水电站下端轴。

图 2－15　向家坝水电站上端轴

图 2－16　溪洛渡水电站下端轴

下端轴与转子支架中心体的连接方式有：采用有销钉段的联轴螺栓连接，推力头用螺栓固定在转子支架中心体下圆盘上；采用键和联轴螺栓连接，推力头热套在下端轴上，这种结构一般适用于转速高于 200r/min 的发电机，且机构受推力瓦尺寸（外径）制约；采用定位销套和联轴螺栓连接，推力头用螺栓固定在转子支架中心体下圆盘上。

3. 转轴材质

转轴通常采用锻钢 35A、45A、20SiMn、18MnMoNb 等，转轴锻件一般采用整锻结构，大容量水轮发电机也可采用分段锻造，然后再组焊。高转速发电机的转轴可采用高强度锻钢 34CrNiMo、34CrNi3Mo、25CrNi3MoV 等。

2.2.2　转子支架

转子支架是连接磁轭和转轴的部件，同时也是通风系统的一个压头元件。

转子支架的结构一般有辐射式圆盘转子支架、斜支撑圆盘式转子支架和整铸转子支架。

1. 辐射式圆盘转子支架

圆盘式转子支架具有刚度大、传递扭矩大和通风损耗小等优点，目前被广泛采用。

小容量高转速发电机采用与转轴热套在一起的圆盘式转子支架，它由轮毂、上圆盘、下圆盘、立板和主立筋等组焊而成，其典型结构见图 2－17。

大容量低速发电机的圆盘式转子支架由中心体和外环组件组成。受运输尺寸限制，转子中心体和分瓣外环组件运到工地后组焊成整体。外环组件由上圆板、下圆板、立板、主立筋

图 2-17　加工中的马来西亚沐若水电站转子支架（与转轴热套）

和副立筋等组成；转子支架中心体由上下圆盘和中心圆筒等组成，通常采用工地配制副立筋或键槽板的结构。

2. 整体铸造式转子支架

整体铸造式转子支架具有结构紧凑、简单等优点，被广泛应用于中小型及高转速机组。

3. 斜支撑圆盘式转子支架

斜支撑圆盘式转子支架由转子中心体、斜支臂和外环组件组焊成一体。

斜支撑转子支架相对于直支撑型式，能更好地承受正常运行时的扭矩、磁极和磁轭的重力矩；能有效地吸收离心力、热膨胀力和热打键配合力；有足够的切向和轴向刚度，可避免不应有的变形，保证磁轭与磁极对中以及气隙的均匀度。图 2-18 为安装中的白鹤滩水电站转子支架（斜支撑式）。

图 2-18　安装中的白鹤滩水电站转子支架（斜支撑式）

2.2.3　磁轭

转子磁轭是发电机磁路的组成部分，也是固定磁极的结构部件。发电机的转动惯量主要由磁轭产生。磁轭分整体磁轭和叠片磁轭。整体磁轭一般通过键或热套等方式与转轴连成一体。叠片磁轭由扇形片交错叠成并用拉紧螺栓紧固成一体。

1. 结构型式

转子磁轭主要有以下三种结构型式：

（1）钢环磁轭（见图2-19）由锻钢（或厚钢板）、拉紧螺栓等组成，为便于制造、安装，一般将磁轭分成8~10个磁轭段（见图2-20）。每个磁轭段高约300mm，可用高强度厚钢板通过拉紧螺栓把合而成，也可以用整体锻件锻制而成；为满足机组通风需要，各磁轭段间还安装有导风带。各磁轭段通过热套或热打键的方式固定在轴上。钢环磁轭适用于高转速机组（比如抽蓄机组）。

图2-19 钢环磁轭

图2-20 磁轭段

（2）磁轭与转轴锻成一体（有些抽蓄机组也采用此种结构）。

（3）叠片磁轭。叠片磁轭由磁轭片、通风槽片、磁轭拉紧螺栓、磁轭压板、磁轭键等零部件组成。采用层间交错一定的极距并正反向叠片的方式，通过磁轭拉紧螺栓紧固成一个整体。磁轭沿轴向设有若干径向通风沟，为增大风量和提高风量分布的均匀性，在磁轭冲片间还留有一定数量的径向通风隙。有些发电机的磁轭不设通风沟（无通风槽片），靠通风隙通风。磁轭通过热打键与转子支架相连接。图2-21为装配完成的三峡水电站磁轭和转子支架。

图2-21 装配完成的三峡水电站磁轭和转子支架

① 磁轭片。磁轭片材料为高强度热轧钢板，一般通过冲制或激光切割制造。

② 通风槽片。通风槽片由磁轭片、衬口环和导风带组成。衬口环用无缝钢管加工而成，焊在磁轭片上。导风带一般用厚度为 3mm 的 Q235 钢板弯制而成。

③ 拉紧螺栓。拉紧螺栓一般采用冷拉圆钢或调质圆钢制成。

2. 磁轭与转子支架的连接

磁轭与转子支架采用径向键或径向、切向复合键（同槽）或径向、切向分开布置的连接方式，可采用冷打键和热打键的安装工艺。

（1）径向键结构。径向键结构适用于高转速、整体磁轭或叠片磁轭的发电机。

（2）径向、切向键分开结构。径向键位于转子支架立筋处，由弹性键、垫板和 2 个小键组成。小键沿轴向有若干个，通过打紧小键使弹性键产生变形，从而形成紧量。切向键布置在另一个键槽内，由凸键和 2 个小键组成。

（3）径向、切向复合键（同槽）结构。径向键为凸键，采用垫片调节热打紧量。切向键为 2 个小键，可补偿支架立筋键槽与磁轭对应键槽之间的偏差。该连接结构适用于中低转速大容量发电机，图 2－22 为磁轭打键（径向、切向同槽）。

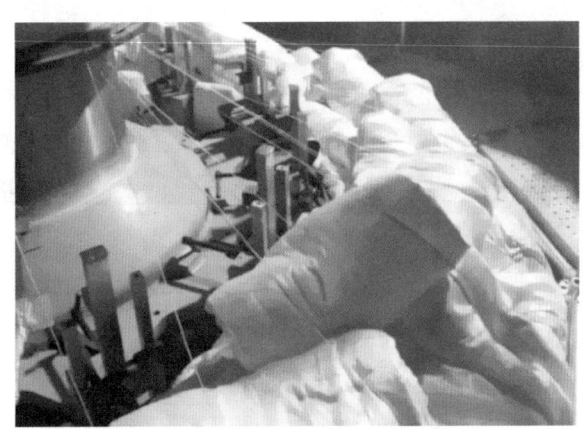

图 2－22　磁轭打键（径向、切向同槽）

2.2.4　制动环

水轮发电机广泛采用机械制动方式，通过制动环与制动块摩擦产生的制动转矩使机组停机。制动环一般采用分块式结构。

1. 制动环固定在叠片磁轭上

制动环用钢板焊成 L 形或用销钉固定在制动环上形成 L 形，并用磁轭拉紧螺栓将制动环固定在磁轭上。运行时，挂在磁轭上的制动环本身的离心力由磁轭承受。

2. 制动环固定整体磁轭

在制动环与整体磁轭之间没有间隙，制动环本身的离心力由磁轭承受。该结构一般适用于高转速机组。

3. 制动环固定在转子支架上

这种固定方式适用于大容量、大尺寸、工地组焊的分瓣转子支架。制动环本身的离心力由转子支架承受。

2.2.5 旋转挡风板

对双路密闭无风扇径向通风系统,除了采用固定圆盘挡风板外,还可采用旋转挡风板,即将挡风板固定在转子上,与转子一起旋转。其作用是挡住磁极之间的间隙,使风不能通过极间轴向流动。

2.2.6 磁极

水轮发电机的磁极由磁极铁心、磁极绕组和阻尼绕组等部件组成。磁极按极身截面几何形状可分为矩形磁极(见图2-23)和梯形(向心)磁极(见图2-24)。

图2-23 向家坝水电站磁极
(矩形、鸽尾)

图2-24 马来西亚沐若水电站磁极
(向心、T尾)

矩形磁极的磁极绕组在运行时产生的离心力可分解出一个侧向分量。为使此分量等于或接近于零,可采用向心磁极(使磁极绕组向心布置)。其优点是不需设极间支撑,便于安装检修且有利于轴向通风。故高转速、大容量发电机(含发电电动机)广泛采用向心磁极。

1. 磁极与磁轭的连接方式

磁极与磁轭采用T尾或鸽尾通过磁极键连在一起,可通过垫片调整定、转子气隙。

2. 磁极结构

(1) 磁极铁心。

磁极铁心分实心和叠片两种结构。

为满足机械强度要求,高转速发电机(>750r/min)可采用由整体锻钢制成的实心磁极铁心,由于它具有较好的阻尼作用,可不设阻尼绕组。为减少由于极靴表面损耗产生的热量,在极靴表面沿轴向加工散热沟。

叠片磁极铁心由冲片、压板、拉紧螺栓等部件组成。铁心的叠装通过磁极压板和拉紧螺栓压成一个坚实的整体。磁极拉紧螺栓可焊在磁极压板上,也可用螺栓固定在压板上。

磁极冲片。磁极冲片采用冷轧钢板冲制而成。为提高磁极的刚强度,通常在T尾(鸽尾)和极靴开有沟槽,铁心叠压后填满。

磁极压板。磁极压板采用整体锻造或用钢板焊接而成。

(2) 磁极绕组。

磁极绕组采用扁铜排绕制或四角焊接而成。铜排的材质为 T2。绕制的磁极绕组选择软铜母线 TMR，采用四角焊接的选用硬铜母线 TMY2。为增加绕组的散热表面，采用五边形、七边形或其他形状的铜母线，或用矩形铜母线绕制出散热匝，或用不同宽度的矩形铜母线焊接出具有散热匝的磁极绕组。磁极绕组匝间设有绝缘，绕组上下部设有环氧玻璃布层压板加工或整体压制而成的绝缘托板。

(3) 极身绝缘。

磁极绕组与磁极极身之间设有极身绝缘。极身绝缘与绕组之间的间隙可用环氧玻璃布层压板和浸制的涤纶毡填充。

(4) 极间支撑。

矩形磁极的磁极绕组在运行时产生的离心力可分解出一个侧向分量，为防止在整个侧向分量的作用下绕组产生有害变形，需对磁极绕组的受力及变形进行计算，以确定是否需要增加极间支撑以及极间支撑的数量。大容量发电机的极间支撑应考虑在不吊出转子的情况下便于拆装。

(5) 阻尼绕组。

水轮发电机一般用具有完整的交、直轴阻尼绕组，包括阻尼条、阻尼环和阻尼连接片等。阻尼条和阻尼环采用钎焊焊牢，环间连接片的连接处刷镀银，并用螺栓紧固。为防止离心力使阻尼绕组变形或损坏，应采取措施将其固定牢。

2.2.7 风扇

当发电机转子产生的压头不能满足通风要求时，发电机须设置风扇。水轮发电机采用的风扇型式有离心式风扇、旋转式风扇和弧形斗式风扇。

1. 离心式风扇

离心式风扇产生的压头高，有利于定子绕组端部的冷却，结构和工艺简单，但效率低。径向叶片的离心式风扇适用于各级容量的正反转水轮发电机；后倾叶片的离心式风扇适用于中高速水轮发电机。

2. 旋桨式风扇

旋桨式风扇可选用等截面的弯曲弧板或平板做风叶，平凸或凹凸截面的风叶采用铝合金铸成。旋桨式风扇通过单独的风扇座固定在磁轭的上下端面。

3. 弧形斗式风扇

弧形斗式风扇是一种介于离心式风扇和旋桨式风扇之间的风扇型式，它具有较强的径向压头和轴向鼓风作用，可改善端部冷却。

2.2.8 集电装置

集电装置将励磁电流从静止的电刷传到旋转的转子绕组上，由集电环装置和电刷装置组成。集电环装置通过支撑固定在转轴、推力头等转动部件上，采用电缆或铜排与磁极绕组连接；电刷装置固定在顶罩内或上机架上部。

1. 集电环装置

集电环装置由集电环支撑、集电环及螺栓等组成。集电环由钢板或锻钢制成。为增加散热面积，可在集电环外表面加工出螺旋槽。集电环支撑采用整体铸造或钢板焊接结构，通过键与转轴套在一起或用螺栓和止口固定在转轴上。

2. 电刷装置

电刷装置由导电环、导电杆、刷握、电刷等部件组成。导电环用钢板加工而成，加工后表面镀锌。励磁电缆通过接头固定在导电环上，电刷和电缆接头的数量必须大于 2 个。对于大容量水轮发电机应特别注意励磁电缆与导电环的连接，使励磁电流分路流入电刷。为防止机组运行中，电刷与集电环摩擦产生的碳粉污染定转子等部件，可设吸尘装置。

2.3 推力轴承

水轮发电机推力轴承是应用液体动压润滑承载原理的机械结构部件，它承受机组的全部轴向荷载。

2.3.1 推力轴承支撑结构型式

中小容量机组的推力轴承一般采用单层瓦结构；为了方便推力轴瓦的检修和更换，大中容量机组的推力轴瓦常采用双层瓦结构。

水轮发电机推力轴承的油冷却循环方式一般采用内循环、自身泵外循环和外加泵循环等；也有采用水冷瓦结构直接通入冷却水，带走轴承损耗。

推力轴承的瓦面材料常用巴氏合金和弹性金属塑料。

根据推力瓦面的控制要求，推力轴承一般采用球面点支撑、单圆环支撑、双圆环支撑、小弹簧群（束）支撑、弹性小支柱支撑、多线托块支撑等方式。

水轮发电机推力轴承有以下几种典型的支撑结构。

1. 刚性支柱球面点支撑

推力瓦由刚性支柱螺栓支撑。调整支柱螺栓高度，使瓦块保持在同一水平面上，以使瓦块受力均匀。

刚性支柱球面支撑结构适用于中小容量机组的小推力负荷轴承。

2. 球面单支柱弹性托盘支撑

推力瓦由弹性托盘支撑，托盘再由刚性支柱螺栓支撑。这种结构是由刚性支柱球面点支撑改进而来。

3. 弹性支柱单托盘支撑

推力瓦由弹性支柱（或压缩管）和托盘支撑（见图 2-25），轴瓦高程可由支柱调节，在支柱中心加工有直径 7.5mm 左右，长达 500~600mm 的小孔，用于安装检测瓦受力的细长杆，以检测支柱的压缩量。应用应变片调整，可使各瓦受力不均匀度在 10% 以内。

4. 平衡梁支撑双排轴瓦结构

考虑到瓦的变形、油膜厚度、冷却和制造工艺等问题，为不使轴瓦面积过大，国外有的大负荷推力轴承采用双排轴瓦结构，将大面积且狭长的推力瓦在径向一分为二，瓦下面由弹性托盘和刚性支柱螺栓支撑，固定在略具弹性的平衡梁上，用以分配径向相邻两块推力瓦上的负载。双排推力瓦由于瓦面缩小而且接近方形，从而减少了推力瓦的变形，有利于提高每块瓦的承载能力。

图 2-25 弹性支柱单托盘支撑

5. 弹性油箱支撑

无支柱螺栓弹性油箱支撑结构，推力轴承直接放置在弹性油箱的顶面，各油箱用油管相连并充初始油压。运行时，各瓦之间的不均匀负荷通过弹性油箱的轴向变形及油压均衡，使各瓦受力均匀。

弹性油箱有四波纹、三波纹（见图 2-26）和单波纹（见图 2-27）结构。三波纹弹性油箱对油箱材质和制造工艺要求高，制造成本较高。而单波纹的结构简单，可节省材料和加工工时，但弹性较多波纹的差。

图 2-26 单个三波纹弹性油箱

图 2-27 厂内预装配的马来西亚沐若水电站推力轴承（单波纹）

6. 平衡块式支柱支撑

推力瓦由互相搭接的铰支梁支撑，应用杠杆原理传递不均匀力，使瓦负荷达到均匀。

7. 弹性垫支撑

将轴瓦直接偏心放在弹性耐压耐油橡胶垫上，偏心度为 6%～9%，依靠垫的弹性变形吸收瓦的不均匀负荷，并使瓦倾斜形成动压承载油楔。弹性垫为扇形薄板，一般用 5mm 厚的耐油橡胶板制成，其几何尺寸比轴承瓦的略小。国外有些弹簧垫是圆形的，承载面积较小，约为轴瓦面积的一半以下,装配时,将 3~4 片叠放在圆形槽内;也有的结构在轴瓦下布置多个较小的橡胶垫。弹性垫支撑推力轴承见图 2-28。

8. 小弹簧群(束)支撑

轴承瓦偏心放置在一簇压缩弹簧上,偏心度为 8%~12%,依靠弹簧的弹性变形吸收瓦的不均匀负荷,并使瓦倾斜形成动压承载油楔,见图 2-29。推力头与转子支架中心体直接连接,轴承座底盘直接放在下机架上,大大缩短了机组高程,对机组运行稳定性也有好处。轴瓦受力后的凹变形能够部分抵消轴瓦和镜板的热凸变形,力凹变形能够动态适应热凸变形,因此,小弹簧群(束)支撑推力轴承的主承载区油膜较厚,具有较高的运行可靠性。另外,还具有支撑结构简单、轴承高度尺寸小、轴承承载能力大、温度低、轴承受力均匀、瓦变形小、轴瓦温度分散度较小等特点。但弹簧的材质和制造工艺要求较高。美国大古力水电站推力负荷 46MN(4700t)、中国三峡水电站推力负荷 45MN(4600t)的推力轴承上采用了这种结构,是大、巨型机组大负荷推力轴承优先采用的支撑结构。

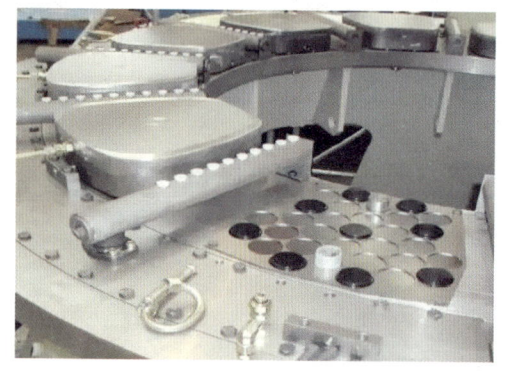

图 2-28 弹性垫支撑推力轴承

图 2-29 小弹簧群(束)支撑(螺旋形)

常用的弹簧结构有螺旋形和碟形,单个碟形弹簧的承载能力达 16kN。

9. 活塞支撑

每块轴瓦放在一个油缸的活塞上,油缸内充油并与油管相连。各瓦之间的不均匀负荷通过活塞的位移、油压传递达到均匀。其作用原理与无支柱螺栓弹性油箱支撑相似,但制造工艺较简单。

10. 弹性圆盘支撑

轴瓦由两个相对组合在一起的弹性圆盘支撑,上弹性圆盘固定在轴瓦下,下弹性圆盘放在加工出凹槽的机架上,圆盘的球形曲面可使轴瓦自由偏转,以形成楔形油膜。轴瓦变形与单托盘支撑方式相当,圆盘的弹性变形可吸收瓦块之间的不均匀负荷,但均衡瓦块之间负荷的能力不如三波纹弹性油箱和小弹簧群(束)支撑。

11. 双托盘弹性梁支撑

推力轴瓦由两个托盘支撑,两个托盘放置在一根弹性梁的两端,或者交错放置在相邻两根弹性梁的端部,前块瓦的外托盘和后块瓦的内托盘放置在同一根弹性梁上。利用弹性梁的变形吸收各瓦之间的不均匀负荷,特别适合径向尺寸大、形状细长的轴瓦。

12. 弹性小支柱支撑

这种轴承的推力瓦和托瓦之间布置了一系列直径不等的弹性小支柱,小支柱可使托瓦的温度远低于推力瓦的温度,所以很厚的托瓦几乎没有热变形。尽管很薄的推力瓦有很大的温度梯度,但又厚、刚度又大的托瓦可使推力瓦几乎保持平面。选择小支柱的不同直径,可以补偿推力瓦弹性变形和热变形,还可补偿镜板的大部分变形。

在托瓦底部有一个小托盘,轴瓦通过托盘支撑在一个长支柱上面,长支柱可以通过螺纹调整高程和瓦上的负荷,长支柱增加了轴承座上支撑结构的弹性。在支柱中心加工有细长的小孔,用于安装检测瓦受力的细长杆以检测支柱的压缩量。通过测量单块瓦受力和仔细调整支柱螺栓,可实现各瓦受力平衡。

三峡水电站推力负荷55MN(5600t)的推力轴承上采用了此种结构。此种结构也是大、巨型机组大负荷推力轴承的选择支撑结构之一。

13. 四线托块弹性梁支撑

推力轴瓦由两个托块支撑,两个托块放置在一根弹性梁的两端,每个托块顶面有两根支撑线,并可绕底面的支撑线灵活摆动。利用弹性梁的变形吸收各瓦之间的不均匀负荷,特别适合径向大尺寸、形状细长的轴瓦。其零部件加工精度和弹性梁的材质要求与双托盘弹性梁支撑相似。

2.3.2 推力轴承的油压顶起减载装置

在机组启动和停机过程中,轴承处于半干摩擦状态,这时比较容易发生磨损事故。为使轴承可靠运行,减小推力轴承的静摩擦转矩,以建立足够的油膜厚度,巴氏合金瓦推力轴承可以采用油压顶起减载装置。

油压顶起减载装置又称高压油顶起装置,是用高压油将镜板顶起,以便在推力瓦和镜板之间建立承载油膜,成为短时运行的静压轴承,从而保证了轴承的安全启动。

油压减载装置由高压油泵、单向阀、溢流阀或者安全阀、滤油器、压力开关、流量开关、节流阀和管路附件等组成。其结构见图2-30。

图2-30 溪洛渡水电站高压油装置厂内试验

2.3.3 推力轴承油循环冷却

水轮发电机推力轴承常采用内循环、外加泵外循环、镜板泵外循环、导瓦自身泵外循环等油冷却方式。

1. 内循环油冷却器

（1）立式冷却器的内循环系统。

油冷却器由两个半圆组成，为扇形布置，冷却器的高度方向尺寸比宽度方向尺寸大，截面为矩形。在冷却器的中部，安置有径向隔油板，使油从冷却器的上半部流入下半部。冷却器的上面装有稳油板。

（2）卧式冷却器的内循环系统。

油冷却器的高度低于轴承瓦面，宽度方向尺寸较大，截面为矩形。这种结构的主要优点是：检修时，抽出瓦块很方便，不用拆卸推力头和吊出油冷却器。

（3）抽屉式冷却器的内循环系统。

抽屉式油冷却器多用于伞式机组内循环润滑冷却推力轴承。该冷却器直接浸在轴承润滑油中，距镜板较近，一般冷却器与镜板距离不小于200mm。内循环动力是由黏滞泵原理产生的，并与镜板外圆周速度有关，经扩散缓冲减弱，再进入冷却器，借助于油传到冷却管，再传到水中，热交换平衡后，使轴承温度稳定在安全运行的范围内。冷却器由多根同心排列的U形管组成，在油槽内为辐射型布置并固定在油槽壁上。

2. 外加泵外循环油冷却方式

推力轴承在运行中排出的热油由油槽内的油管引入电动油泵的进口端，通过油泵将热油打入换热器，热油在换热器内得到充分冷却后，再由管路把从换热器流出的冷油引入推力轴承的油槽内，通过镜板旋转黏滞作用将油引入轴瓦摩擦面，起润滑作用。

油冷却器装设在油槽外，与油管、电动油泵组等装置连接成循环回路。装置的安装高程低于油槽底面。推力轴承的冷却循环系统设置若干组循环回路，每组循环回路备用一组电动油泵。

3. 镜板泵外循环油冷却方式

镜板泵外循环冷却系统与外加泵外循环系统的主要区别是没有油泵装置。冷油进入油槽的方式以及喷油管结构与外加泵循环系统相同。整个管路系统的油流循环动力由镜板泵产生。在镜板（或推力头）上加工数个径向或后倾方向的泵孔，构成镜板泵。在镜板的外缘装有集油槽，相当于一般油泵的外壳，用以汇集热油，然后送入管路。集油槽与镜板配合处必须密封良好，以减少泄漏，否则不能将镜板泵的压头转化为管路的有效扬程。在镜板的内缘装有导流圈，可避免油面附近含有泡沫的油进入泵孔，提高泵口的进油质量，有利于油的循环冷却。

4. 导瓦自身泵外循环油冷却方式

导瓦自身泵外循环冷却系统的整个管路系统的油流循环动力由导瓦前部或侧面的泵槽阶梯轴承产生，没有外加油泵装置。在导轴承的底部，附加有出油管，将泵打出的热油汇集到系统油环管，经外置油冷却器冷却后，返回到位于轴承下部的冷油环管，然后进入油槽，再回到推力瓦的内缘附近，一部分冷油进入推力瓦，另一部分与热油混合后，回到导瓦泵槽，完成循环过程。

对于双向旋转的发电电动机，油流也存在正反两个旋转方向，因此相应地在导瓦上开了两个方向的泵槽，在回流管前端分别设有两个方向的逆止阀，从而保证油流均是单向通过的。为防止冷热油混合，相邻推力瓦之间设置油导流隔板。

有两种导瓦自身泵结构，分别为泵槽在导瓦前部、泵槽与导瓦平行。

2.3.4 推力轴承主要结构部件

1. 推力轴承瓦

推力轴承瓦主要有以下几种型式：

（1）带鸽尾槽的巴氏合金瓦。在 60~120mm 厚的钢瓦坯表面加工出鸽尾槽，然后浇铸轴承合金。

（2）无鸽尾槽的巴氏合金瓦。由于巴氏合金层与钢瓦体热膨胀系数相差较大，在鸽尾槽附近巴氏合金层的不均质热变形较大，局部易出现鼓包现象，因此现在常用新的工艺方法直接在钢瓦坯表面浇铸轴承合金，巴氏合金层厚度可减薄至 3~5mm。

（3）铜底轴承合金瓦。在钢坯和轴承合金之间铺焊一层 2~3mm 厚的铜层。

（4）水冷巴氏合金瓦。普通巴氏合金推力瓦轴承的一部分摩擦损耗由润滑油膜带走，其余的损耗依靠瓦体与油之间的温差散出去。在瓦面轴承合金层间嵌铸冷却管或在瓦体内加工出冷却水道，制成水冷巴氏合金瓦；水冷巴氏合金瓦有排管式、钻孔式、铸管式三种，其中排管式冷却效果较好。

（5）双层瓦。为了方便推力轴瓦的检修和更换，大中容量机组的推力轴瓦常采用双层瓦结构，由推力瓦和托瓦组成。

（6）青铜塑料烧结复合材料轴瓦。青铜塑料烧结复合材料轴瓦是在轴瓦钢基上烧结青铜抗磨粉多孔层和带填料的氟塑料，这种材料具有自润滑性能。

（7）弹性金属塑料瓦。通过专门工艺方式，将弹性复合层与推力瓦的金属瓦坯焊牢在一起，并经加工后具有符合要求的形状和几何尺寸的轴瓦称为弹性金属塑料瓦，简称塑料瓦或 EMP 瓦。其优点有：瓦面不需研刮，不需要设高压油顶起及水内冷瓦，对机组冷态、热态启动不受限制等。

2. 镜板

镜板是推力轴承的关键部件之一，当轴承运行时，油膜厚度只有 0.02~0.07mm，因此要求镜板有较高的精度和表面粗糙度。镜板有伤痕、硬点等缺陷，则可能破坏油膜，甚至造成烧瓦事故。镜板的材质一般采用锻钢 45A、50A、55A、40CrA 等。图 2-31 为加工中的溪洛渡水电站镜板。

图 2-31 加工中的溪洛渡水电站镜板

3. 推力头

中小容量水轮发电机多采用镜板与推力头锻成一体的结构，而大容量水轮发电机常采用镜板与推力头分开的结构。

推力头的结构型式主要有：L型、靴型、轮毂型、丁字型、弹性锁紧板型等。推力头的材质可以采用铸钢 ZG30、合金结构铸钢 ZG20SiMn、锻钢 20SiMn 等，也有采用钢板焊接推力头情况。图 2-32 为加工中的溪洛渡水电站推力头（L 形）。

图 2-32　加工中的溪洛渡水电站推力头（L 形）

4. 球面支柱螺栓

在托瓦或者托盘的下面常采用支柱螺栓作为支撑元件，支柱螺栓垂直拧入装有螺纹套筒的轴承座上，用以调整轴瓦的高度。

5. 圆形托盘

中大型容量水轮发电机的推力轴瓦常采用圆形托盘支撑，可采用优质合金钢，如 45 号锻钢、40Cr 等。

6. 弹性油箱

弹性油箱承受轴向推力负荷。油箱内充满润滑油，充油前已将油箱内气体排净，油箱之间用钢管连接。整个油压系统需要牢固密封。利用油箱的轴向变形及油压的传递使各瓦受力均匀。为减小由于温度变化引起的油箱附加应力，在油箱的腔内放有支铁，以减少充油量。另外，当油箱出现漏油事故时，支铁可以承受负荷，不致造成支撑结构破坏的危险。在腔内波纹中安置有环形铁块，以减少油量。油箱的外面装有保护套，使油箱不致受机械损伤。

弹性油箱有焊接式和装配式两种结构。焊接式结构是将弹性油箱直接焊在底盘上，通过底盘的油沟互相连通。

7. 推力轴承密封

推力轴承的油密封主要有油槽盖密封（迷宫式）、阻旋装置、气囱、挡油管密封等。气囱的作用是使油槽与厂房大气静压连通，减少油气混合物逸出，减少或消除漏油；油槽盖密封的作用是使渗漏的油气混合气体压力减小，从而防止它从油槽盖泄漏；阻旋装置的作用是将润滑油与旋转件隔开，使润滑油不受旋转部件的黏附作用的影响，不跟着一起旋转或不被搅动，使这一区域的油稳定；挡油管密封的作用是防止润滑油甩出，一般分单层挡油管和双层挡油管。

2.4　导轴承

立式水轮发电机的导轴承用来承受机组转动部分的径向机械不平衡力和电磁不平衡力，

使机组轴线在规定数值范围内摆动。对于轴系较长的高速机组,发电机多采用上、下两个导轴承。对于中低转速机组,在轴系的临界转速和联轴法兰处的摆度满足要求的条件下,可以不装设下导轴承,使发电机的安装、检修和维护简化。

发电机的导轴承通常安装在机架中心体的油槽内。导轴承属于浸油式滑动轴承,多采用分块扇形可倾瓦结构。导轴承由若干弧形瓦组成,瓦块可以绕一支点在圆周方向摆动,改变与轴颈表面形成的楔角,以适应不同的工况。若支点为球面,瓦块能在轴线方向摆动,可以适应轴承同轴度误差和轴的弯曲变形。图2-33为上导轴承实物。

图2-33 上导轴承实物

2.4.1 具有单独油槽的导轴承

这种导轴承一般都有滑转子,导轴承瓦直径较小,瓦块数也较少,运行条件好。

为了向轴瓦供油,在滑转子下缘有径向供油孔。在径向孔的离心力作用下,使上浮的热油通过座圈上的孔流向冷却器进行循环。这种结构适用于大中容量悬式发电机或半伞式发电机的上导轴承。

另一种滑转子上设有斜向孔的结构,油靠自重流向冷却器进行循环。由于受结构尺寸的限制,油冷却器一般采用半圆环式结构,这种结构适用于中小容量悬式发电机的下导轴承。

2.4.2 与推力轴承合用一个油槽的导轴承

导轴承与推力轴承合用一个油槽,推力头兼做导轴承滑转子,结构紧凑,但导轴承直径较大,瓦块数较多。为加强导轴承的润滑冷却,常在镜板(或推力头)上加工若干个径向孔,向瓦面注油。对于这种结构,应特别注意甩油问题。这种结构适用于全伞式的下导轴承和中小容量悬式发电机的上导轴承。

2.4.3 楔子板式导轴承

楔子板式导轴承是以楔子板代替支柱螺栓,调节螺母和锁定件装设在轴承油面上靠近轴承盖处,便于调节导轴承瓦面与滑转子的间隙。

2.4.4 导轴承主要结构部件

导轴承的主要结构部件有导轴承瓦(见图2-34、图2-35)、导轴承支柱螺栓或者楔子板、套筒、座圈、滑转子和油冷却器等。

图 2-34 溪洛渡水电站上导瓦加工完成

图 2-35 溪洛渡水电站下导瓦加工完成

2.5 机架

水轮发电机机架根据布置位置分为上机架和下机架，是水轮发电机安置推力轴承、导轴承、制动器、励磁机定子及转桨式水轮机受油器的支撑部件。

机架是由中心体和数个支臂组成的钢板焊接结构。由于运输尺寸限制，当机架支臂外端的对边尺寸满足运输条件时，采用中心体和支臂焊为一体的结构；当机架支臂外端的对边尺寸超出运输尺寸限制时，应采用可拆卸支臂或部分拆卸支臂的机架，中心体与支臂通过合缝板组合。

2.5.1 机架分类

按机架承载性质，机架分为负荷机架和非负荷机架；放置推力轴承的机架统称为负荷机架，比如悬式发电机的上机架、伞式或半伞式发电机的下机架（见图 2-36）；非负荷机架一般放置导轴承，比如悬式发电机的下机架、半伞式发电机的上机架（见图 2-37）。

图 2-36 白鹤滩水电站伞式发电机
下机架（辐射型）

图 2-37 向家坝水电站半伞式发电机
上机架（斜支臂型）

按机架结构型式，机架分为：辐射型，适用于负荷机架，非负荷下机架和扩度较大的低速、大容量发电机的非负荷上机架；斜支臂型，适用于中大容量发电机上机架；多边（八卦）型，适用于中大容量发电机上机架；井字形，适用于中大容量非负荷机架；桥形，适用中小容量发电机的负荷和非负荷机架。

2.5.2 机架组成

机架主要由中心体、支臂和合缝板组成。中心体一般为由上下圆板和立板等组装成的圆盘形焊接结构。支臂是由上下翼板和腹板组成的工字形或盒形截面的焊接结构。合缝板通常采用钢板制成，一般用螺栓固定紧。

2.6 灭火系统

为了保证水轮发电机定子绕组在事故状态下不至于烧毁机组，按 GB/T 7894《水轮发电机基本技术条件》规定，额定容量 12.5MW 及以上的水轮发电机，应在定子绕组端部适当位置装设水喷雾灭火装置，灭火方式有水、二氧化碳和卤代烷等。灭火系统主要由灭火管路、探测器和灭火喷头等组成。

2.7 发电机中性点接地装置

发电机中性点接地方式主要有直接接地、经低阻抗接地、不接地或经接地变压器接地、经高电阻接地、经消弧线圈接地等 5 种。

2.8 制动器及制动系统

额定容量为 250kW 以上的立式水轮发电机应有制动装置，额定容量为 1MW 及以上的立式水轮发电机必须装设一套采用压缩空气操作的机械制动系统。制动系统靠压力供油，应能顶起机组转动部分。水轮发电机还可增设电气制动装置，正常停机时，可采用机械制动或电气制动，也可两者配合使用。

2.8.1 机械制动系统

机械制动系统主要由制动装置及管路系统组成。为避免制动块摩擦产生的粉末污染定子绕组，一般还设有碳粉收集装置。

制动器采用 O 形密封结构，一般采用油、气合一的单缸结构或油、气管路合一的单缸结构及油、气管路分开的单缸双活塞结构，也有采用油、气管路分开的双缸双活塞结构；目前一般采用油、气分开的单缸双活塞结构。制动器外形见图 2-38。为防止制动器活塞卡阻，制动板可采用偏心支撑结构。

图 2-38 制动器外形

2.8.2 电气制动

转动惯量较大的水轮发电机及启动和停机频繁的发电电动机，当停机时采用机械制动易使制动环磨损加剧，并使制动环产生变形、开裂甚至断裂的现象，可配合采用电气制动的方法。

2.9 灯泡贯流式水轮发电机

贯流式水电站按机组型式，可分为半贯流式和全贯流式；半贯流式又可分为轴伸贯流式、竖井贯流式和灯泡贯流式。全贯流式、轴伸贯流式、竖井贯流式一般用于中小型水电站，灯泡贯流式一般用于大中型水电站。本书主要介绍灯泡贯流式水轮发电机。

2.9.1 总体布置

灯泡贯流式水轮发电机的布置从轴承布置和支撑结构两个方面考虑。

1. 轴承布置

灯泡贯流式机组一般包括导轴承和推力轴承，其机组轴系的布置一般有两种方式：两轴承和三轴承。不管哪种方式，轴系中均有一个水导径向轴承，设置于靠近水轮机转轮处，主要承受来自水轮机转轮的重量。两轴承布置有两种形式：将水轮发电机导轴承和推力轴承放置于水轮发电机转子的上游侧或发电机转子的下游侧。

如将水轮发电机导轴承和推力轴承放置于转子下游侧，则发电机转子和水轮机转轮均为悬臂梁结构，即双悬臂双支点结构；该结构是所有卧式机组中轴向长度最短的，其结构紧凑，两轴承受力均匀，发电机转子易于吊出检修；目前大多数灯泡贯流式机组的轴系采用该结构。

三轴承结构是在两轴承无法满足轴承承载负荷和轴系稳定性时才考虑采用的结构。三轴承结构中的水轮发电机两个轴承布置在转子上、下游侧。

2. 支撑结构

灯泡贯流式机组的灯泡体是一个大型薄壳外压容器,它除承受水压力、重力、浮力、发电机额定扭力和温度应力等静载荷外,还承受轴转动力矩和水压波动、机械振动、发电机径向单边磁拉力、定子短路磁拉力等动载荷。因此,灯泡体的基础支撑方式很重要。

灯泡体的基础支撑分为主支撑和辅助支撑两部分。

2.9.2 灯泡贯流式水轮发电机主要部件

1. 定子

灯泡贯流式水轮发电机定子主要由定子机座、定子铁心、定子绕组等组成。定子铁心和定子绕组与常规发电机相似,具体可见2.1.2节和2.1.3节。本节主要介绍定子机座。图2-39为吊装中的灯泡贯流式水轮发电机定子。

图2-39 吊装中的灯泡贯流式水轮发电机定子

在满足运输条件时,定子机座应尽量采用整圆结构。对于运输条件无法满足的情况,首先应选择最少的分瓣数,其次应在工地将它组焊成整圆并探伤,封水合格后进行铁心整体叠装和定子绕组下线。

根据不同的冷却方式,灯泡贯流式水轮发电机定子机座一般分为4种结构:定子机座框架结构;定子铁心贴壁结构;具有冷却翼片的双层筒结构;外管式结构。其中前两种是使用最广泛的灯泡贯流式定子机座结构。

(1) 定子机座框架结构。

机座框架结构与一般立式机组相同,定子铁心与机座的连接和固定也多采用传统的定子鸽尾筋和拉紧螺杆结构。该结构适用于大容量、灯泡体直径大的机组,我国大型灯泡贯流式机组定子机座均选用此结构。

（2）定子铁心贴壁结构。

该结构定子铁心直接与机座壁相贴紧，定子机座除机座外壁和上、下游的把合法兰外，无机座内筋板。该结构不适用于分瓣机座，不宜做大，一般不超过 25MW。

（3）具有冷却翼片的双层筒结构。

该结构是将发电机定子机座制成双层筒，在双层筒内径上焊许多铜或钢材质的冷却翼片。

（4）外管式结构。

该结构与定子贴壁结构类似，只是在机座壁外径上焊许多空气钢管通道，钢管通道内焊有冷却翼片。

2. 转子

灯泡贯流式水轮发电机转子结构见图 2-40。图 2-40 所示为东电制造的单机容量 75MW 灯泡贯流式机组——巴西杰瑞水电站机组转子。

图 2-40 灯泡贯流式水轮发电机转子（巴西杰瑞水电站）

灯泡贯流式水轮发电机的磁极个数多，单个体积小，重量轻；磁极铁心一般采用常规的薄钢板叠压而成，也可将磁极极身用铸钢铸造，极靴用薄钢板叠压后与极身焊成一体结构。磁极一般用螺栓固定在磁轭圈上，或用磁极键将磁极固定在叠片磁轭上。

转子磁轭有两种：在运输条件允许情况下，磁轭采用整圆焊接且与转子支架焊为一体的结构；在运输条件不允许时，转子磁轭采用叠片结构，其转子支架采用分瓣结构。转子支架和磁轭组装在工地进行，磁轭与转子支架的连接与立式机组一样。

转子支架有支臂式、单圆盘式、双圆盘式、径向立筋式、斜向立筋式等，视其尺寸和受力大小采用铸造和焊接结构。对于组合轴承布置在转子下游侧的机组，转子支架采用无轴结构；对于组合轴承布置在转子上游侧的机组，转子支架多采用轮毂套轴结构。

3. 机架和轴承

灯泡贯流式水轮发电机侧的正、反轴向推力轴承和径向导轴承一般均放置于同一油槽内，统称为组合轴承。图 2-41 为吊装中的灯泡贯流式水轮发电机组合轴承。

图 2-41 吊装中的灯泡贯流式水轮发电机和组合轴承

轴承机架是轴承的支撑部件,当组合轴承设置于水轮发电机转子下游侧时,轴承机架可把合在水轮机座环上,轴承机架多采用圆盘式和锥形筒式;当组合轴承设置于水轮发电机转子的上游侧时,轴承支架可采用径向辐射支臂式、井字梁或双桥梁等结构;对于轴系采用三轴承支撑结构,组合轴承均放置在水轮发电机下游侧,在转子上游侧设置一个径向导轴承。

推力轴承分为正、反两方向推力轴承,这是贯流式机组的特有性质。推力瓦结构与立式机组一样,为扇形分块瓦,瓦面材料可采用巴氏合金或金属塑料。推力负荷小的可采用橡胶垫、平衡块、刚性支点或刚性托盘球面支撑,负荷大的可采用鼓形油箱弹性支撑。

组合轴承的镜板型式有:正、反向推力镜板单独分瓣把合在主轴上;一个单圆盘或组合部件的正、反向两面作为正、反推力的两镜板面并分瓣把合在主轴上;在主轴本体上直接加工出正、反推力镜板面。

径向轴承有筒式瓦和分块瓦两种结构,瓦面材料均为巴氏合金,在径向轴承的受力部位均设有高压油注入装置,在机组开、停机时泵入。

第 3 章 抽水蓄能电站机组设备

3.1 抽水蓄能电站

抽水蓄能电站利用电网中低谷负荷时的电力将水抽至高处，在高峰负荷时再放水发电。其一般由上水库、输水系统（含上游引水和下游尾水）、安装机电设备的厂房和下水库组成。

3.1.1 抽水蓄能电站的类型

按开发方式分，主要可分为纯抽水蓄能电站和混合式抽水蓄能电站两种。纯抽水蓄能电站没有或基本没有天然来水进入水库，电站抽水和发电两种工况的水量只是循环使用，仅需从外部补充由于蒸发和渗漏而损失的水量；混合式抽水蓄能电站的上水库有天然径流汇入，发电水源一部分来自天然径流，另一部分则源自抽水蓄能的水量，一些利用已建水库扩建或改建的抽水蓄能电站多属于这种类型，厂房内一般装有常规水轮发电机组和抽水蓄能机组两种机型。另外，还有少数调水式抽水蓄能电站，其上水库建于分水岭高程较高的地方，在分水岭的另一侧河流上建常规电站从上水库引水发电，尾水则流入水面高程较低的河流。此类电站的下水库有天然径流汇入，上水库则没有。

按调节方式，可分为日调节、周调节和季/年调节抽水蓄能电站。

按利用的水头/扬程不同，分为高水头/扬程和中低水头/扬程抽水蓄能电站。

3.1.2 抽水蓄能电站在电网中的作用

抽水蓄能电站的主要功能是调峰、填谷、调频、调相、事故备用和黑启动。

首先是调峰、填谷。抽水蓄能电站主要的运行方式是抽水和发电，日调节电站在日间利用抽至上水库的水在电网中带尖峰发电，补充电网调峰容量的不足，而夜间利用电网低谷时其他电源（火电、核电、水电等）的多余电能抽水，填充电网负荷曲线上的低谷，即填谷作用，从而提高火电或核电以至全电网运行的安全可靠性和经济性。

其次是调频、调相和事故备用。抽水蓄能电站启、停机速度快，自动跟踪电网负荷变化的能力强，"爬坡"速度也快，因而是电网调频的理想电源。

抽水蓄能机组具有比常规水电机组更强的调相运行功能，在发电和抽水工况下均可实现发出无功功率调相或吸收无功功率进相的运行方式，且工况转换快速灵活，对稳定电网的电压比常规水电更加有效。

大型纯抽水蓄能电站一般设计有事故备用库容，且机组具有多种工况相互快速转换的功能。另外，由于抽水蓄能电站一般靠近负荷中心且技术上较易实现黑启动，故电网多要求抽水蓄能电站具备此功能，即当电力系统崩溃，在电站无外来电源情况下，机组可以快速启动发电，实现电力系统恢复。

3.2 抽水蓄能电站的机组

3.2.1 抽水蓄能机组的型式

1. 组合式

抽水机组和发电机组分别独立设置，也称四机式，分为立式和卧式两种布置。应用该型机组的电站土建及机组造价高，随着技术的进步已基本不再应用。

2. 三机式和可逆式

将发电机和电动机合为一体，成为发电电动机；抽水水泵和水轮机则根据不同水头和制造技术，选择不同型式分开设置并与发电电动机连接，分别按发电和抽水工况运行，称为三机式。该型式机组目前多用于 700~800m 及以上的水头/扬程。

将水轮机与水泵合为一体时称水泵水轮机。将其与发电电动机相连，发电、抽水两种工况分别向不同方向旋转的机组称为可逆式。按照不同使用水头和布置要求以及水泵水轮机型式的不同，又可分为混流可逆式、斜流可逆式、贯流可逆式。混流可逆式根据转轮数目又可分为单级混流可逆式和多级混流可逆式。

贯流可逆式水泵水轮机是潮汐电站使用的一种特殊机种，它不但在海潮涨落时在两个方向都能发电，必要时还可以向两个方向抽水。

现代抽水蓄能电站中最具代表性的机组是单级混流可逆式机组。它具有应用水头/扬程范围宽、结构简单、价格低廉等特点，是国内外应用最为广泛的机组，也是技术发展和进步的代表性机组。

3.2.2 抽水蓄能机组技术发展趋势

1. 高水头、大容量

目前，组合式机组已基本不再应用，三机式也很少应用，单机混流可逆式机组是当前国内外应用的主流机组，其发展趋势一是高水头/扬程，二是大单机容量。目前单机混流式水泵水轮机投入使用的最高扬程已达 778m（日本葛野川抽水蓄能电站），单机容量 412MW，国内目前最高的为在建的长龙山抽水蓄能机组（最高扬程 764m，单机容量 350MW）；目前最大单机容量为 457MW（美国巴斯康蒂抽水蓄能电站），国内最大的为广东阳江抽水蓄能电站机组（单机容量 400MW）。

2. 多级可调节混流式水泵水轮机

针对早期多级混流式水泵水轮机不可调节的缺点，国外研制了双级可调节混流式机组。比如韩国的 Yangyang 抽水蓄能电站，为双级可调混流可逆式机组。图 3-1 为双级可调节混流式水泵水轮机三维结构。

3. 可变速抽水蓄能机组

由于大容量可变转速电机技术的应用，可逆式抽水蓄能机组还可分为恒速机组和变速机组。变速机组一般分为两种：一种是分挡变速（一般为两挡），包括变极变速和双转子变速；另一种是连续调速，包括定子侧变频调速和变频交流励磁调速（即转子侧变频调速）。与恒速或分挡变速机组相比，连续调速可使抽水蓄能机组具备自动调整输入功率的新功能，适应更宽的水头变幅，使水泵水轮机或水泵运行时具有更高的效率并可全面改善水泵水轮机的空蚀、磨损和稳定运行性能。图3-2为日本东芝公司连续可调速抽水蓄能机组结构。该结构定子与同步恒速发电电动机一样，转子由圆柱形铁心和三相绕组组成，旋转磁场由三相绕组通交流电产生，集电环为三相集电环。

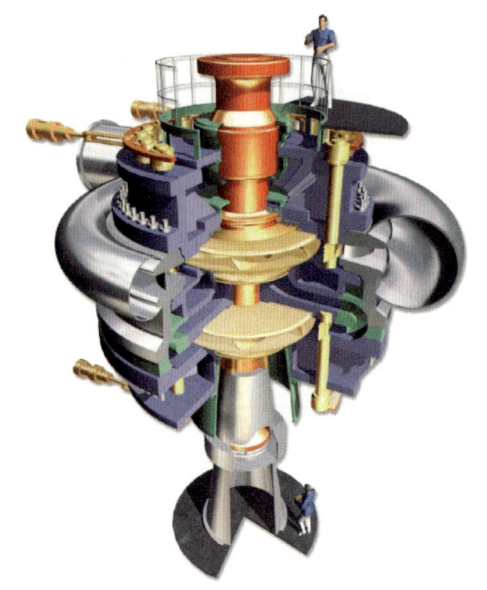

图3-1 双级可调节混流式水泵水轮机三维结构

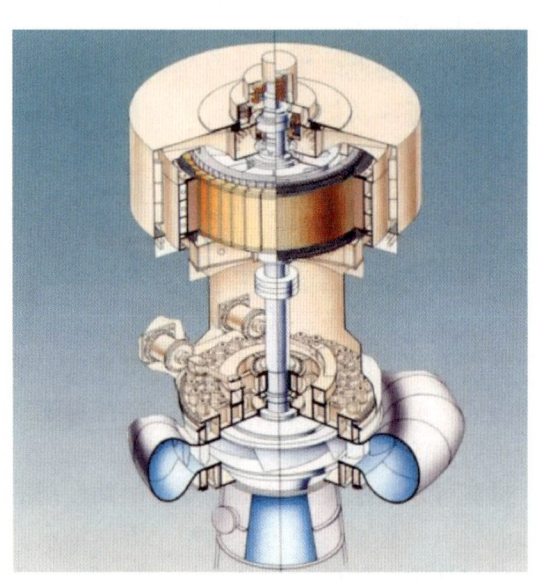

图3-2 日本东芝公司连续可调速抽水蓄能机组结构

3.3 混流式水泵水轮机

混流式水泵水轮机是抽水蓄能机组应用最广泛的机型。绝大多数机组采用地下式厂房，具有较长的引排水系统。该机型应用水头范围非常广，从30~700m，均有成功的机组在运行。

混流式水泵水轮机结构与常规水轮机基本相同，由尾水管、蜗壳、座环、机坑里衬、导水机构、转轮、主轴、水导轴承、主轴密封等组成。鉴于水泵水轮机具有水轮机和水泵两个功能，其结构也具有一些与常规水轮机不同的特点。

3.3.1 水泵水轮机转轮

混流式水泵水轮机转轮一般由上冠、叶片和下环组成，叶片数少但长而薄，一般为6~9个，叶片包角很大，过流通道狭长。随着水泵水轮机应用水头提高，转轮外形变得十分扁平，给转轮的制造造成一定困难。水泵水轮机转轮见图3－3。

转轮材料一般选取机械强度高、延伸率较高的超低碳马氏体不锈钢。目前蓄能机组转轮国外用得较多的材料是16－5和13－4铬镍不锈钢，国内一般选用ZG0Cr13Ni4Mo等。

转轮一般采用铸焊结构制造，转轮上冠和下环采用VOD精炼铸造，转轮叶片采用钢板模锻或VOD精炼铸造。但由于抽水蓄能机组转轮的叶片狭长且包角很大，给铸造焊接工作带来很大的困难。

图3－3 水泵水轮机转轮

针对不同转轮的不同外形尺寸，选择不同的结构型式。白山抽水蓄能机组转轮叶片尺寸大、曲率变化大，无法铸造，在制造时将叶片分为两半。宝泉抽水蓄能机组为了能方便施焊，转轮下环由两件组成，且叶片中部采取不完全清根，保留一段钝边结构。天荒坪抽水蓄能机组转轮制造时，将叶片在上冠和下环上采用数控方法各加工出一段，在叶片的中部焊接。有的制造厂在叶片根部使用数控方法加工一种椭圆形过渡曲线来代替传统的圆弧，在上冠及下环的铸件上均附有与叶片形状一致的凸台，组装时叶片分别与上下的凸台对焊，使焊缝不再处于高应力区，既有利于焊接，也便于探伤检验。

3.3.2 水泵水轮机轴承

水泵水轮机导轴承为稀油润滑轴承，导轴承结构有可调整的分块瓦和筒式结构两种型式，与常规机组不同的是它需要满足两个旋转方向上有相同的特性。

1. 稀油润滑筒式轴承

水泵水轮机稀油润滑筒式轴承，由于需要满足双向运转的要求，轴瓦的结构与常规水轮机不同，瓦面上不设斜向的上油槽，油循环一般采用毕托管上油。Kvnerner公司设计的轴瓦结构为周向分4段抛物线轨迹瓦面，主轴旋转时与瓦面间形成稳定的4油楔，承受径向载荷。轴承润滑采用自循环润滑方式，运行时通过下部转动油盆旋转，热油由毕托管至冷却器，经冷却后，再至上油箱，再由上油箱以自重力流入轴瓦内，再从轴瓦底部的喉口间隙到转动油盆，如此往复。

2. 稀油润滑分块瓦轴承

稀油润滑分块瓦轴承的结构简单，调整方便，运行安全稳定，适用于各种水头下的水泵水轮机，因而近年来被越来越广泛地采用。

分块瓦轴承通常环绕轴身布置 8~12 块浮动轴瓦，为满足主轴双向旋转的需要，轴瓦采用中心支顶；瓦面与轴身间间隙的调整，采用楔子板式或抗重螺栓结构的较多，也有采用调整垫片调整的。由于楔子板结构容易调整，并且运行中间隙稳定，故被广泛采用。

3.3.3 主轴密封

水泵水轮机主轴密封一般采用自补偿面接触密封的结构型式，按密封元件自补偿方向划分，主要有径向端面式、轴向端面式两种；也有采用特殊盘根密封结构的机组。

1. 自补偿径向式主轴密封

径向式自补偿面接触密封一般采用三层分段自补偿径向密封，每层由 6~12 块相接触扇形密封瓦组成，密封块环抱旋转轴径，外部箍有不锈钢弹簧以确保密封面的良好配合和自补偿性能。密封副一般选用表面硬度较高的马氏体不锈钢衬套（旋转件）对高分子耐磨材料（固定件）；密封副通有清洁水润滑和冷却，并在压气时形成水封。

2. 静压式轴向端面主轴密封

静压式轴向端面主轴密封具有自平衡自补偿特点。

密封副一般选用马氏体不锈钢（旋转件）对高分子耐磨材料（静止件）。密封方式为采用耐磨材料轴向压紧旋转轴端面，阻断水流的径向泄漏。利用外供清洁压力水进行润滑和冷却；利用浮动环上部设置的弹簧产生的作用力使摩擦副保持一定的压力，天荒坪抽水蓄能电站机组采用气压缸产生的作用力代替弹簧作用力。由于作用于浮动环与密封副背面的力随着密封腔的压力变化而变化，故该密封型式在密封性能上具有一定的自平衡能力。

3.3.4 水泵水轮机导水机构

水泵水轮机导水机构与常规水轮机导水机构的结构是一样的，由顶盖、底环、导叶及导叶操作机构组成。图 3-4 为厂内预装中的导水机构。

图 3-4　厂内预装中的导水机构

1. 导叶控制机构

目前用于水电站的导叶控制机构型式主要有两种：一种是采用控制环结构，另一种采用单元接力器。传统的控制环结构是利用一个或几个接力器控制大耳环，通过大耳环带动小耳环，小耳环通过连杆、转臂等部件与导叶上轴颈相连，以此来控制导叶开度的大小。

2. 水泵水轮机顶盖、底环

水泵水轮机顶盖除需多布置水泵工况时的充水压气管外，其余结构基本与常规水轮机顶盖相同。

很多设计上，底环与座环的连接面很小，底环所承受的水压力直接传到其下面的二期混凝土，顶盖的上推力通过座环直接传到地脚螺栓上。因水泵水轮机底环所承受水压力的面积要比常规水轮机大，随着应用水头的提高，地脚螺栓的负荷很容易超过混凝土的承载力，所以需对底环的结构进行改革。一种新的底环结构称为"自由底环"，其特点是底环与尾水管均裸露在混凝土外面。这样布置可使底环的下压力和顶盖的上推力基本平衡，机组内水压作用力大体自身抵消，故对基础的拉力大为减小。

不过这种设计有潜在缺点：底环裸露在外面，变成一个容易承受振动的壳体，机组的噪声将通过底环及尾管传入厂房；水泵水轮机受水压时顶盖和底环同时向外变形，使导叶端面间隙更容易扩大；底环的向下压力对座环下环所形成的弯矩很大，因而增加了固定导叶的内缘应力。

如果把底环的刚性及其与座环环板把合螺栓分布圆连接位置，或与座环环板连接筒的作用半径加大到和顶盖差不多，就可以克服上述后两项缺点。

为了克服以上三项缺点，有的公司和电站采用将底环的刚性和与座环的把合螺栓分布圆作用半径加大到同顶盖相当，并将底环埋设在混凝土中。这种方案的缺点是底环不能更换。

3.3.5 水泵水轮机的蜗壳、座环

水泵水轮机座环与蜗壳整体结构与常规水轮机座环和蜗壳基本相同。一般对于高水头水泵水轮机组，座环和蜗壳尺寸较小，一般蜗壳在制造厂内直接焊到座环上；由于运输限制，一般分两瓣制造。图3-5为整体吊装中的蜗壳和座环。

图3-5 整体吊装中的蜗壳和座环

3.3.6 水泵水轮机的尾水管、机坑里衬

尾水管一般包括尾水锥管、肘管、尾水管进人门、用于水轮机运行和排水的连接管路、用于电站水系统的连接管路、压力测头等；尾水管和机坑里衬结构与常规水轮机尾水管相似，不做赘述。尾水管见图3-6，机坑里衬见图3-7。

图3-6 厂内预装完成的尾水管

图3-7 安装中的机坑里衬

3.3.7 水泵水轮机的油、气、水辅助系统

1. 水泵水轮机油系统

水泵水轮机油系统与水轮机的油系统基本相同，即由调速器（机械柜和电气柜）、油压装置、控制设备、压缩空气补气装置、各设备间以及调速器至导叶接力器间的连接管路、阀门以及控制元件等组成。

2. 水泵水轮机气系统

（1）中压气系统。

抽水蓄能机组一般都配备有独立的中压气系统，该中压气系统主要为满足机组发电调相和抽水调相、水泵工况启动时转轮室的充气压水用水（包括转轮在空气中旋转的渗漏补气）以及调速器和进水阀的压力油罐补充用气的要求。中压气系统主要包括空气压缩机、过滤干燥器、储气罐、控制操作阀门、自动化元件、手动阀门、水位信号器及所需的控制操作设备。

（2）低压气系统。

水泵水轮机的低压气系统主要由供机组主轴检修密封供气用的减压阀、储气罐、操作控制装置及其他必要的附件等组成，通常情况下检修密封供气管与发电机制动装置补气管统一进入补气柜。

3. 水泵水轮机水系统

（1）冷却水系统。

冷却水系统（即技术供水系统）由主轴密封润滑水和水导轴承的冷却水管路以及上下止漏环的冷却水供水管路等组成。

（2）排水系统。

排水系统由机坑渗漏排水、固定导叶自流排水、潜水泵或自吸式泵排水、主轴密封排水

及水导轴承技术供水排水等组成。

(3) 充气压水系统。

充气压水系统由主补气管、补气管、排气管、消水环排水管、阀后导叶前的补气均压管以及锥管进人门处的水位计连接管路等组成。

3.3.8 抽水蓄能机组进水阀

抽水蓄能电站机组进水阀结构与常规水轮机进水阀结构相似,具体请参照水轮机章节。

3.4 发电电动机

发电电动机主要由定子、转子、推力轴承、导轴承、机架、制动系统等组成,除需满足发电电动机作为发电机和电动机需进行双向旋转的要求外,其结构与常规水轮发电机相似,见图3-8。

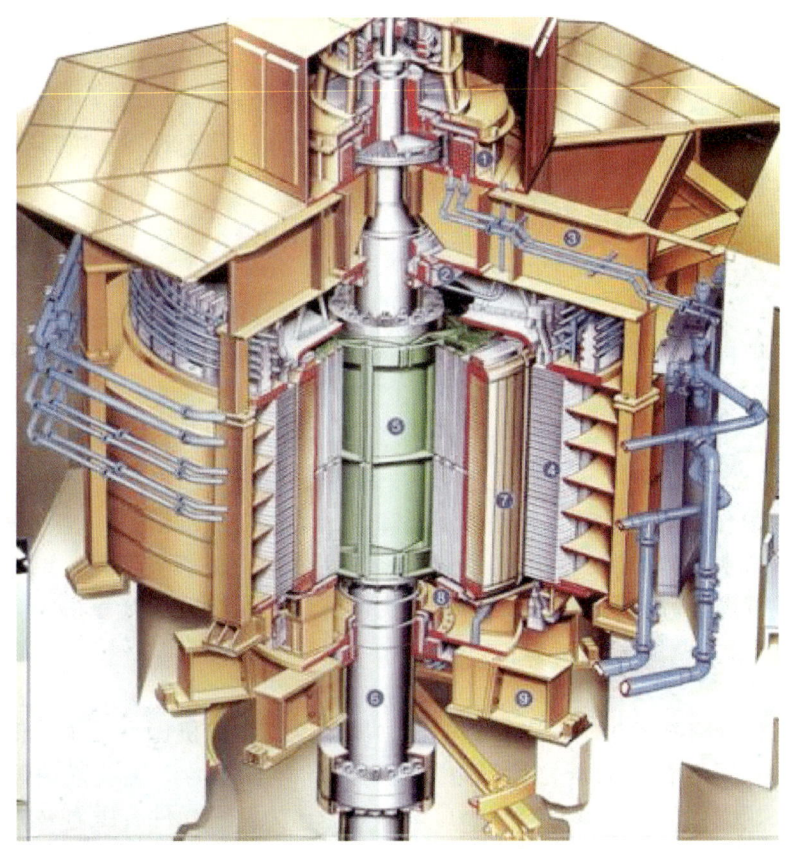

图3-8 发电电动机结构

第4章 水轮发电机组自动化元件（装置）

自动化元件是机组控制自动化的基础，是计算机监控系统和调度自动化实时、准确的可靠保障。它担负着自动监视测量机组和辅助设备状态，按规定的程序执行自动操作和发出报警信号的任务。

自动化元件分发信（测量）元件和执行（控制）元件。发信元件包括示流信号器、温度开关、压力开关、液位开关、位置开关、行程开关、油混水信号器以及各种传感器、变送器和数显仪表等；执行元件包括电磁阀、调节阀、电动阀、气动阀、执行器、自动补气装置、全自动滤水器、全自动四通换向阀等。

4.1 自动化发信元件

水轮发电机组自动化发信元件分为温度测量类、压力测量类、流量测量类、液位测量类、位置测量类等。

4.1.1 温度测量类

测量温度的场合有推力瓦温、导轴承瓦温和油温、空气冷却器的风温、发电机空气温度和油冷却器进出口水温和油温、发电机定子铁心温度、定子线棒温度等。温度测量元件有热电阻、光纤光栅温度传感器、温度变送器、温度监视仪、温度巡检仪等。

4.1.2 压力测量类

测量压力的场合有技术供水压力、调速器油压、空气压缩机压力、压力钢管压力、蜗壳压力、尾水压力、尾水管脉动压力等；测量差压的场合有压力油罐装置油位测量、主阀平压、水轮机水头、蜗壳流量、滤水器进出口差压等。压力测量元件有压力（差压）开关、压力（差压）变送器等。

4.1.3 流量测量类

测量流量的场合有技术供水系统流量监测、机组润滑油系统流量监测、过机流量监测。按使用用途分流量开关（示流信号器）和流量计；按测量原理有机械式、热导式、差压式、电磁式、超声式等。流量测量元件有热导式流量开关（示流信号器）、靶式双向示流信号器、差压流量监测装置、超声波流量计等。

4.1.4 液位测量类

测量液位的场合有水轮机顶盖水位、尾水水位等；用于发电机油盆油位、压油罐油位、漏油箱油位、回油箱油位等。液位测量元件主要有浮子式液位信号器、静压式液位计、磁翻板液位计、电缆浮球液位开关、连杆浮球液位开关、浮球连续式液位计、超声波式液位测量等。

4.1.5 位置测量类

位置测量类自动化发信元件主要有主令控制器（接力器）和闸门（导叶）开度传感器。

4.1.6 其他

其他自动化发信元件包括用于测控水轮发电机组转速、转速百分比、频率和过速电气保护的双路转速测控装置；测量发电机轴电流的轴电流监测装置；用于检测油系统中混水和积水量的油混水监视仪；测量水压脉动的水压脉动监视仪；能够在线监测水轮机流量、水轮机水头和水轮机效率的流量水头效率监视仪、对水轮机过速保护的机械液压过速保护器等。

4.2 自动化执行元件

水轮发电机组自动化执行元件分为电控类和液控类两大类。

4.2.1 电控类

主要包括：二位二通电磁阀，适用于控制中性气体和液体，如压缩空气、中性气体、水、液压油等介质的通断；电磁配压阀，用于水电、火电及其他液压系统的控制，也可作为大流量换向阀的先导阀；二位五通电磁空气阀，用于水电站机组制动闸的控制；自动补气装置，用于电站压油装置及其他储能器系统，实现自动补气；电动四通换向球阀，用于水电站发电机和变压器冷却用水的正反向技术供水，防止单向供水引起冷却器堵塞使冷却器冷却效率降低；自动滤水器，用于电站技术供水系统供水自动过滤；全自动密封循环水冷却装置，专门针对中小型水电站技术供水系统设计生产的技术供水设备。

4.2.2 液控类

主要包括：液压操作阀，可用于水电站的各种油、水、气系统管路上，与电磁配压阀相组合，构成远距离自动或手动控制管系内液体通断的执行元件；技术供水减压阀，当水源为上游水库而水头大于 40m 时，应在技术供水中装置减压阀，作用是在进口压力不断变化的情况下，保持出口的压力值在一定范围内。

第5章 设备监造概述

5.1 设备监造的定义

GB/T 50319—2013《建设工程监理规范》对"建设工程监理"的定义为："工程监理单位受建设单位委托，根据法律法规、工程建设标准、勘察设计文件及合同，在施工阶段对建设工程质量、进度、造价进行控制，对合同、信息进行管理，对工程建设相关方的关系进行协调，并履行建设工程安全生产管理法定职责的服务活动。"其对"设备监造"也进行了定义："项目监理机构按照建设工程监理合同和设备采购合同约定，对设备制造过程进行的监督检查活动。"

DL/T 586—2008《电力设备监造技术导则》对"监造"的定义为："设备监造单位受委托人委托，根据供货合同，按照国家有关法规、规章、技术标准，对设备制造过程的质量实施监督。"

GB/T 26429—2010《设备工程监理规范》没有明确对"设备监理"进行定义，但对"设备工程"进行了定义："以设备为主要建设内容的工程，包括规划、设计、采购、制造、安装、调试等过程。"该国标明确了设备监理服务主要涉及进度、质量、费用、合同、安全、环境、沟通等7个方面。

设备工程监理系列教材《设备工程监理导论》对"设备工程监理"的定义为："具有相应资质的设备工程监理单位，接受委托方的委托，按照与委托方（顾客）签订的设备工程监理合同的约定，遵循设备工程的一般规律，依据国家有关的法律、法规、规章、技术标准和委托方（顾客）的要求，对设备工程，即设备形成的全过程和（或）最终形成的结果提供咨询和管理服务。"

设备监造不同于建设工程监理，建设工程监理主要服务于建设工程，其服务内容根据工程项目管理的要求，主要涉及三控制、三管理、一协调（进度、质量、费用控制，安全、合同、信息管理和组织协调），而设备监造根据其工作性质，主要侧重设备进度和质量的监督控制；也不同于设备工程监理，设备工程监理范围涉及设备从规划、设计到安装、调试的全过程，而设备监造主要涉及设备的制造过程。因此，本书对"设备监造"定义如下：设备监造，即设备监造单位受业主单位委托，根据法律法规、设备制造标准、设备制造图纸及合同，在设备制造阶段对设备的进度和质量进行监督控制，并对相关信息进行管理的服务活动。

5.2 设备监造组织机构及人员职责

5.2.1 设备监造组织机构

设备监造工作一般是采用总监理工程师（简称总监）负责，根据情况可设置副总监理工程师（简称副总监）协助总监工作。根据工作需要，监造机构一般下设监造项目部、技术合同部、综合部。根据承监设备分布，各监造项目部一般分若干个监造站点。监造组织机构一般设置见图 5-1。

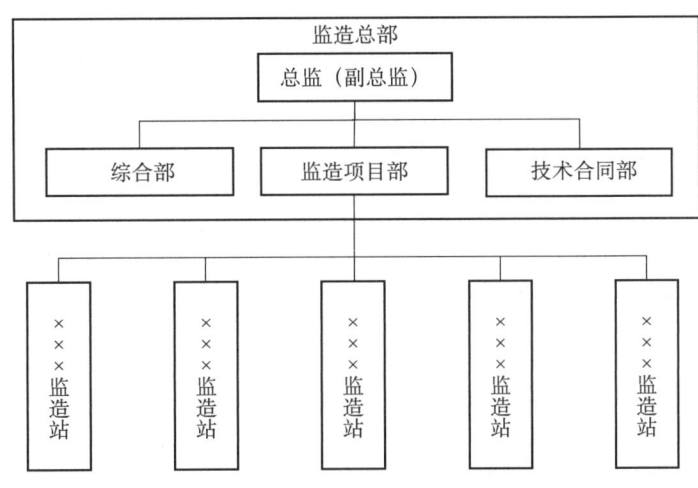

图 5-1 监造组织机构一般设置

监造项目部：负责组织完成所承担的监造工作任务；协助总监进行监造项目前期准备及相关文件编制工作；负责监造站工作的日常指导、培训、检查、督促、考核；协助总监对重要的文件进行审查、关键部件和工序的检验、设备出厂检查、重大问题的研究及处理。

技术合同部：负责监造过程信息、监造档案、监造合同的管理；负责监造机构管理体系的运行检查及完善；需要时协助总监组织对设备制造过程中的重大技术问题进行研究。

综合部：负责各类行政公文的收发；负责监造设施、设备、仪器、工具及监造人员劳保用品的管理；负责监造机构人力资源、财务、行政、后勤等工作。

监造站站点根据实际情况，一般设监造站站长一名，专业监造工程师和专业工程师助理若干名。监造站一般实行站长负责制，专业监造工程师和专业工程师助理由监造站站长统一领导。监造站负责本站所承担监造任务的具体实施，主要包括：编制本站所承担项目的监造细则；对与设备制造有关的各种文件进行审查；对制造和试验工序进行检验和见证；参与业主组织的工厂见证工作；及时发现和处理制造过程中的进度和质量偏差；做好设备发运后的签证工作；按要求编写各种报告和监造日志；负责监造资料的收集、整理；负责监造任务完成后相关总结的编写和监造资料的移交等。

5.2.2 设备监造人员职责

根据工作性质，设备监造人员一般分为总监（副总监）、监造项目部主任、监造站站长、

专业监造工程师和专业监造工程师助理等,其职责情况如下:

1. 总监(副总监)岗位职责

(1)总监为项目第一责任人,副总监按总监的授权行使职责和权力,完成总监指定或交办的工作。

(2)对监造合同规定的所有义务负责。

(3)确定监造机构人员分工和岗位职责。

(4)主持编写监造规划、审批监造实施细则,并负责管理监造机构的日常工作。

(5)检查和监督监造人员的工作,根据监造项目的进展情况进行人员调配,对不称职人员调换其工作。

(6)代表监造方负责对供货方所提出的任何问题做最终决定。

(7)负责监造方至委托方重要文件、报告的签发,组织编写并签发监造月报、监造工作阶段报告、专题报告和监造工作总结。

(8)组织技术专家为各监造站提供技术支持,对各监造站反映的重大问题提出处理意见。

(9)负责与业主单位以及设计、制造有关单位上层领导协调。

(10)不定期巡视各监造站点,根据情况参与重要的文件见证和现场见证。

(11)根据需要,参与设计联络会、重要的协调会和专题会等。

(12)主持整理监造项目的监造资料。

2. 机械监造部主任岗位职责

(1)负责监造机构的技术支持。

(2)参与监造项目前期的准备和规划工作。

(3)参与监造大纲、监造规划、监造实施细则的编写和审核。

(4)协助总监对各监造站的工作进行指导、培训、检查、督促、考核。

(5)协助总监对各监造站的报告进行审核,对监造站反映的问题提出意见和建议。

(6)参与重要的文件见证、关键部件和工序的检验、设备出厂检查、重大问题的研究和处理等。

(7)根据需要,参加设计联络会以及重要的协调会和专题会。

(8)总监交办的其他事项。

3. 监造站站长岗位职责

(1)负责管理监造站的日常工作。

(2)主持编写本站监造实施细则。

(3)检查和监督本站监造人员工作,就人员调配向总监提出意见和建议。

(4)参与重要的文件见证、现场见证,参与设备部件的出厂验收。

(5)负责本站监造人员的监造日志审签。

(6)负责本站《监造周报》《监造月报》《监造年报》《专题报告》《紧急报告》《监造工作总结报告》《特殊项目检验报告》的审查。

(7)负责本站《不符合项检验报告》《监造工作联系单》《监造工程师通知单》《出厂设备签证单》的审查、签发。

(8)听取本站监造人员汇报,主持本站监造设备生产过程中的偏差处理,负责监造过程中一般偏差处理的最终决定，重大事项报总监和业主单位决定。

(9) 负责与制造厂家的协调。

(10) 主持本站监造资料的收集和整理。

(11) 总监安排的其他事项。

4. 专业监造工程师岗位职责

(1) 负责编制本专业的监造实施细则。

(2) 负责本专业监造工作的具体实施，负责本专业的文件见证、现场见证和日常巡检，对发现的问题及时向站长汇报。

(3) 根据本专业监造工作实施情况做好监造日志的记录。

(4) 参与编写《监造周报》《监造月报》《监造年报》《专题报告》《紧急报告》《监造工作总结报告》《不符合项检验报告》《监造工作联系单》《监造工程师通知单》《特殊项目检验报告》。

(5) 负责本专业监造资料的收集、汇总及整理。

(6) 协助站长做好与制造厂家的协调。

(7) 站长交办的其他事项。

5. 专业监造工程师助理（监造员）岗位职责

(1) 检查材料、零配件、设备、仪表等的原始凭证、检测报告等质量证明文件及其质量情况。

(2) 检查生产过程中的重要过程、关键工序，适时进行日常巡视检查，签署检验单等原始凭证，复核或从现场直接获取检测等有关数据，发现问题及时向站长报告。

(3) 根据安排的监造工作做好监造日志的记录。

(4) 参与编写《监造周报》《监造月报》《监造年报》《专题报告》《紧急报告》《监造工作总结报告》《不符合项检验报告》《监造工作联系单》《监造工程师通知单》《特殊项目检验报告》。

(5) 协助专业监造工程师做好监造资料的收集、整理、汇总及归档。

(6) 站长交办的其他工作。

5.3　设备监造工作程序

设备监造工作从设备监造单位与业主单位签订设备监造合同开始，到设备监造单位向业主单位移交监造档案资料结束。设备监造工作一般程序见图 5-2。

5.3.1　设备监造准备

设备监造合同签订后，由监造单位拟定总监人选，并报业主单位批准。

总监造工程师根据项目特点，组建设备监造机构，报业主单位备案，由业主单位将总监及监造成员名单通知设备制造单位。

总监造工程师根据监造合同、《监造大纲》、设备采购合同及有关技术文件，组织编制《监造规划》，并报送业主单位。

总监造工程师组织监造人员熟悉设备采购合同、设备监造合同、《监造规划》以及现有

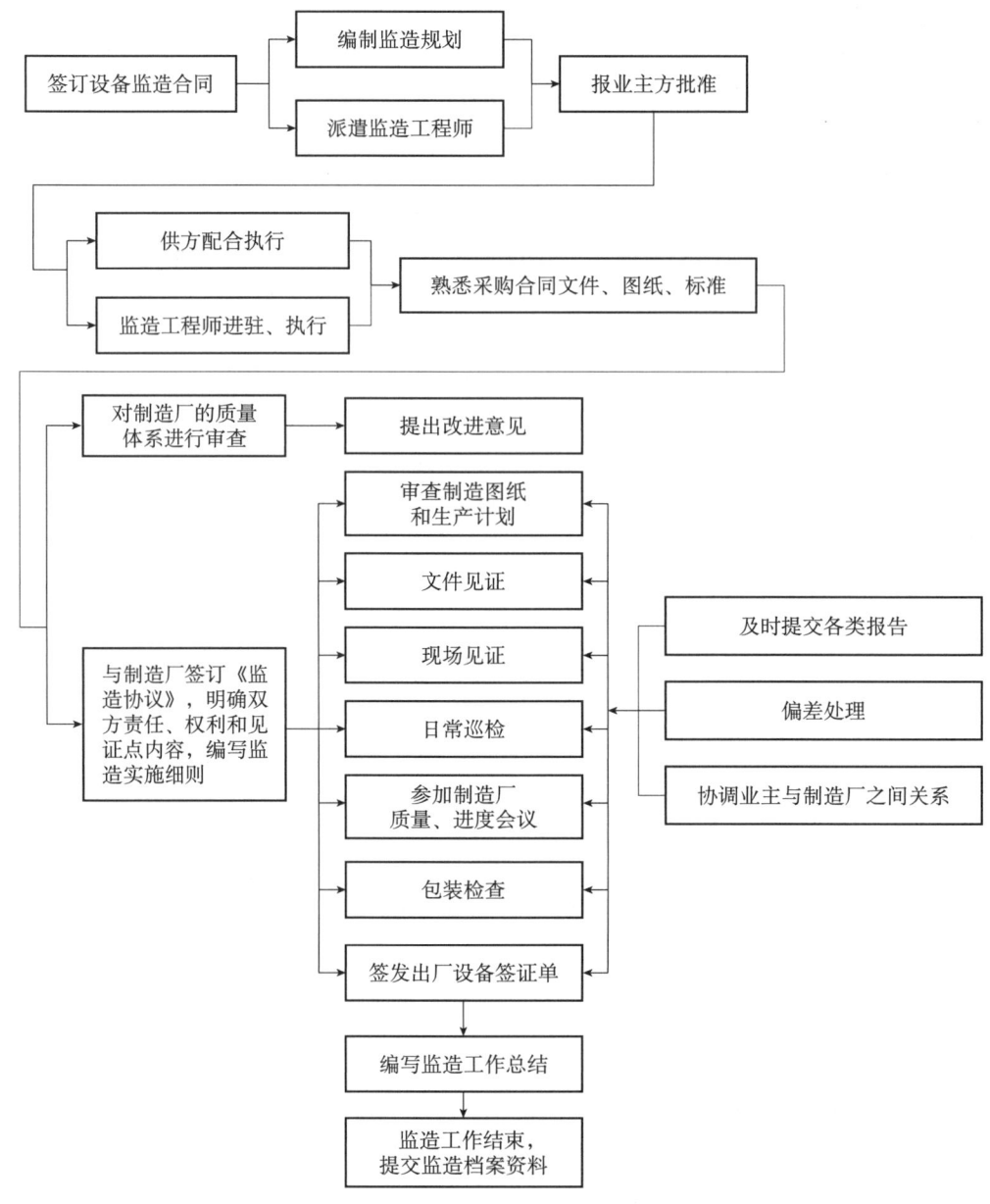

图 5-2 设备监造工作一般程序

的相关图纸和标准,必要时进行监造工作交底。

设备监造机构组建后,总监造工程师与业主单位、制造厂家联系,根据设备生产进度计划和业主单位要求,组织监造人员及时进驻各监造站点,并根据设备采购合同、监造合同相关约定,与制造厂家、业主单位沟通,落实入厂、办公、食宿、通信、交通、检验设备与工具等工作条件。

监造人员进场后,了解制造厂家组织机构设置,与制造厂家项目管理、质检、生产计划、采购、设计、工艺、包装、运输等部门建立日常沟通渠道,根据设备采购合同约定,与制造厂家协调图纸、工艺文件、相关标准、生产计划的提供,必要时确定日常协调会议制度。

监造人员在设备监造工作开始时，根据需要应组织与制造厂家签订《监造协议》，明确监造方和制造厂双方的责任和权利，确定监造方的文件见证、现场见证、停工待检等见证点内容。

5.3.2 设备制造准备阶段的监造工作

监造站站长根据《监造规划》、设备采购合同、制造图纸、技术标准等，组织站内监造人员编写《监造实施细则》，并报总监造工程师批准。

监造人员按合同要求，对设备制造单位质量保证体系进行审查或核查；按合同要求和根据质量控制需要，对设备制造图纸、工艺文件进行审查；对设备制造检验和试验计划进行审查；根据质量控制需要，对设备制造过程中的特殊作业工种操作人员上岗资格进行检查。

监造人员根据合同要求，审查或核实制造单位的供方（包括外购原材料供应商、分包单位、外协单位等）资质。

监造人员根据质量控制需要和合同要求，对进场的主要原材料、元器件外协件等的材质证明书、工厂检验记录、合格证书等质量证明文件及制造单位的自检报告进行审查，必要时对有关检验进行现场见证。

监造人员对设备制造、交货和运输总进度计划进行审查。

5.3.3 设备制造过程的监造工作

监造人员根据合同要求及质量控制需要，对制造单位生产和检验过程进行监督和检查，检查制造厂家质量保证体系运转是否正常，检查加工制造作业条件是否符合要求，检查零部件制造是否按工艺文件（尤其是关键工序和特殊工序）进行，检查检验和试验计划是否落实，查看生产过程中质量检查记录等相关资料，检查零部件制造转序是否符合要求，检查特殊工种人员是否持证上岗，检查零件、半成品和制成品的保护是否符合要求。

监造人员应逐项落实事先确定的设备制造过程中的文件见证、现场见证、停工待检项目，并按要求进行签证确认。

监造人员可根据合同要求和质量控制需要，对重要原材料、关键的工序检验等进行平行检验和抽检。

监造方对于发现的与原合同不一致的设计变更、代用等，及时向制造单位指出并向业主单位报告。

监造人员对设备采购、制造和交货进度进行检查；经常性地对设备制造实际进度与计划进度进行对比分析，检查进度偏差的程度和产生的原因，分析、预测进度偏差对后续工序及监造项目的影响，并及时对制造厂家进行督促和向业主单位报告。

当设备制造过程中有关材料、图纸、工艺、检验、质量、进度等与合同及有关标准和规范发生偏差时，监造方应及时采取协商、签发相应监造文件等方式进行处理。

5.3.4 设备出厂检查

设备具备出厂条件后，总监造工程师或由总监造工程师书面授权的监造人员应向制造厂签发《设备出厂签证单》。

对于设备部件出厂前由业主单位组织的验收项目，监造人员应做好验收前的各项检验见证，并参与验收过程。

5.3.5 设备监造工作总结与监造档案移交

设备全部交货后，监造人员应按照监造合同和监造规划的要求，编写《设备监造工作总结》，经总监审定并报公司批准后提交给业主单位。

监造人员按国家或行业档案竣工验收的具体要求以及业主单位要求，进行监造档案的归档、整理、编制，完成后移交业主单位，至此监造工作结束。

5.4 设备监造工作内容和目标

5.4.1 设备监造工作内容

设备监造主要工作内容如下：
（1）审查设备制造生产计划和工艺方案。
（2）审查设备制造分包单位的资质情况、实际生产能力和质量保证体系。
（3）审查设备制造的检查和试验计划。
（4）检查制造单位质量控制体系的运行情况。
（5）原材料与采购部件检验，核实重要部件的材料；如需要，对重要部件原材料委托第三方进行材料检测。
（6）制造和试验工序过程监督检查，主要及关键零部件制造和试验工序的抽检或检验。
（7）质量检查和试验计划的督促实施及检查记录的审核。
（8）参与买方组织的检验项目。
（9）交货进度、工作计划的监督和设备发运的签发。
（10）运输、包装及装箱清单等内容的检查。
（11）发现零件、产品不符合合同文件技术规范要求时，可以中止生产（重大事项须报买方批准），直到材料、工艺、性能符合技术规范要求为止。
（12）提出材料、工艺、性能、质量、进度等不一致报告。
（13）及时向买方提交监造月报、监造年报、监造工作总结报告、专题报告、紧急报告的最速件等。
（14）为买方处理合同争议、违约、变更、索赔等提供原始资料。

5.4.2 设备监造工作目标

设备监造主要工作目标如下：
（1）对产品制造质量和制造厂家的质量保证体系进行全过程监督，及时发现、报告和监督处理产品制造过程中出现的质量问题，让产品制造质量处于受控状态。
（2）对制造和交货进度进行全过程监督，及时报告设备制造和交货进度方面存在的偏差和风险，及时督促卖方制造单位按设备采购合同要求的进度组织生产和交货。
（3）及时按要求提交各类报告。

(4) 及时处理设备制造过程中的问题，及时反馈各种信息。
(5) 完成监造合同范围内委托的事项，监造服务质量让委托方满意。

5.5 设备监造工作依据和方法

5.5.1 设备监造工作依据

主要包括以下内容：
(1) 设备监造合同。
(2) 设备采购合同。
(3) 国家标准、行业标准及其他合同要求的相关国际标准等。
(4) 买方与供货方间具有法律效力的来往文件、书信、函电等。
(5) 经批准的设备制造图纸及厂家制造工艺文件等。
(6) 设计联络会纪要。
(7) 经批准的监造规划。
(8) 经批准的监造细则。
(9) 监造协议。

当采用的标准与设备供货合同文件中所规定的参数不一致时，以设备供货合同文件为准；设备供货合同文件中无明确规定，但生产中采用的诸项标准中有不一致时，以要求高的标准为准；当生产图纸与标准规定有不一致时，以设备供货合同文件及其有效补充文件，包括会议纪要、买方的审查意见或补充协议等为准。

5.5.2 设备监造工作方法

1. 设备监造工作模式

对设备的监造模式可采取全过程驻厂监造、巡回监控、首件或首批检验见证、设备或部件出厂验收等模式中的某一种，或几种模式的组合。

水轮发电机组设备监造一般采用全过程驻厂监造模式。

2. 设备监造工作方式

设备监造的工作方式主要包括文件见证、现场见证、停工待检和现场巡检。

(1) 文件见证。

文件见证是指监造人员通过对制造单位提供的相关文件的审查，确认其符合相关要求的见证活动。相关文件一般包括制造单位质量体系文件、制造单位外协厂资质、设备的制造图纸和工艺文件、设备的制造进度计划、设备的制造过程文件（包括设备原材料质量证明文件、过程探伤报告、焊接和加工尺寸报告、装配试验报告、涂漆报告等）等；相关要求主要指设备采购合同、标准、制造图纸、工艺文件等的要求。

(2) 现场见证。

现场见证是指监造人员在现场对设备制造过程中的某些节点进行监督检查的见证活动。

某些节点一般是设备制造过程中的较重要的质量保证点。现场见证是监造人员进行设备质量监督控制的重要手段，见证内容一般在《监造协议》中进行约定。

（3）停工待检。

停工待检是指对设备制造过程中的重要工序节点、关键试验点、隐蔽工程等，须经监造人员确认后，才能进入下道工序。

停工待检一般分两种：①业主需要参加见证的项目，对这些监造一般参加见证，并应做好预验收工作；②针对一些外协部件的见证，比如辅助设备的空气冷却器、制动器等的出厂验收。

（4）现场巡检。

现场巡检是指监造人员对设备制造过程进行定期或不定期的现场监督活动。

建设监理一般采用旁站监理的工作方式，对于水轮发电机设备监造，鉴于工作面的数量众多和监造人员人数的限制，实施旁站监理并不适宜。水轮发电机设备监造一般通过现场巡检的方式，对设备制造过程的工艺执行情况等进行监督检查。现场巡检还可以为监造人员提供设备制造进度的实时信息，为监造人员对设备的进度控制提供帮助。

3. 偏差处理

偏差一般可分为三种类别：

（1）普通偏差（C类）。

普通偏差是设备生产过程中产生的偏差，对产品质量和装配连接没有影响。监造人员将帮助供货方小心处理此类问题，根据质量保证的要求，采取适当的纠正行动。此时供货方应负责说明：偏差；偏差产生的原因；采取的改正措施。此时供货方将发出不符合项报告，并交由监造方备案。

（2）不影响质量的主要设备的偏差（B类）。

如果主要设备产生偏差，但不影响产品质量以及与其他不同设备之间的连接。

此时监造方负责：向制造厂指出偏差；向买方汇报偏差；向买方提出纠正措施的建议。供货方负责向监造方提出所有修改、替换措施的计划供监造方或买方批准。供货方保持对该偏差进行处理的职责。此时供货方将发出不符合项报告，并交由监造方备案。

（3）严重偏差（A类）。

严重偏差为：设备、生产运行、试验结果或其他性能不能满足合同规范书的要求；部件上的永久缺陷。

监造方负责：发现偏差；向买方和供货方质保部门指出。供货方负责提出解决问题的措施和方案并报买方批准，监造方负责见证买方批复的处理措施的执行。此时供货方和监造方都将发出不符合项报告，供货方采取的措施及处理结果将作为监造方报告的附录。

4. 进度检查

监造方应检查设备原材料采购、生产、试验和供货等的进度。针对制造单位提供的具体供货进度，监造方应做好如下工作。

（1）适时督促供货方按时提交关键部件的采购、加工、组装、检查、发运的进度安排。

（2）对关键线路上的制造全过程实施重点监控，对可能造成推迟交货的因素须及时提醒制造单位纠正，对已经拖后的环节须及早报告委托方，以便共同采取措施，确保按时交货。

（3）对其他非关键线路上的制造进度也要给予足够重视，防止意外事件影响供货进度。

5. 原材料业主方检测

原材料质量是设备制造质量的基础。为保证原材料的质量，业主需要时，监造方可协助业主单位对设备的重要原材料实行业主方检测。

原材料业主方检测是指，对设备的重要原材料，在原材料厂家和制造单位进行检测的基础上，业主方按一定比例对原材料进行取样，并将试样送权威的第三方检测机构检测的活动。原材料业主方检测一般流程见图5-3。

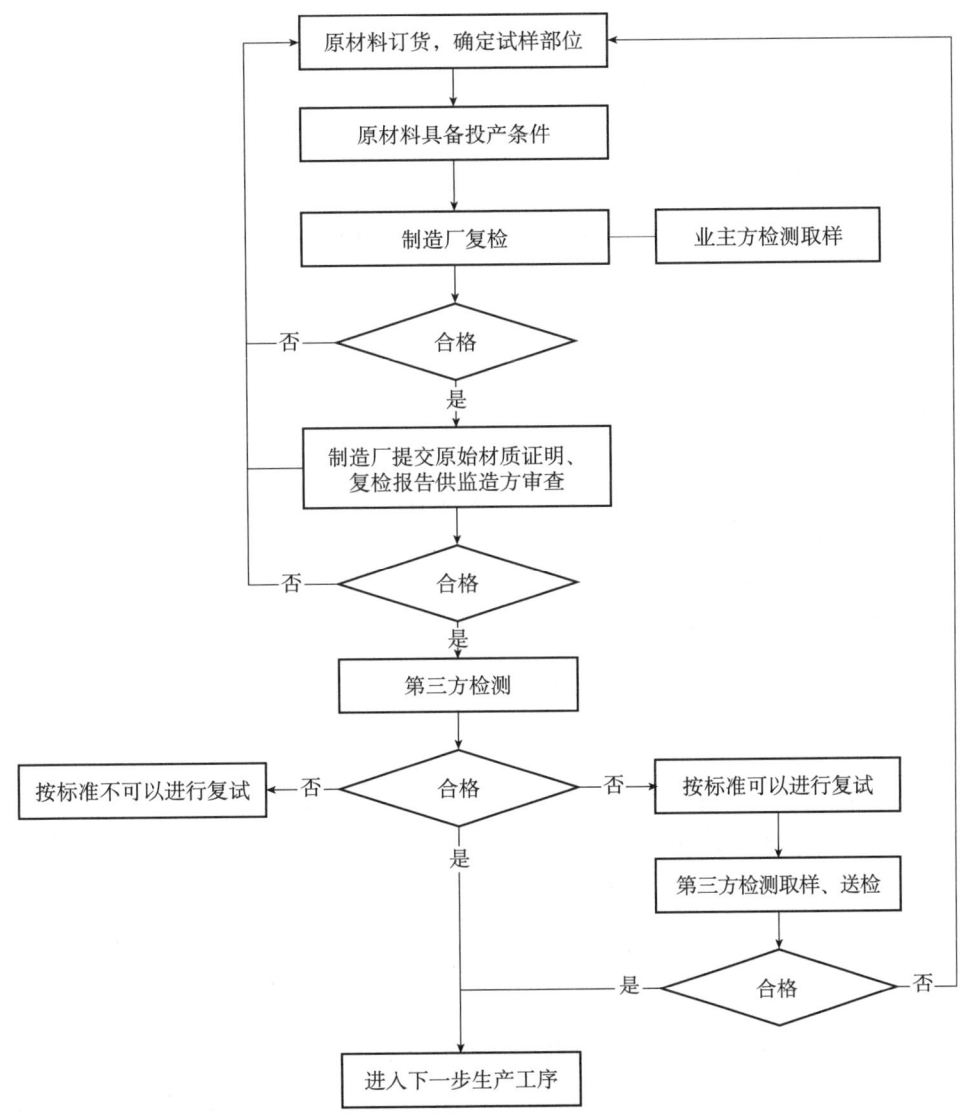

图5-3 原材料业主方检测流程图

6. 设备监造见证点的设置

设备监造的见证点对应设备监造方式，一般包括文件见证点、现场见证点、停工待检点等三类。监造见证点是监造人员开展监造工作的主要内容。监造方应认真合理地设置设备监造的见证点。见证点设置一般在与制造单位签订《设备监造协议》时与制造单位协商确定。

5.6 设备监造报告

5.6.1 设备监造报告的种类

设备监造报告一般可分为向业主提交的监造报告和向制造单位签发的监造报告两大类。

1. 向业主提交的监造报告

向业主提交的监造报告一般包括监造规划、监造实施细则、监造周报、监造月报、监造年报、专题报告、紧急报告、特殊项检验报告、监造工作总结等。

（1）监造规划。

监造规划是监造单位全面开展设备监造工作的指导性文件。监造规划一般在签订设备监造合同后，由总监组织编制，在正式开展设备监造工作前提交业主批准。

监造规划编写的主要依据是设备采购合同和设备监造合同，其内容主要包括：监造项目概况、监造工作范围、监造工作内容、监造工作目标、监造工作依据、监造组织机构、监造人员配备计划、监造机构人员岗位职责、监造工作程序、监造工作方法和措施、监造报告、联络与协调、监造工作制度、监造工作服务质量标准等。

（2）监造实施细则。

监造实施细则是监造人员开展设备监造工作的操作性文件。监造实施细则一般在监造人员入场并收到相关制造图纸、工艺文件后，由监造站长组织编写，经总监批准后，一般在监造站正式开始监造工作前报业主单位。

监造实施细则编写的主要依据是设备采购合同、监造规划、设备制造图纸和工艺文件等；其主要内容包括：总则（包括编制依据、监造范围、适用标准）、监造组织机构及职责分工、监造工作程序、监造设备结构工艺特点和质量控制要点、监造工作方法和措施等。

（3）监造周报。

监造周报一般由监造站每周编写一期，完成后报总监审定，再提交业主单位。监造周报内容主要包括本周各主要部件生产活动及进度情况、本周主要监检工作和制造质量情况、本周进行的原材料业主方检测情况（如有）、本周进行的文件见证清单、主要原材料采购进度检查（根据需要决定是否填报）、制造进度检查、外协外购部件进度检查、进度滞后部件原因分析、附件等。

（4）监造月报。

监造月报一般由监造站每月编写一期，完成后报总监审定，再提交业主单位。监造月报内容主要包括：本月主要监造工作及特点概述、进度检查、制造质量检查、本月进行的其他工作、下阶段主要监造工作安排、附件等。

（5）监造年报。

监造年报一般由监造站在每年的 12 月底进行编写，是对监造工作一年的总结，完成后由总监审定后提交业主单位。监造年报内容主要包括：监造机构内部管理、全年监造检验活动汇总、全年主要质量问题及案例分析、全年制造进度方面存在的主要问题、全年监造工作小结等。

(6) 专题报告。

当设备制造过程中出现较大的质量和进度偏差时，监造方可以向业主提交专题报告。专题报告一般由监造站组织起草，完成后交总监审定，再提交业主单位。专题报告主要是对产生的偏差进行详细的描述，必要时附监造单位的意见和建议。

(7) 紧急报告。

当设备制造过程中出现影响设备质量和进度的紧急事件时，监造单位应在24小时内向业主单位发出紧急报告。紧急报告一般由监造站负责起草，由总监审定后提交业主。紧急报告内容主要是对事件的描述。

(8) 特殊项检验报告。

针对特殊项目，监造方可以向业主方或委托方提交特殊项检验报告。特殊项检验报告主要描述监造方对特殊项目的检查活动。

(9) 监造工作总结。

设备全部制造完成并发运出厂后1个月内，监造方应向业主单位提交监造工作总结，必要时，应业主要求，某一部件发运出厂后也应向业主提交监造工作总结。监造工作总结一般由监造站负责编写，完成后交总监审定，再提交业主单位。监造工作总结主要内容包括：项目概况、监造组织与人员、监造合同履行情况、监造工作成效、设备制造过程中的主要问题及处理情况、设备制造图片、大事记等。

2. 向制造单位签发的监造报告

向制造单位签发的监造报告一般包括监造工作联系单、不符合项检验报告、监造工程师通知单、出厂设备签证单等。

(1) 监造工作联系单。

当驻厂监造站需与制造单位进行工作协调时，监造站可以向制造单位签发监造工作联系单。监造工作联系单签发后，一般不需要制造单位进行书面回复，但制造单位应对联系单内容及时响应；监造人员也应关注制造单位对监造工作联系单内容的处理情况，监造工作联系单内容主要为对需协调事件的描述。

(2) 不符合项检验报告。

在设备监造过程中，当驻厂监造人员发现设备制造出现与合同、标准、图纸等的要求不符合的情况时，监造站应向制造单位开启不符合项检验报告。不符合项检验报告发出后一般须进行关闭。在不符合项检验报告描述的事件处理完成并经监造方确认合格后，制造单位应向监造方提交相关关闭材料，一般由监造站站长进行关闭。不符合项检验报告关闭后，设备才可以进行下个工序或发运出厂。不符合项检验报告内容主要是对不符合项事件的描述。

(3) 监造工程师通知单。

在设备监造过程中，监造人员发现制造单位存在违规或需要整改的问题时，监造站应向制造单位签发监造工程师通知单。监造工程师通知单签发后一般需要制造单位进行回复：在事件整改完成后，制造单位向监造方提交事件的整改情况和后续的措施。监造工程师通知单内容主要是对需整改事件的描述。

(4) 出厂设备签证单。

设备出厂前，制造单位应向监造方出具出厂设备签证单，由监造工程师和监造站站长签认；出厂设备签证单一般作为制造单位向业主单位结算费用的凭据。

5.6.2 设备监造报告的编号

设备监造报告编号一般包括公司名称、监造项目名称、设备类型、设备制造单位、监造报告类别、报告流水号（或版本号）和发布年份等；监造规划和监造细则只有版本号，其余报告一般只有流水号。各名称编号一般采用汉语拼音的首字母，排列格式一般为：公司名称/监造项目名称+设备类型（设备制造单位）-监造报告类别-报告流水号（或版本号）-发布年份。以 2020 年 A 厂生产的 B 监造单位负责监造的白鹤滩水电站水轮发电机组（缩写为 BHTJZ）为例，相关报告格式见表 5-1。

表 5-1　设备监造报告编号示例

序号	报告名称	报告编号
1	监造周报	B/BHTJZ(A)-ZB-01—2020
2	监造月报	B/BHTJZ(A)-YB-01—2020
3	监造年报	B/BHTJZ(A)-NB-01—2020
4	监造工作总结报告	B/BHTJZ(A)-ZJB-01—2020
5	不符合项检验报告	B/BHTJZ(A)-NCR-01—2020
6	监造工作联系单	B/BHTJZ(A)-LXD-01—2020
7	监造工程师通知单	B/BHTJZ(A)-TZD-01—2020
8	特殊项检验报告	B/BHTJZ(A)-TSB-01—2020
9	专题报告	B/BHTJZ(A)-ZTB-01—2020
10	紧急报告	B/BHTJZ(A)-JJB-01—2020
11	出厂设备签证单	B/BHTJZ(A)-CCD-01—2020
12	监造实施细则	B/BHTJZ(A)-XZ-A—2020
13	监造规划	B/BHTJZ(A)-JZGH-A—2020

第6章 设备监造工作的实施

设备监造工作主要是两控制一管理,即进度、质量控制和信息管理;另外由于外协外购件的特殊性,其往往导致较多的质量、进度问题。本章分进度控制、质量控制、信息管理、外协外购部件管理等4部分,对设备监造工作的实施开展进行介绍。

6.1 进度控制

设备的交货进度对一个水电站是否能够按时投产发电至关重要,所以设备的进度控制十分重要。

6.1.1 进度控制的依据

要控制进度,必须要有进度控制的依据。作为监造方,其控制的依据主要有设备采购合同、业主方来文、制造厂生产计划等3点。设备采购合同规定了机组设备最初的交货进度要求,是监造方进行进度控制的基础;业主方来文和制造厂生产计划会随着设备的制造过程发生变化,监造方应重点关注,保证掌握业主方对交货进度的最新要求,保证制造厂的生产计划满足业主最新的交货要求。

6.1.2 进度控制的方法

1. PDCA 动态进度管理

PDCA 是项目管理中进度控制的主要方法,"P"即 plan(计划);"D"即 do(执行);"C"即 check(检查);"A"即 action(处置)。设备监造中运用 PDCA,首先要确定"P":根据设备采购合同和业主方关于进度的最新来文,验证制造厂提交的生产计划是否符合,如符合,制造厂的最新生产计划就是"P";然后是"D",监造方应定期进行现场巡检,现场巡检可以实时掌握主要设备的生产进度,即为"D";根据巡检掌握的进度情况,与"P"进行对比,看其是否可以满足计划的要求,就是"C";如不满足,监造方则及时与制造厂沟通,要求其采取措施加快生产进度,并对后续生产情况进行跟踪,直至满足计划要求,必要时应以《专题报告》的形式向业主汇报,即为"A"。

2. 及时以周报、月报形式汇报业主

因各自的局限性,一般业主对工地的设备安装进度掌握得很好,监造方对制造厂的设备生产进度掌握得很好。为保证业主也可以很好地掌握设备制造进度,以确定两个进度是否相符,需要监造方及时将制造进度向业主进行汇报。监造方汇报的方式一般是周报、月报,即每周向业主提交 1 份周报,每月向业主提交 1 份月报,将监造方通过现场巡检等方式了解到的实时进度信息汇报给业主。

3. 注意成套性

对设备的进度,一般只关注大型和重点设备的制造进度,而对其辅助的小型和配套部件,往往会忽视。那监造方怎样控制设备的成套性呢?首先,应要求制造厂提交设备交货明细表,监造方应了解一个主件有哪些配套部件;其次,水轮机和发电机监造工程师各自负责分管的部件,根据主件交货情况,实时跟踪了解配套部件的进度情况,如发现问题,及时与制造厂沟通解决。

6.2 质量控制

设备质量合格是业主对监造方的基本要求,也是业主聘请监造的主要目的。因此,设备质量控制对监造方十分重要。

6.2.1 质量控制的方法

1. 体系审查

这里的体系是指制造厂的质量管理体系。设备质量的好坏,主要靠制造厂本身去控制,而完整有效运行的质量管理体系是制造厂质量保证的根本。因此,监造方在入驻制造厂后,首先要对其体系进行审查。体系监造方审查什么呢?主要有如下几点:

(1)制造厂质量体系文件。该文件主要说明了制造厂质量控制的组织体系和具体流程。监造方应结合现场巡检和见证点见证,核实制造厂的质量控制是否按质量体系文件的要求进行,如发现不符,应及时要求制造厂整改。

(2)人员资质。主要是焊接人员、无损探伤人员资质。监造方应要求制造厂提供其资质证明文件,并重点审查人员资质是否过期、在工作开展过程中是否有超越资质范围情况。

(3)质量计划。制造厂应对主要部件编制质量计划,并提交给监造方审查。监造方重点审查制造厂的质量计划是否符合合同、图纸的要求,并检查制造厂是否按质量计划要求进行质量控制。

2. 以见证点为纲,以现场巡检为面

质量见证点一般在监造协议中进行明确要求,它对监造方需重点关注的质量节点(比如重点部件的材质、焊接尺寸、无损探伤、加工尺寸、装配试验等)以 R、W、H 等三种方式进行了规定。"R"即 record——文件见证,需要制造厂提供文件资料,监造方对文件进行审查即可;"W"即 witness——现场见证,制造厂在设备进行到该节点时,需通知监造方到现场进行见证;"H"即 hold——停工待检,一般该点需通知业主方派人进行现场见证,对于该点,监造方应在业主方见证之前提前见证合格。质量见证点并非固定不变,监造方在监造过程中,对经常出问题的节点或因签订监造协议时未考虑到的重要节点,后期应增加质量见证点,这就是质量见证点的动态调整,在监造协议中应重点说明。

质量见证点主要对重要节点进行了规定,对非重要环节,比如部分部件的涂漆质量、外观有无磕碰伤等,监造方应以现场巡检进行覆盖。现场巡检应定期进行,保证基本覆盖厂内所有监造设备的生产工作面。

6.2.2 具体工序的质量控制

根据水轮发电机组设备制造特点，其制造工序大致包括设计、原材料、焊接、机加工、装配试验、涂漆包装等 6 大类。下面将介绍监造如何对这 6 大类工序进行质量控制。

1. 设计质量的控制

水轮发电机组设备设计不合理，或设计与采购合同、标准等不符合，将直接影响机组质量，给设备安全稳定运行带来系统性风险。对于设计质量，监造可进行如下控制：

（1）参与业主方组织的设计联络会，若发现设计问题及时指出，对于设计中的疑问，要求制造单位进行解答。

（2）制造过程中，若发现设计问题，及时向制造单位指出并向业主单位报告。

（3）制造过程中的重大设计变更，应要求制造单位按流程报业主单位审批。

（4）设备采购合同中的技术条款应严格执行，对于图纸中的技术参数、试验依据应与合同进行对比，图纸设计选用标准参数时，国家标准、行业标准中择其高者执行，未明确的应执行采购合同技术条款要求。因为不同水电站水轮发电机组设备的采购合同要求，买方在采购合同中对一些部件的质量有不同的要求，会与国家标准、行业标准、厂家标准不一，而设计人员往往会根据经验忽视这方面的要求，在设计图纸技术要求中选择与采购合同不一致的参数。例如：油冷却器、空气冷却器、制动器等工厂试验采购合同要求耐压试验应为 2 倍额定压力，时间不少于 60min；而制造厂设计参照标准按 30min、1.5 倍额定压力的要求进行耐压试验，与合同要求不符；上、下机架油箱，顶盖漏油箱焊缝标准要求应做煤油渗漏检查，而制造厂设计要求仅做渗透探伤检查，没有按标准要求做煤油渗漏试验，与标准要求不符。

2. 原材料质量控制

原材料质量的控制尤为关键，这是水轮发电机组设备质量优劣的基础，若存在原材料质量不合格，将直接影响设备制造质量，可能产生重大质量与安全事故，同时可能由于材料更换，导致工期增加，影响设备交货进度。对原材料质量，监造可进行如下控制：

（1）对于列入监造见证计划的原材料，监造单位需进行文件见证或现场见证，如有遗留质量问题应处理合格。

（2）制造单位在原材料正式投产前向监造单位提交相关检测报告，监造工程师要注意核对：

① 原始材质报告是否有效，原材料厂家是否符合合同要求或已按程序报批。

② 检测项目及数据是否满足合同、图纸和相关标准要求。

③ 制造单位是否按规定进行复检并出具报告，报告是否合格。

（3）对需要进行第三方检测的原材料按要求进行检测，出具正式的报告并审查合格。

（4）专业监造工程师对审查的材质报告等进行签字确认。

（5）重要材料质量控制。这里所说的重要原材料是指同中规定的重要部件的关键材料（参考附录 I），其可以委托第三方检测机构进行业主方检测，控制流程参考图 5-3 原材料业主方检测流程图。

（6）一般材料质量控制。一般原材料，是指未列入业主方检测材料清单，但列入见证点的材料。对于这些材料我们也应加以控制。根据材料特点，这些材料主要包括铸件、锻件、钢板，非金属材料，电气部件材料等3大类。

① 铸件、锻件、钢板。

此类材料的质量控制程序，其实仅是减少了业主方原材料检测的环节。制造厂所采购的材料首先应按采购合同指定的材料供应商进行采购，如不符合，应要求制造单位向业主进行报批，获得许可后方可使用。合同未规定的，制造厂家自行选择原材料厂家采购，但材料牌号、执行标准都应符合设计、标准要求。

对于这类材料，一方面监造要通过设计图纸、材质证书等文件进行仔细审查，防范因设计人员、采购人员疏漏导致不符合合同的材料应用到产品当中；另一方面监造要督促制造厂做好原材料使用的追溯，以避免制造环节领料用料错误带来的风险。

② 非金属材料。

水轮发电机组设备中的非金属材料主要涉及的部件有：轴承套、密封条、O形圈、密封环、润滑油等，此类材料应从采购源头控制，对照合同及设计规定，审查原材料的供应商、材料牌号、理化性能等是否满足要求。

③ 电气部件材料。

水轮发电机组设备中电气部件主要包括：磁极装配、磁轭片、定子铁心、定子线棒、绝缘盒等。

其中金属材料主要有：磁极铁心、磁极铜排、磁轭钢板、定子硅钢片、定子线棒电磁线等。这些材料的理化报告中不仅涉及化学成分、机械性能的检测报告，还包括其他一些特有的检测报告，例如：磁极铜排、定子线棒电磁线的电性能报告，磁轭钢板、定子硅钢片的磁性能，定子硅钢片的工艺特性报告。对于这些材料，监造应对照合同、标准，对其材质报告进行严格审查。

非金属材料有：定子线棒的云母带、防晕带，磁极装配的无胶纸、涤纶毡、环氧玻璃布板、玻璃纤维绳，定子硅钢片的F级绝缘漆等。这些材料因为保质期短，材料通用，工厂会有相应批量的库存，监造控制的关键点应放在材料的使用保质期、存放环境上：制造单位因进出库管理等因素，经常会发生材料过保质期使用、非冷藏储存导致材料性能下降等情况，影响产品的制造质量。

3. 焊接质量控制

焊接是水轮发电机组设备制造的重要工序，焊接水平的好坏直接影响设备部件结构是否稳定、强度是否满足要求等。焊接质量的好坏取决于焊接工艺、焊接材料、焊接操作者、环境等多方面因素。焊接质量不合格，影响设备结构强度，并可能影响设备安全稳定运行。

水轮发电机组设备中主要焊接部件包括：水轮机尾水管、蜗壳、转轮、座环、顶盖、底环、控制环、主轴、配水环管（冲击式）、管型座（贯流式）；发电机定子机座、转子支架、发电机主轴、上机架、下机架；焊接式球阀等。

监造应从以下几方面进行设备的焊接质量控制：

（1）制造单位需向监造提交焊接人员名单及资格证书，监造审查人员资质是否满足合同和标准要求，人员资格证书是否在有效期内；如不符合，应及时要求制造单位整改。

（2）制造单位需向监造单位提交主要焊接部件的焊接工艺文件，文件应满足合同和标准等的要求。

（3）监造应利用现场巡检，对部件焊前准备进行检查，检查内容包括：焊接坡口、焊缝间隙、部件装配等。

（4）监造应利用现场巡检，对部件焊接过程进行检查，主要包括：焊缝预热温度，焊接电流、电压、摆宽、线能量、层间温度等。

（5）拉筋、搭块、临时吊耳等临时性装置的焊接也应严格按照工艺文件要求进行施焊，割除时不要伤及母材。

（6）不锈钢材料表面若与碳钢连接，必须有过渡层。

（7）主要部件应在制造单位自检合格并形成记录后，通知监造进行现场见证，检查见证合格后方可进入下道工序。

4. 机加工质量控制

机加工也是水轮发电机组设备的关键工序，机加工是部件制造精度的主要保障，机加工质量的好坏直接影响部件的现场安装。水轮发电机组设备部分部件由于尺寸大、重量重、相互间配合尺寸多，部件的加工尺寸将会影响整个机组的运行状况。例如：顶盖、底环单独加工，但要保证活动导叶上、中、下轴孔的位置关系，就要在工艺上做多方面的考虑，不仅要满足单个部件尺寸合格，更要保证关联部件的配套性；部分电站主轴、转轮由于分别在制造厂、工地加工，联轴孔同轴度的保证就需要可靠的工装来保证；整个机组高度较大，轴系部件多、尺寸大，机加工质量决定了轴系的稳定性。

监造对机加工质量应进行如下控制：

（1）监造应督促制造单位在机加工前应认真核对加工工艺及加工程序，对于数控加工的部件首件需进行模拟加工后再正式加工。

（2）对于精度要求较高的部件，监造应督促制造单位做好加工设备的检查。

（3）监造按见证计划做好首件见证、过程跟踪、最终见证工作。

（4）制造单位自检合格并形成记录后，通知监造进行现场见证，检查见证合格后方可进入下道工序。

5. 装配试验质量控制

装配试验包括装配和试验两部分。

由于水轮发电机组设备尺寸大，一般不能进行整体运输。为保证各部件在工地安装时可以很好地配合，有些部件要在制造厂内进行预装。预装的目的主要是看各部件的相互配合情况是否良好，比如把合孔是否错位、合缝面错牙等。预装一般均设置为 W 点，监造方需现场进行见证。水轮发电机组设备的主要预装项目见表 6-1。

表 6-1 水轮发电机组设备主要预装项目

序号	预装项目
1	水轮机导水机构预装
2	水轮机管型座预装（贯流式）
3	水轮机配水环管预装（含喷管）（冲击式）
4	水轮机座环预装
5	转轮预装（轴流式、贯流式）
6	水轮机水导轴承预装

续表

序号	预装项目
7	水轮机主轴密封预装
8	进水阀旁通管路预装
9	进水阀伸缩节预装
10	发电机定子冲片预叠片（如有）
11	转子磁轭片预叠片（如有）
12	发电机转子支架中心体与支臂预装
13	发电机上机架中心体与支臂预装
14	发电机下机架中心体与支臂预装

水轮发电机组设备部分部件根据图纸、标准等要求需进行例行试验。部件的例行试验一般设置为 W 点进行现场见证。部分部件数量较大，例行试验监造方可采取抽检的形式，比如发电机定子线棒，如抽检不合格，需加大抽检比例；其他部件的例行试验应全部进行 W 现场见证。水轮发电机组设备的主要试验项目见表 6-2。

表 6-2 水轮发电机组设备主要试验项目

序号	试验项目
1	水轮机转轮静平衡试验
2	水轮机导叶接力器装配后相关试验
3	水轮机水导轴承油冷却器压力试验
4	水轮机主轴密封空气围带压力试验
5	进水阀装配后密封及压力试验
6	进水阀接力器装配后相关试验
7	发电机定子线棒相关电气试验
8	转子磁极相关电气试验
9	发电机油冷却器压力试验
10	发电机空气冷却器压力试验
11	发电机制动器相关试验
12	发电机高压油顶起装置相关试验
13	集电环装配相关电气试验

6. 涂漆和包装质量控制

涂漆和包装一般是部件的最后一道工序，这两道工序质量的好坏相对比较直观，一般的问题可以肉眼发现。对主要部件的涂漆和包装，一般设置为 W 点进行现场见证。涂漆一般要检查其外观和漆膜厚度等；包装首先要保证箱单与所装部件一致，然后要注意所包装部件是否有锈蚀、漏漆、碰伤等外观问题，还要注意包装设计是否合理，比如发电机上机架中心体考虑到工地存放条件，应在中心体下方加一底座。对于有些出口的水轮发电机组，还要按合同要求，检查包装箱木质材料是否进行了熏蒸。

6.3 信息管理

监造工作中既要做好制造现场技术工作，也要重视信息管理工作。信息管理也是监造工作的一个很重要组成部分，监造工作中技术文件、进度控制、质量控制、监造报告等都要以信息方式进行传递，信息工作是监造工作的重要组成部分。

监造工作中的信息文件要做好分类，要便于监造工作的使用。监造信息文件基本可分为三类，分别为制造厂来文、业主方来文、监造自身文件。

制造厂来文主要包括：图纸、生产计划、进度报告、报批文件、工艺文件、人员资质、设备制造质量证明文件等。

业主方来文主要包括：关于进度、质量等事宜的函件。

监造自身文件主要包括：设备制造质量证明文件、部件照片、监造周报、监造月报、监造年报、监造协议、监造发文、技术标准、合同文件等。

对于信息管理，监造应做好以下工作：

（1）建立台账

首先建立台账，对各类资料进行合理的分类。监造资料的电子台账大致可分为设备制造照片、监造方发文及统计、业主方来文及统计、制造厂来文及统计、周报、月报、年报、合同与监造协议等几部分。

（2）及时收集和归档

监造方需要及时收集的主要是设备制造质量证明文件。应根据设备制造进度，及时要求制造厂提供相关部件的质量证明文件；质量证明文件一般要求提供纸质版，材质报告一般要求在部件装焊前提供完，其他报告一般要求在部件见证完后两周左右提供。一般要求监造方对纸质版质量证明文件每页进行签证，为保证及时性和效率，监造方应及时对收到、审查过的纸质质量证明文件进行签证，及时分类、归档。

（3）资料移交

移交的资料主要包括监造日志、监造发文、设备制造质量证明文件等。移交的监造资料要保证完整、准确。其中重点是设备的质量证明文件，监造方应根据监造协议、合同要求，对其完整性进行核对。移交的质量证明文件监造方需每页签证，并保证每页均盖有制造厂的质保章（也可仅在首页、目录、骑缝处盖章）。

6.4 外协外购部件管理

由于水轮发电机组设备制造单位生产、设备、资质、采购合同指定等原因，会对部分部件进行外协外购。由于外协外购厂家与制造单位质量保证体系的差异、过程质量监管缺失等原因，可能会对设备制造质量和进度造成影响。

监造应从如下方面对外协外购部件进行控制：

（1）对于采购合同约定范围外的外协外购部件，制造单位需向业主单位报批。

（2）制造单位应做好外协外购部件的过程质量监管。

（3）监造做好外协外购厂的能力评估，督促制造单位组织技术交底与开工前检查，监造参与相关环节并随机开展过程检查。

（4）对数量多及重要外购外协部件，可增设监造站点开展全过程驻厂监造，比如水轮机尾水管和蜗壳有时在工地由机组安装单位制造，监造应增设工地监造站。

（5）对于外协外购部件进度，监造应要求制造厂提交外协外购厂的部件制造进度计划，并定期提供制造进度情况报告，监造对照合同和进度计划进行审查，发现问题及时与制造厂沟通。

（6）分包单位自检合格后通知监造进行相关见证，监造单位按要求进行文件见证或现场见证。

第 7 章 水轮发电机组设备监造质量控制实例

7.1 水轮机部分——以乌东德右岸电站为例

乌东德右岸电站水轮机主要由尾水锥管、尾水肘管、蜗壳、机坑里衬、座环、基础环、转轮、水轮机主轴（含联轴螺栓）、顶盖、底环、活动导叶及其操作机构、导叶接力器、主轴、水导轴承、水导油冷却器、主轴密封、大轴中心补气装置、环形吊车、水轮机自动化设备等组成。

7.1.1 尾水锥管

1. 锥管结构和工艺特点

锥管分 6 节制造，单节最大高度不超过 3400mm，进水口第 1 节为 30mm 厚的 06Cr19Ni10 材料，分四瓣交货；第 2 节为 30mm 厚的 06Cr19Ni10 材料，分 2 瓣交货；第 3～6 节为 30mm 厚的 Q235B 材料，设计有检修进人门。进水口直径 8180mm，出水口直径 11 203mm，高度 14 375.4mm。在锥管相应部位设计有测压接头，一套锥管共设计有 12 圈加劲环，材料为 Q235B，厚度为 25mm，外壁布置间距 300mm 焊钉。第 2～6 节锥管在制造单位内进行组装、焊接并分成两瓣，完成油漆涂装后交货。锥管附件包括千斤顶、拉紧器、调节板、斜楔、垫板、聚乙烯弹性管、螺栓、螺母、焊材和油漆等。

锥管是尾水埋件组件之一，锥管的制造质量监控重点在于相邻管节对应纵缝应注意检查错缝达到≥200mm 的要求，以避免相邻管节组装纵缝形成"十"字缝接头，造成焊接应力集中而导致焊缝质量风险。

锥管主要工艺流程：钢板材料进场外观检查→数控下料→开焊缝坡口→瓦块卷板→管节组圆→组圆焊前结构尺寸检查→管节纵缝焊接→加强筋、锚钩附件装焊→焊缝无损检测→管节焊后结构尺寸检查（见图 7-1）→首台套相邻管节预装尺寸检查（见图 7-2）→表面喷砂除锈→底漆涂装→涂装中间漆、面漆→补涂油漆→出厂验收→包装标识→管节发运。

2. 锥管监检项目及要求

锥管监检项目及要求见表 7-1。

图7-1 锥管尺寸检查

图7-2 锥管首台套摞节尺寸检查

表7-1 锥管监检项目及要求

序号	监检项目	监检项目要求	监检方法
1	预备文件审查		
1.1	制造检查和试验计划审查	符合采购合同、图纸要求	R
1.2	无损检测人员资格审查	符合采购合同、图纸要求	R
1.3	焊工资格审查	符合采购合同要求	R
1.4	焊接工艺文件 WPS（附有焊接工艺评定记录 PQR）审查	符合工艺文件、图纸要求	R
2	原材料采购和检验，钢板材料材质文件（包括化学成分、机械性能、无损检测、交货状态等）	符合材料标准要求	R
3	锥管焊接	符合工艺要求	P
3.1	钢板拼焊焊缝探伤检查	符合标准要求	W/R
3.2	锥管焊接外观检查	符合图纸、标准要求	W/R
3.3	锥管管节焊缝及附件焊缝探伤检查	符合标准要求	W/R
4	锥管管节的尺寸和几何形状检查	符合图纸要求	W/R
5	喷砂	符合标准要求	W
6	涂漆及防护检查	符合图纸、标准要求	W/R
7	运输、包装及装箱清单等的检查	符合合同要求	R

注：R——文件见证；W——现场见证；H——停工待检；P——现场巡检。

7.1.2 尾水肘管

1. 肘管结构和工艺特点

肘管截面由进水口直径为 11 203.4mm 的正圆形渐变至出水口 12 263.2mm 的非标准椭圆。单台肘管由 11 节组成，为便于运输，第 1~11 节分为两瓣发货出厂。内衬选用 Q235B

钢板，厚度25mm。其中第1管节在出水口侧下部设有半圈加劲环；第2~6管节在进水口侧下部设有半圈加劲环，出水口侧设有1圈加劲环；其余管节在进出水口侧均设有1圈加劲环。加劲环选用Q235B钢板，厚度25mm。第2~5节肘管底部每两排加劲环间表面一排焊钉居中分布，间距300mm。第6~11节肘管底部每两排加劲环间表面锚钩布置间距360mm×360mm。第8~11节肘管上、中部每两排加劲环之间两排焊钉均布，间距300mm，在第5管节相应部位设计有测压接头。每节肘管在厂内分别进行组装、焊接，完成油漆涂装后分1/2瓣交货（便于运输）。肘管附件包括支架、拉紧器、调节板、斜楔、垫板、盖板、聚乙烯弹性管、螺栓、螺母、焊材和油漆等。

肘管存在瓦块拼板工序，拼板工艺展开图要控制相邻管对应纵缝错缝满足图纸≥200mm的要求，以避免相邻管节组装纵缝形成"十"字缝接头，造成焊接应力集中而导致焊缝质量风险。拼板对接缝焊接时存在焊接变形，影响板面平直度，应采用平板设备进行板面平直度矫形。

肘管主要工艺流程：钢板材料进场外观检查→数控下料→开焊缝坡口→瓦块拼接焊接→焊缝无损检测→瓦块卷板→管节组圆（见图7-3）→组圆焊前结构尺寸检查→管节纵缝焊接→加强筋、锚钩附件装焊→焊缝无损检测→管节焊后结构尺寸检查→首台套相邻管节预装尺寸检查→表面喷砂除锈及检查（见图7-4）→底漆涂装→涂装中间漆、面漆→补涂油漆→出厂验收→包装标识→管节发运。

图7-3 肘管单节组圆

图7-4 肘管除锈检查

2. 肘管监检项目及要求

肘管监检项目及要求见表7-2。

表7-2 肘管监检项目及要求

序号	监检项目	监检项目要求	监检方法
1	预备文件审查		
1.1	制造检查和试验计划审查	符合采购合同、图纸要求	R
1.2	无损检测人员资格审查	符合采购合同、图纸要求	R
1.3	焊工资格审查	符合采购合同要求	R

续表

序号	监检项目	监检项目要求	监检方法
1.4	焊接工艺文件WPS（附有焊接工艺评定记录PQR）审查	符合工艺文件、图纸要求	R
2	原材料采购和检验，钢板材料材质文件（包括化学成分、机械性能、无损检测、交货状态等）	符合材料标准要求	R
3	肘管焊接	符合工艺要求	P
3.1	钢板拼焊焊缝探伤检查	符合标准要求	W/R
3.2	肘管焊接外观检查	符合图纸、标准要求	W/R
3.3	肘管、支墩、加劲环焊缝探伤检查	符合标准要求	W/R
4	肘管管节的尺寸和几何形状检查	符合图纸要求	W/R
5	喷砂	符合标准要求	W
6	涂漆及防护检查	符合图纸、标准要求	W/R
7	运输、包装及装箱清单等的检查	符合合同要求	R

注：R——文件见证；W——现场见证；H——停工待检；P——现场巡检。

7.1.3 蜗壳

1. 蜗壳结构和工艺特点

蜗壳按独立承受包括升压水头在内的最大工作水压（245.5mWC）设计，蜗壳采用弹性垫层的埋设方式，蜗壳的排水管路引至尾水管廊道层可观察的地方。每套蜗壳分30节制造，进口段共5节（顺水流方向编号为WDDW12*-01~WDDW12*-05），进口段第1节与波纹管对接。本体段共25节（顺水流方向编号为WDDW12*-1~WDDW12*-25），主体材料为SX780CF，板材厚度为24~85mm。在本体段的第17节上设计有便于检修的进人门，进人门为内开式。其中进口段第1节分四瓣交货（进、出口侧均留有50mm工地配割余量），本体段第5、15节为凑合节（瓦块交货，进、出口侧均留有50mm工地配割余量面）。进水口直径11 500mm，在蜗壳的相应部位设计有测压接头和测压盒，每个管节在完成油漆涂装后交货。

蜗壳附件包括支撑钢管、基础垫板、千斤顶、测压接头、拉紧器、蜗壳支架、密封圈、弹性层、焊材和油漆等。

由于蜗壳材料采用SX780CF高强钢，为高强度低焊接裂纹敏感性钢板，蜗壳制造难点在于焊接工序，所以严格控制焊接工艺执行是保证蜗壳焊接质量的关键（焊前预热、层间温度、焊接热输入、焊后保温），焊接完成后严格进行无损探伤检查（100% MT或PT、100% UT、100% TOFD）。蜗壳进人门座与门盖组合面及门座法兰盘根槽为机加工面，要严格控制组合面间隙及法兰盘根槽尺寸。

蜗壳主要工艺流程：钢板材料进场外观检查→钢板表面质量5% UT直探头检测→数控下料→瓦块长度方向缝坡口开制→瓦块卷板→瓦块压头切割及宽度方向坡口开制→瓦块坡口MT100%检测→瓦块卷板尺寸检查→管节组拼焊前尺寸检查（见图7-5）→焊接设备检查→

焊材管理及烘烤检查→开焊前预热温度检查→焊接参数过程巡检→背缝清根检查→清根面 MT 检测→焊接层间温度检查→焊缝保温消氢检查→焊缝打磨外观检查→焊缝无损检测（见图 7-6）→管节焊后结构尺寸检查→进人门装配尺寸检查（见图 7-7）→首台套相邻管节摞节预装尺寸检查（见图 7-8）→管节表面喷砂除锈→底漆涂装→涂装中间漆、面漆→补涂油漆→出厂验收→包装标识→管节发运。

图 7-5 蜗壳单节组拼尺寸检查

图 7-6 蜗壳纵缝 TOFD 检验

图 7-7 蜗壳进人门装配尺寸检测

图 7-8 蜗壳摞节尺寸检查

2. 蜗壳监检项目及要求

蜗壳监检项目及要求见表 7-3。

表 7-3 蜗壳监检项目及要求

序号	监检项目	监检项目要求	监检方法
1	预备文件审查		
1.1	制造检查和试验计划审查	符合采购合同、图纸要求	R
1.2	无损检测人员资格审查	符合采购合同、图纸要求	R
1.3	焊工资格审查	符合采购合同要求	R
1.4	焊接工艺文件 WPS（附有焊接工艺评定记录 PQR）审查	符合工艺文件、图纸要求	R

续表

序号	监检项目	监检项目要求	监检方法
2	原材料采购和检验,钢板材料材质文件(包括化学成分、机械性能、无损检测、交货状态等)	符合材料标准要求	R
3	蜗壳焊接	符合工艺要求	P
3.1	钢板进场UT探伤抽检及外观尺寸检查	符合标准要求	W
3.2	焊缝清理	符合标准要求	P
3.3	焊材型号核对,焊条干燥、保温	符合标准要求	P
3.4	被焊区域预热	符合工艺要求	W
3.5	焊接工艺参数(按焊接工艺评定)	符合工艺要求	P
3.6	纵缝焊接过程变形检查	符合标准要求	P
3.7	焊接后消氢处理	符合工艺要求	P
3.8	焊缝NDT检测及焊接外观检查	符合图纸、标准要求	W/R
4	供水管、排水管、进人门、测压头、支架检查	符合工艺文件、图纸要求	W/R
5	蜗壳管节的尺寸和几何形状检查	符合图纸要求	W/R
6	喷砂	符合标准要求	W
7	涂漆及防护检查	符合图纸、标准要求	W/R
8	运输、包装及装箱清单等的检查	符合合同要求	R

注：R——文件见证；W——现场见证；H——停工待检；P——现场巡检。

7.1.4 机坑里衬

1. 机坑里衬结构和工艺特点

机坑里衬为钢板焊接件，从座环到发电机下风洞盖板之间全部衬满，主要材料为Q235B。里衬本体钢板厚度为30mm、20mm，分为3节制造，里衬第1、2节钢板厚度为20mm，里衬第3节由钢板厚20mm及30mm的两个筒体组焊而成；机坑里衬的内径为ϕ12 700mm，高度为8798mm，单套重量95 883kg；机坑里衬上设置有接力器坑衬、冷却器坑衬、进人门、灯盒、法兰、通风管等，每套机坑里衬在厂内分三段分别进行组装、焊接以及油漆涂装后，每段分二瓣交货，接力器坑衬单独完成组装、焊接和防腐后交货。

机坑里衬附件包括锚板、固定板、锚钩、护盖等附件。

机坑里衬主要工艺流程：主要原材料材质证书审核→钢板材料进场外观检查→数控下料→开焊缝坡口→瓦块卷板→管节组圆→接力器坑衬预装配（见图7-9）→组拼焊前结构尺寸检查→管节焊接→加强筋、锚钩附件装焊→焊缝无损检测→管节焊后结构尺寸检查（见图7-10）→表面喷砂除锈及检查→底漆涂装→涂装中间漆、面漆→补涂油漆→出厂验收→包装标识→管节发运。

图 7-9 机坑里衬拼装

图 7-10 机坑里衬焊后尺寸验收

2. 机坑里衬监检项目及要求

机坑里衬监检项目及要求见表 7-4。

表 7-4 机坑里衬监检项目及要求

序号	监检项目	监检项目要求	监检方法
1	预备文件审查		
1.1	制造检查和试验计划审查	符合采购合同、图纸要求	R
1.2	无损检测人员资格审查	符合采购合同、图纸要求	R
1.3	焊工资格审查	符合采购合同要求	R
1.4	焊接工艺文件 WPS（附有焊接工艺评定记录 PQR）审查	符合工艺文件、图纸要求	R
2	原材料采购和检验，钢板材料材质文件（包括化学成分、机械性能、无损检测、交货状态等）	符合材料标准要求	R
3	机坑里衬焊接	符合工艺要求	P
3.1	钢板拼焊焊缝探伤检查	符合标准要求	W/R
3.2	机坑里衬焊接外观检查	符合图纸、标准要求	W/R
3.3	管节焊缝及附件焊缝探伤检查	符合标准要求	W/R
4	机坑里衬管节的尺寸和几何形状检查	符合图纸要求	W/R
5	喷砂	符合标准要求	W
6	涂漆及防护检查	符合图纸、标准要求	W/R
7	运输、包装及装箱清单等的检查	符合合同要求	R

注：R——文件见证；W——现场见证；H——停工待检；P——现场巡检。

7.1.5 座环

1. 座环结构和工艺特点

乌东德右岸电站座环结构设计较为复杂，工艺要求严格、精细。座环由上下环板、固定导叶、舌板、蜗壳尾节、过渡板、导流环板（导流环+导流板）焊接而成。为便于制造及运输，乌东德水电站右岸座环分4瓣制造，到工地再焊接成整体。上下环板一般采用抗层状撕裂的高强度钢板材料，乌东德右岸电站座环上下环板使用的钢板牌号为 Q500D-Z35、S355J2N-Z35 等。固定导叶采用锻件材料，座环固定导叶多种型线。乌东德右岸水电站座环过渡板使用钢板牌号为 SX610CF 的高强度低焊接裂纹敏感性钢板。

座环分瓣装焊中，要严格按图纸工艺技术要求，按规格、按顺序、按尺寸组焊成型。严格控制焊接变形和焊接质量，保证座环焊接结构尺寸。焊接完成后进行热处理并严格进行无损探伤检查，机加工前要对座环进行整体划线，划线工作在满足机加工要求的前提下，必须同时满足座环环板开档、过渡板开口及半径尺寸的要求。机加工一定要严格控制环板加工面径向水平、合缝面间隙（各瓣之间的把合面）、把合孔位置度（各瓣之间）。座环过流面需要大量手工铲磨，铲磨面的型线应符合图纸要求，表面应光滑无凸凹不平现象。

座环主要工艺流程：上下环板、过渡板、导流环下料、固定导叶型线加工→上下环板拼焊→上下环板与固定导叶焊接（见图7-11、图7-12）→上下环板与过渡板焊接→固定导叶与环板焊缝、过渡板焊缝过流面铲磨（见图7-13）→消应热处理→座环分瓣面加工→座环组圆预装（见图7-14）→配装导流环、舌板、蜗壳尾节→座环机加工（环板装配面、孔）→喷砂→涂漆（见图7-15、图7-16）、防护。

图7-11 座环1/4瓣装焊

图7-12 座环1/4瓣焊接

图7-13 座环固定导叶焊缝铲磨圆角检查

图7-14 座环组圆预装完成

图 7-15 座环喷漆

图 7-16 座环涂漆质量检查

2. 座环监检项目及要求

座环监检项目及要求见表 7-5。

表 7-5 座环监检项目及要求

序号	监检项目	监检项目要求	监检方法
1	预备文件审查		
1.1	制造检查和试验计划审查	符合采购合同、图纸要求	R
1.2	无损检测人员资格审查	符合采购合同、图纸要求	R
1.3	焊工资格审查	符合采购合同要求	R
1.4	焊接工艺文件 WPS（附有焊接工艺评定记录 PQR）审查	符合工艺文件、图纸要求	R
2	原材料采购和检验		
2.1	座环环板、固定导叶、过渡板、舌板等主要材料材质文件（包括化学成分、机械性能、无损检测、交货状态等）	符合材料标准要求	R
2.2	座环环板、固定导叶、过渡板材料理化性能复检（制造厂、业主方）	符合材料标准要求	R
3	座环分装配下料		
3.1	环板焊接	符合工艺要求	P
3.2	环板拼焊焊缝探伤检查	符合标准要求	W
3.3	过渡段、导流弧和舌板的成型	符合图纸要求	W
3.4	固定导叶加工		
3.4.1	固定导叶尺寸和几何形状检查（过流面用样板检查）	符合图纸要求	W/R
3.4.2	固定导叶探伤检查	符合标准要求	W/R
3.4.3	环板加工后外观检查	符合图纸要求	W

续表

序号	监检项目	监检项目要求	监检方法
4	分瓣座环环板和固定导叶装配尺寸检查	符合图纸、工艺文件要求	W/R
5	环板与固定导叶的焊接	符合工艺要求	P
5.1	环板与固定导叶间焊缝探伤检查	符合标准要求	W/R
5.2	环板和固定导叶焊接（分瓣）尺寸检查	符合图纸要求	W/R
6	过渡段焊接	符合工艺要求	P
6.1	过渡段焊接尺寸及焊缝外观检查	符合图纸、标准要求	W/R
6.2	过渡段与环板焊缝探伤检查	符合标准要求	W/R
7	分瓣座环焊接尺寸检查	符合图纸要求	W/R
8	消应热处理	符合工艺要求	R
9	热处理后探伤检查	符合标准要求	W/R
10	座环分瓣焊接尺寸检查	符合图纸要求	W/R
11	导流环预装及打硬标识	符合图纸要求	W
12	组圆出厂验收	符合采购合同、图纸、标准要求	W/R/H
13	座环上环板及密封环加工尺寸检查	符合图纸要求	W/R
14	最终外观检查	符合图纸要求	W
15	喷砂	符合标准要求	W
16	涂漆及防护检查	符合图纸、标准要求	W/R
17	运输、包装及装箱清单等的检查	符合合同要求	R

注：R——文件见证；W——现场见证；H——停工待检；P——现场巡检。

7.1.6 基础环

1. 基础环结构和工艺特点

基础环作为单独件与座环永久埋入二期混凝土中。基础环结构较为简单，采用钢板焊接，要求具有足够的强度和刚度，分两瓣制造。基础环预留补压缩空气的管口。作为底环的支承平面，与底环用螺栓连接（工地加工）。基础环设有转轮支承平面，能够支承水轮机轴、发电机轴和转轮的重量。该支承平面与转轮之间有足够的空隙，允许转轮的轴向移动，并能清扫主轴连接法兰止口。基础环下端提供合适的接口，以便与尾水管里衬的顶端焊接。基础环按永久埋入混凝土中设计，锚定在混凝土中，保证基础环上的荷载可靠地传至混凝土基础。

基础环主要工艺流程：上下环板、圆筒下料→拼焊及 NDT→上下环板与圆筒焊接（见图 7-17）及 NDT→热处理前焊接尺寸检查→热处理（或振动消应）→热处理（或振动消应）后焊接尺寸检查→热处理后 NDT→组圆加工底环安装螺孔、排水孔、灌浆孔、排气孔、补气孔、测压孔等（见图 7-18）→机加工尺寸检查→焊接拉锚、测压头、护盖→喷砂→清理、喷漆、防护。

图 7-17 基础环焊接

图 7-18 基础环机加工

2. 基础环监检项目及要求

基础环监检项目及要求见表 7-6。

表 7-6 基础环监检项目及要求

序号	监检项目	监检项目要求	监检方法
1	预备文件审查		
1.1	制造检查和试验计划审查	符合采购合同、图纸要求	R
1.2	无损检测人员资格审查	符合采购合同、图纸要求	R
1.3	焊工资格审查	符合采购合同要求	R
1.4	焊接工艺文件 WPS（附有焊接工艺评定记录 PQR）审查	符合工艺文件、图纸要求	R
2	原材料采购和检验，钢板材料材质文件（包括化学成分、机械性能、无损检测、交货状态等）	符合材料标准要求	R
3	基础环焊接	符合工艺要求	P
3.1	环板拼焊、圆筒拼焊焊缝探伤检查	符合标准要求	W/R
3.2	基础环焊接尺寸、外观检查	符合图纸、标准要求	W/R
3.3	基础环焊缝探伤检查	符合标准要求	W/R
4	在划线平台上 1/2 瓣基础环的尺寸和几何形状检查	符合图纸要求	W/R
5	消应处理（退火或振动）	符合工艺文件要求	R
6	消应后探伤检查	符合标准要求	W/R
7	机加工尺寸检查	符合图纸要求	W/R
8	喷砂	符合标准要求	W
9	最终外观检查	符合标准要求	W

续表

序号	监检项目	监检项目要求	监检方法
10	涂漆及防护检查	符合图纸、标准要求	W/R
11	运输、包装及装箱清单等的检查	符合合同要求	R

注：R——文件见证；W——现场见证；H——停工待检；P——现场巡检。

7.1.7 转轮

1. 转轮结构和工艺特点

水轮机转轮主要由上冠、下环、叶片等部件焊接而成，材料为04Cr13Ni4Mo。叶片必须采用五轴数控机床加工，上冠分三瓣（1大2小）、下环分两瓣铸造，上冠和下环采用数控机床加工，上冠设有与水轮机轴连接的法兰。

转轮过流表面应光滑，呈流线型，无裂纹、凹凸不平等缺陷。转轮的所有焊缝按买方批准的方法进行无损探伤检测。整体转轮在现场加工厂内进行消除应力处理。为保证水轮机安全稳定运行，确保转轮叶片不出现裂纹，转轮具有足够的刚度和强度，使其能够长期承受任何可能产生的作用在转轮上的最大水压力、动应力、离心力和压力脉动。

转轮泄水锥为连接在转轮的上冠底部作为引导水流的延伸部分，采用不锈钢材料制造，通过焊接连到转轮上冠的下端。泄水锥在结构设计上有利于大轴中心孔补气和减少尾水压力脉动。转轮上冠设有平压管路等泄压措施，以减少顶盖的水压力和向下的水推力。

转轮主要工艺流程：转轮材料业主方检测→转轮叶片粗加工后NDT及型线检查、上冠、下环铸件粗加工阶段NDT→上冠、下环精车，叶片精铣型线（见图7-19）并铲磨（见图7-20）→上冠、下环、叶片精加工后NDT（见图7-21）→上冠、下环、叶片精加工后型线及尺寸检查（见图7-22、图7-23、图7-24）→上冠、下环工地组圆焊接→上冠、下环焊接后NDT→上冠、下环、叶片装配、焊接（见图7-25）→焊接尺寸检查→叶片与上冠、下环焊缝圆角铲磨及样板检查→热处理前NDT→热处理→热处理后焊接尺寸检查→热处理后NDT→精车、精镗加工（见图7-26）→机加工尺寸检查→静平衡试验→出厂验收→泄水锥焊后NDT→清理、防护。

图7-19 转轮叶片型线加工

图7-20 转轮叶片型线铲磨

图7-21 转轮叶片表面PT探伤

图7-22 转轮叶片样板检查

图7-23 转轮下环加工尺寸检查

图7-24 转轮上冠加工尺寸检查

图7-25 转轮装配完成待焊接

图7-26 转轮镗联轴孔

2. 转轮监检项目及要求

转轮监检项目及要求见表7-7。

表 7-7 转轮监检项目及要求

序号	监检项目	监检项目要求	监检方法
1	预备文件审查		
1.1	制造检查和试验计划审查	符合采购合同、图纸要求	R
1.2	无损检测人员资格审查	符合采购合同、图纸要求	R
1.3	焊工资格审查	符合采购合同要求	R
1.4	焊接工艺文件 WPS（附有焊接工艺评定记录 PQR）审查	符合工艺文件、图纸要求	R
2	原材料采购和检验		
2.1	上冠、下环、叶片等主要材料材质文件（包括化学成分、机械性能、无损检测、交货状态等）	符合材料标准要求	R
2.2	上冠、下环、叶片材料理化性能复检（制造厂、业主方）	符合材料标准要求	R
3	叶片		
3.1	粗加工后探伤检查	符合标准要求	W/R
3.2	叶片加工后样板检查	符合图纸要求	W/R
3.3	叶片加工后激光测型检验	符合图纸要求	W/R
3.4	叶片正反面粗加工或粗磨后探伤检查	符合标准要求	W/R
3.5	叶片正反面精加工后探伤检查	符合标准要求	W/R
4	上冠、下环		
4.1	粗加工后探伤检查	符合标准要求	W/R
4.2	精加工后探伤检查	符合标准要求	W/R
4.3	精加工后型线及尺寸检查	符合图纸要求	W/R
5	转轮焊接	符合工艺要求	P
5.1	上冠与叶片划线定位	符合工艺文件要求	W/R
5.2	转轮焊前装配形位尺寸检查	符合图纸、工艺文件要求	W/R
5.3	转轮热处理前尺寸检查	符合图纸要求	W/R
5.4	转轮热处理前探伤检查	符合标准要求	W/R
5.5	转轮热处理前应力检测		W/R
5.6	转轮整体热处理	符合工艺文件要求	R
5.7	转轮热处理后尺寸、样板检查	符合图纸要求	W/R
5.8	转轮热处理后探伤检查	符合标准要求	W/R
5.9	转轮热处理后应力检测	符合图纸、工艺要求	W/R
6	转轮机加工		
6.1	镗模机加工尺寸检查	符合图纸要求	W/R
6.2	转轮镗孔前镗模找正检查（与主轴把合螺孔 20×ϕ245H7 模板共用）	符合工艺文件要求	W/R

续表

序号	监检项目	监检项目要求	监检方法
6.3	转轮整体机加工完成后尺寸检查	符合图纸要求	W/R
7	转轮静平衡试验	符合图纸、工艺文件要求	W/R
8	转轮泄水锥焊接后探伤检查	符合标准要求	W/R
9	转轮整体最终外观检查	符合图纸、标准要求	W
10	防护检查	符合图纸要求	W
11	运输、包装及装箱清单等的检查	符合合同要求	R

注：R——文件见证；W——现场见证；H——停工待检；P——现场巡检。

7.1.8 顶盖

1. 顶盖结构和工艺特点

顶盖是由钢板焊接而成的，能承受包括水锤压力的最大水压力、真空压力、最大水压脉动、径向推力和所有其他作用在它上面的力，还能支撑导水机构、导轴承、主轴密封和其他部件。顶盖焊缝多、结构复杂、焊接工作量大，焊接过程要严格控制结构尺寸及焊接质量，焊缝应根据图纸及合同要求做无损检测。顶盖配合尺寸多，对加工精度要求高，特别是导叶轴孔、止漏环、配合面、螺孔、管路孔等关键尺寸，为满足加工精度，顶盖导叶轴孔应采用与底环同镗或配镗加工。顶盖平压管还应在厂内进行打压试验。根据运输条件，顶盖分四瓣，应注意控制分瓣面间隙。顶盖制造完成后还应进行导水机构的预装试验。

顶盖主要工艺流程：顶盖外法兰材料业主方检测→下料→分项拼焊及NDT→整体组装焊接（见图7-27）→热处理前焊接尺寸检查（见图7-28）→热处理前NDT→热处理→热处理后焊接尺寸检查→热处理后NDT→焊接平衡管及打压试验→加工分瓣面及把合孔（见图7-29），并组圆加工止漏环、抗磨板装焊面→止漏环、抗磨板装焊面及塞焊孔加工→焊接止漏环、抗磨板，密封槽铺焊不锈钢→精铣分瓣面及把合孔→组圆精车（见图7-30）、精镗（见图7-31）→机加工尺寸检查（见图7-32）→装压导叶轴套→导水机构预装→喷砂→清理、喷漆、防护。

图7-27 顶盖1/4瓣焊接

图7-28 顶盖焊接尺寸检查

图 7-29 顶盖分瓣面加工

图 7-30 顶盖车序加工

图 7-31 顶盖镗导叶孔

图 7-32 顶盖加工尺寸检查

2. 顶盖监检项目及要求

顶盖监检项目及要求见表 7-8。

表 7-8 顶盖监检项目及要求

序号	监检项目	监检项目要求	监检方法
1	预备文件审查		
1.1	制造检查和试验计划审查	符合采购合同、图纸要求	R
1.2	无损检测人员资格审查	符合采购合同、图纸要求	R
1.3	焊工资格审查	符合采购合同要求	R
1.4	焊接工艺文件 WPS（附有焊接工艺评定记录 PQR）审查	符合工艺文件、图纸要求	R
2	原材料采购和检验		
2.1	钢板、不锈钢板、轴套等主要材料材质文件（包括化学成分、机械性能、无损检测、交货状态等）	符合材料标准要求	R

续表

序号	监检项目	监检项目要求	监检方法
2.2	外法兰材料理化性能复检(制造厂、业主方)	符合材料标准要求	R
3	顶盖分装配下料	符合工艺文件要求	P
4	拼焊焊缝探伤检查	符合标准要求	W/R
5	分4瓣组装焊接	符合图纸、工艺文件要求	P
6	热处理前1/4瓣顶盖的尺寸及外观检查	符合图纸要求	W/R
7	热处理前焊缝探伤检查	符合标准要求	W/R
8	消应热处理	符合工艺文件要求	R
9	热处理后焊缝探伤检查	符合标准要求	W/R
10	热处理后1/4瓣顶盖的尺寸及外观检查	符合图纸要求	W/R
11	顶盖油箱、平衡管焊接	符合图纸要求	P
12	油箱、平衡管焊缝探伤检查	符合标准要求	W/R
13	油箱尺寸检查	符合图纸要求	W/R
14	平衡管打压试验	符合图纸要求	W/R
15	粗加工后焊接上止漏环及抗磨板	符合图纸要求	P
16	止漏环及抗磨板焊接后焊缝探伤检查	符合标准要求	W/R
17	顶盖加工尺寸检查	符合图纸要求	W/R
18	加工后的焊缝探伤检查	符合标准要求	W/R
19	参与导水机构预装试验	符合图纸、标准要求	W/R
20	喷砂	符合标准要求	W
21	涂漆及防护检查	符合图纸、标准要求	W/R
22	运输、包装及装箱清单等的检查	符合合同要求	P

注:R——文件见证;W——现场见证;H——停工待检;P——现场巡检。

7.1.9 底环

1. 底环结构和工艺特点

底环是采用钢板焊接而成的,具有足够的强度和刚度,能安全可靠支撑最大水压力和所有作用在其上的其他负荷。底环止漏环尺寸、抗磨板平面尺寸、导叶轴孔尺寸精度要求高,为满足加工精度,对于底环上的导叶轴孔,卖方应采用与顶盖同镗或配镗加工,导叶轴孔有无油自润滑轴承,导叶轴孔位置设置有排水盒及相应的排水管路。根据运输条件,底环分二瓣,应注意控制分瓣面间隙。底环制造完成后,还应进行导水机构的预装试验。

底环主要工艺流程:下料→分项拼焊及NDT→整体组装焊接(见图7-33)→热处理前NDT→热处理前焊接尺寸检查→热处理→热处理后焊接尺寸检查→热处理后NDT→加工分瓣

面及把合孔（见图7-34），并组圆加工止漏环、抗磨板装焊面→加工止漏环、抗磨板装焊面及塞焊孔→焊接止漏环、抗磨板，密封槽铺焊不锈钢→焊接补气管→精铣分瓣面及把合孔→组圆精车（见图7-35）、精镗→机加工尺寸检查（见图7-36）→装压导叶轴套→导水机构预装→喷砂→清理、喷漆、防护。

图7-33 底环焊接

图7-34 底环分瓣加工

图7-35 底环车序加工

图7-36 底环导叶孔尺寸检查

2. 底环监检项目及要求

底环监检项目及要求见表7-9。

表7-9 底环监检项目及要求

序号	监检项目	监检项目要求	监检方法
1	预备文件审查		
1.1	制造检查和试验计划审查	符合采购合同、图纸要求	R
1.2	无损检测人员资格审查	符合采购合同、图纸要求	R
1.3	焊工资格审查	符合采购合同要求	R
1.4	焊接工艺文件WPS（附有焊接工艺评定记录PQR）审查	符合工艺文件、图纸要求	R

续表

序号	监检项目	监检项目要求	监检方法
2	原材料采购和检验，钢板、不锈钢板、轴套等主要材料材质文件（包括化学成分、机械性能、无损检测、交货状态等）	符合材料标准要求	R
3	底环分装配下料	符合工艺文件要求	P
4	拼焊焊缝探伤检查	符合标准要求	W/R
5	分2瓣组装焊接	符合工艺文件要求	P
5.1	热处理前焊接尺寸及外观检查	符合图纸、标准要求	W/R
5.2	热处理前探伤检查	符合标准要求	W/R
5.3	消应热处理	符合工艺文件要求	R
5.4	热处理后探伤检查	符合标准要求	W/R
5.5	热处理后焊接尺寸及外观检查	符合图纸、标准要求	W/R
6	抗磨板与止漏环、抗磨板装焊面加工尺寸检查	符合图纸要求	W/R
7	止漏环、抗磨板焊接后焊缝无损检测	符合标准要求	W/R
8	底环加工尺寸检查	符合图纸要求	W/R
9	加工面的焊缝探伤检查	符合标准要求	W/R
10	参与导水机构预装试验	符合图纸、标准要求	W/R
11	喷砂	符合标准要求	W
12	涂漆及防护检查	符合图纸要求	W/R
13	运输、包装及装箱清单等的检查	符合合同要求	R

注：R——文件见证；W——现场见证；H——停工待检；P——现场巡检。

7.1.10 活动导叶

1. 活动导叶结构和工艺特点

活动导叶采用 ZG04Cr13Ni4Mo 不锈钢电渣熔铸材料，共 24 件。导叶具有足够强度，保证在工作水头下全关时相邻导叶立面接触线无间隙或间隙满足合同要求。导叶轴径、导叶瓣体、导叶上下端面及当导叶关闭时相邻导叶的接触面要求进行精确加工，采用合理的加工方法确保导叶等高且上下端面互相平行并与导叶轴垂直正交。通过导叶臂、连接板与控制环连接，由控制环控制 24 个导叶同步开启与关闭。

活动导叶主要工艺流程：活动导叶原材料业主方检测→活动导叶锻件粗加工→粗车、粗铣后 NDT（见图 7-37）→精车长短轴及活动导叶瓣体端面→旋风铣加工活动导叶上、中、下段轴径→钻攻长端起吊螺孔→精铣活动导叶型线、搭接面→精磨型线、导叶瓣体与长短轴过渡 R 圆角→机加工尺寸检查、瓣体型线检查（见图 7-38、图 7-39）→精加工后 NDT→与导叶臂同钻铰（见图 7-40）→同铰尺寸检查→导水机构预装→清理、防护。

图 7-37 活动导叶加工后 MT 探伤

图 7-38 活动导叶尺寸检查

图 7-39 活动导叶型线样板检查

图 7-40 活动导叶与导叶臂同钻铰

2. 活动导叶监检项目及要求

活动导叶监检项目及要求见表 7-10。

表 7-10 活动导叶监检项目及要求

序号	监检项目	监检项目要求	监检方法
1	预备文件审查		
1.1	制造检查和试验计划审查	符合采购合同、图纸要求	R
1.2	无损检测人员资格审查	符合采购合同、图纸要求	R
2	原材料采购和检验		
2.1	活动导叶材料材质文件（包括化学成分、机械性能、无损检测、交货状态等）	符合材料标准要求	R
2.2	活动导叶材料理化性能复检（制造厂、业主方）	符合材料标准要求	R
3	导叶加工		
3.1	粗加工后探伤检查	符合标准要求	W/R

续表

序号	监检项目	监检项目要求	监检方法
3.2	精加工后探伤检查	符合标准要求	W/R
3.3	加工尺寸及形位公差检查	符合图纸要求	W/R
3.4	水力型线检查	符合图纸要求	W/R
3.5	外观、粗糙度检查	符合图纸要求	W/R
4	导叶与导叶臂同钻铰尺寸检查	符合图纸要求	W/R
5	参与导水机构预装	符合图纸、标准要求	W/R
6	部件打硬标记	符合工艺文件要求	W
7	包装保护检查	符合图纸要求	W
8	最终外观检查	符合图纸要求	W
9	运输、包装及装箱清单等的检查	符合合同要求	R

注：R——文件见证；W——现场见证；H——停工待检；P——现场巡检。

7.1.11 导叶操作机构

1. 导叶操作机构结构和工艺特点

导叶操作机构由控制环、导叶臂、连接板等组成。控制环由上下环板、圆筒、凸台焊接而成，整个控制环分为两瓣，导叶臂为铸钢材料，连接板采用钢板材料。由于控制环焊接工作量大，所以严格控制焊接变形是保证控制环焊接结构尺寸的关键。焊缝采用100%超声波探伤检查。机加工前要对控制环进行整体划线，划线工作在满足机加工要求的前提下，必须同时满足控制环把合板面和下环板24个小耳孔及2个大耳孔半径尺寸的要求。机加工一定要严格控制环板加工面径向水平、合缝面间隙（两瓣之间的把合面）、把合孔位置度（两瓣之间）等。

导叶操作机构主要工艺流程：

控制环：上下环板、壁板下料→分项拼焊及 NDT→整体组装焊接（见图 7-41、图 7-42）→热处理前 NDT→热处理前焊接尺寸检查→热处理→热处理后焊接尺寸检查→热处理后 NDT→加工分瓣面及把合孔→车序加工（见图 7-43）→加工大小耳孔→钻抗磨板把合孔并装抗磨板→机加工尺寸检查（见图 7-44）→喷砂→清理、喷漆、防护。

图 7-41 控制环装焊

图 7-42 控制环焊接筋板

图7-43 控制环车序加工

图7-44 控制环加工尺寸检查

导叶臂：铸件加工后NDT→加工尺寸检查→与活动导叶同钻铰→清理、喷漆、防护。

连接板：下料→连接板机加工→加工尺寸检查→与导叶臂同钻铰→清理、喷漆、防护。

2. 导叶操作机构监检项目及要求

导叶操作机构监检项目及要求见表7-11。

表7-11 导叶操作机构监检项目及要求

序号	监检项目	监检项目要求	监检方法
1	预备文件审查		
1.1	制造检查和试验计划审查	符合采购合同、图纸要求	R
1.2	无损检测人员资格审查	符合采购合同、图纸要求	R
1.3	焊工资格审查	符合采购合同要求	R
1.4	焊接工艺文件WPS（附有焊接工艺评定记录PQR）审查	符合工艺文件、图纸要求	R
2	原材料采购和检验，钢板、导叶臂、连接板等主要材料材质文件（包括化学成分、机械性能、无损检测、交货状态等）	符合材料标准要求	R
3	控制环装配焊接、机加工		
3.1	控制环分装配下料		
3.1.1	在控制环的上下环板、拼焊成型、校平	符合工艺文件要求	P
3.1.2	拼焊焊缝探伤检查	符合标准要求	W/R
3.2	整体焊接	符合工艺文件要求	P
3.2.1	焊接后外观及尺寸检查	符合图纸要求	W/R
3.2.2	热处理前焊缝探伤检查	符合标准要求	W/R

续表

序号	监检项目	监检项目要求	监检方法
3.2.3	消应热处理	符合工艺文件要求	R
3.2.4	热处理后焊缝探伤检查	符合标准要求	W/R
3.2.5	退火热处理后尺寸检查	符合图纸要求	W/R
3.2.6	机加工后尺寸及形位公差检查	符合图纸要求	W/R
3.2.7	喷砂	符合标准要求	W
3.2.8	涂漆及防护检查	符合图纸要求	W/R
4	导叶臂		
4.1	原材料材质文件审查（ZG275-485H）	符合材料标准要求	R
4.2	加工尺寸及形位公差检查	符合图纸要求	W/R
4.3	加工后探伤检查	符合标准要求	W/R
4.4	与活动导叶同钻铰尺寸检查	符合图纸要求	W/R
4.5	外观及标识检查	符合工艺文件要求	W
5	连接板		
5.1	原材料材质文件审查（Q235C）	符合材料标准要求	R
5.2	加工尺寸及形位公差检查	符合图纸要求	W/R
5.3	外观及标识检查	符合工艺文件要求	W
6	连接板加工后尺寸及形位公差检查	符合图纸要求	W/R
7	导叶臂与连接板同钻铰尺寸检查	符合图纸要求	W/R
8	最终外观检查	符合图纸要求	W
9	运输、包装及装箱清单等的检查	符合合同要求	R

注：R——文件见证；W——现场见证；H——停工待检；P——现场巡检。

7.1.12 导叶接力器

1. 导叶接力器结构和工艺特点

水轮机设置两个接力器，每个接力器由接力器缸、缸盖、活塞、活塞杆等组成。接力器缸和缸盖采用锻钢制造，并设有油管法兰连接件、填料箱或密封以防止活塞在任何位置时油的渗漏和活塞杆拉伤，并提供设施以确保对密封盘根充分润滑。活塞采用铸钢，活塞杆采用不锈钢锻钢并进行高精度抛光。采用组合式密封防止油通过活塞渗漏。

导叶接力器主要工艺流程：下料→各部件加工→探伤、尺寸检查（见图7-45）→接力器装配前内部清理→各部件厂内组装、试验（见图7-46）→接力器清理、涂漆、发运。

图7-45 接力器活塞加工尺寸检查

图7-46 接力器组装试验检查

2. 导叶接力器监检项目及要求

导叶接力器监检项目及要求见表7-12。

表7-12 导叶接力器监检项目及要求

序号	监检项目	监检项目要求	监检方法
1	预备文件审查		
1.1	制造检查和试验计划审查	符合采购合同、图纸要求	R
1.2	无损检测人员资格审查	符合采购合同、图纸要求	R
1.3	焊工资格审查	符合采购合同要求	R
1.4	焊接工艺文件WPS（附有焊接工艺评定记录PQR）审查	符合工艺文件、图纸要求	R
2	原材料采购和检验，钢板、锻件、密封件等主要材料材质文件（包括化学成分、机械性能、无损检测、交货状态等）	符合材料标准要求	R
3	接力器缸、缸盖、活塞、活塞杆单件加工后尺寸检查	符合图纸要求	W/R
4	接力器缸、缸盖、活塞、活塞杆加工后探伤检查	符合标准要求	W/R
5	接力器装配前清理检查	符合图纸要求	W
6	油质化验	符合采购合同要求	R
7	接力器装配后相关试验检查	符合图纸、标准要求	W/R
8	接力器涂漆检查	符合图纸要求	W/R
9	运输、包装及装箱清单等的检查	符合合同要求	R

注：R——文件见证；W——现场见证；H——停工待检；P——现场巡检。

7.1.13 主轴

1. 主轴结构和工艺特点

水轮机轴是连接转轮、发电机下端轴的部件，由上下法兰、轴领及轴身焊接而成，上下法兰、轴领材料为 20MnSX，轴身采用 S355J2N-Z35 钢板卷焊制成。为保证联轴孔同轴度，水轮机轴上下法兰联轴孔需用镗模进行镗孔加工。

主轴主要工艺流程：水轮机轴分段锻造→各段粗加工、轴身钢板卷制及焊接→水轮机轴焊接（见图 7-47）→热处理前 NDT（见图 7-48）→热处理→热处理后 NDT→热处理后焊接尺寸检查→水轮机轴精车（见图 7-49）→水轮机轴发电机端法兰加工（留量）（见图 7-50）→水轮机轴转轮端法兰与镗模同镗→精加工尺寸检查→水轮机轴清理、涂漆（见图 7-51）、包装（见图 7-52）、发运。

图 7-47 主轴焊接

图 7-48 主轴焊接后探伤检查

图 7-49 主轴车序加工

图 7-50 主轴镗法兰孔

图 7-51 主轴喷漆

图 7-52 主轴包装

2. 主轴监检项目及要求

主轴监检项目及要求见表 7-13。

表 7-13 主轴监检项目及要求

序号	监检项目	监检项目要求	监检方法
1	预备文件审查		
1.1	制造检查和试验计划审查	符合采购合同、图纸要求	R
1.2	无损检测人员资格审查	符合采购合同、图纸要求	R
1.3	焊工资格审查	符合采购合同要求	R
1.4	焊接工艺文件 WPS（附有焊接工艺评定记录 PQR）审查	符合工艺文件、图纸要求	R
2	原材料采购和检验		
2.1	主轴锻件、钢板主要材料材质文件（包括化学成分、机械性能、无损检测、交货状态等）	符合材料标准要求	R
2.2	主轴锻件、钢板材料理化性能复检（制造厂、业主方）	符合材料标准要求	R
2.3	主轴法兰、轴领（20MnSX）探伤检查	符合标准要求	W/R
2.4	轴身圆筒钢板卷板焊接后探伤检查	符合标准要求	W/R
3	主轴焊接后探伤检查	符合标准要求	W/R
4	消应热处理	符合工艺文件要求	R
5	热处理后探伤检查	符合标准要求	W/R
6	车序加工		
6.1	精车前探伤检查	符合标准要求	W/R
6.2	精车后尺寸、形位公差、粗糙度检查、标记	符合图纸要求	W/R
6.3	精车后探伤检查	符合标准要求	W/R
7	精镗转轮端孔尺寸检查（用镗模）	符合图纸要求	W/R
8	镗发电机端孔（留量）尺寸检查	符合图纸要求	W/R
9	上、下联轴螺栓（含销套）（35CrMo、34CrNi3Mo）		
9.1	原材料采购及检验		
9.1.1	联轴螺栓、销套材质文件（包括化学成分、机械性能、无损检测、交货状态等）	符合材料标准要求	R
9.1.2	联轴螺栓、销套材料理化性能复检（制造厂、业主方）	符合材料标准要求	R

续表

序号	监检项目	监检项目要求	监检方法
9.2	上、下联轴螺栓（含销套）粗加工后探伤检查	符合标准要求	W/R
9.3	上、下联轴螺栓（含销套）精加工尺寸检查	符合图纸要求	W/R
10	涂漆及防护检验	符合图纸要求	W/R
11	包装、发货及装箱单等检查	符合合同要求	R

注：R——文件见证；W——现场见证；H——停工待检；P——现场巡检。

7.1.14 水导轴承

1. 水导轴承结构和工艺特点

水导轴承结构是由水导轴承支架、内油箱、外油箱、水导瓦及推力支撑等部件组成，水导轴承支架与顶盖连接，水导瓦垂直放置于轴承支架上面，瓦面与水轮机轴配合，形成轴承转动副。水导瓦全部浸在上油箱的油内，油对水导瓦润滑的同时对瓦面降温。

水导轴承的工艺特点主要是：零件较多，各配合尺寸较多；水导轴承支架刚度要求较高，与水导瓦配合水平面平面度要求较高；水导轴承需要预装检查的工序较多；水导瓦与迷宫环的合金浇铸要求较高，钨金瓦面加工精度要求较高。

水导轴承主要工艺流程：轴承支架、油箱、支撑、底盖等钢板下料、成型→轴承支架焊接→NDT、尺寸检查→退火→退火后 NDT、尺寸检查→轴承支架、支撑、底盖、油箱加工→水导瓦坯加工→瓦面浇铸轴承合金→水导瓦精加工→瓦面 NDT 检查（见图 7-53）、尺寸检查→水导瓦与轴承支架厂内预装（见图 7-54）→油箱部件预装及煤油渗漏试验→部件清理、涂漆、包装、发运。

图 7-53 水导瓦加工后探伤检查

图 7-54 水导轴承局部预装

2. 水导轴承监检项目及要求

水导轴承监检项目及要求见表 7-14。

表 7-14 水导轴承监检项目及要求

序号	监检项目	监检项目要求	监检方法
1	预备文件审查		
1.1	制造检查和试验计划审查	符合采购合同、图纸要求	R
1.2	无损检测人员资格审查	符合采购合同、图纸要求	R
1.3	焊工资格审查	符合采购合同要求	R
1.4	焊接工艺文件 WPS（附有焊接工艺评定记录 PQR）审查	符合工艺文件、图纸要求	R
2	原材料采购和检验，钢板、轴承瓦坯、巴氏合金、管路等主要材料材质文件（包括化学成分、机械性能、无损检测、交货状态等）	符合材料标准要求	R
3	水导轴承		
3.1	导瓦精加工尺寸检查	符合图纸要求	W/R
3.2	导瓦精加工后探伤检查	符合标准要求	W/R
3.3	轴承支架热前、热后探伤检查	符合标准要求	W/R
3.4	轴承支架热前、热后尺寸检查	符合图纸要求	W/R
3.5	轴承支架、支撑、油箱、底盖等部件加工尺寸检查	符合图纸要求	W/R
3.6	水导轴承装配局部预装检查	符合图纸要求	W/R
3.7	油箱部件预装及渗漏试验	符合标准要求	W/R
3.8	导瓦、轴承支架涂漆、防护检查	符合图纸要求	W/R
4	水导油冷却器		
4.1	尺寸检查	符合图纸要求	W/R
4.2	压力试验	符合采购合同、图纸要求	W/R
4.3	涂漆及防护检查	符合图纸要求	W/R
5	运输、包装及装箱清单等的检查	符合合同要求	R

注：R——文件见证；W——现场见证；H——停工待检；P——现场巡检。

7.1.15 主轴密封

1. 主轴密封结构和工艺特点

主轴密封是通过移动环下平面与抗磨环加压接触实现非转动部分与转动部分的密封。移动环通过导向板与主轴密封支架相连接，密封支架与顶盖相连接。密封支架上方有密封水箱。导向板上有移动环限位及压力弹簧装置，同时装有测压头及清洁水管路。移动环与抗磨环接触面装有抗磨合成塑料。

主轴密封零件较多，除密封支架及移动环外，其余为分瓣分块制造，把合面较多。移动环需堆焊不锈钢层，焊接缺陷处理时间较长，同时移动环加工工艺较复杂。主轴密封部件需要预装部件较多，移动环厂内移动行程设定要求较高。

主轴密封主要工艺流程：密封支架下料→密封支架焊接→热处理前 NDT→热处理→热处理后 NDT→焊接尺寸检查→各部件分别加工→厂内预装（见图 7-55）→检修密封空气围带压力气密试验（见图 7-56）→拆解清理、涂漆、包装、发运。

图 7-55 主轴密封预装

图 7-56 检修密封空气围带压力气密试验

2. 主轴密封监检项目及要求

主轴密封监检项目及要求见表 7-15。

表 7-15 主轴密封监检项目及要求

序号	监检项目	监检项目要求	监检方法
1	预备文件审查		
1.1	制造检查和试验计划审查	符合采购合同、图纸要求	R
1.2	无损检测人员资格审查	符合采购合同、图纸要求	R
1.3	焊工资格审查	符合采购合同要求	R
1.4	焊接工艺文件 WPS（附有焊接工艺评定记录 PQR）审查	符合工艺文件、图纸要求	R
2	原材料采购和检验，钢板、密封环、浮动环、抗磨环、空气围带等主要材料材质文件（包括化学成分、机械性能、无损检测、交货状态等）	符合材料标准要求	R
3	焊接件焊缝探伤检查	符合标准要求	W/R
4	零部件尺寸检查	符合图纸要求	W/R
5	检修密封空气围带打压试验	符合图纸要求	W/R
6	厂内预装检查	符合图纸要求	W/R
7	涂漆及防护检查	符合图纸要求	W/R
8	运输、包装及装箱清单等的检查	符合合同要求	R

注：R——文件见证；W——现场见证；H——停工待检；P——现场巡检。

7.2 发电机部分——以白鹤滩右岸电站为例

白鹤滩右岸电站发电机主要由定子机座、定子铁心、定子线棒、转子支架、转子磁轭、转子磁极、发电机主轴、发电机上端轴、下机架、上机架、推力轴承、上导轴承、下导轴承、集电环装配等组成。

7.2.1 定子机座

1. 定子机座结构和工艺特点

白鹤滩右岸电站发电机定子机座为装焊结构,分 5 瓣制造,由斜立筋上立筋、斜立筋下立筋、上环板、7 层中环板、下环板及筋板等装配焊接而成;定子机座高近 7m,最大外圆直径约 20m,总重达 200t(见图 7-57)。

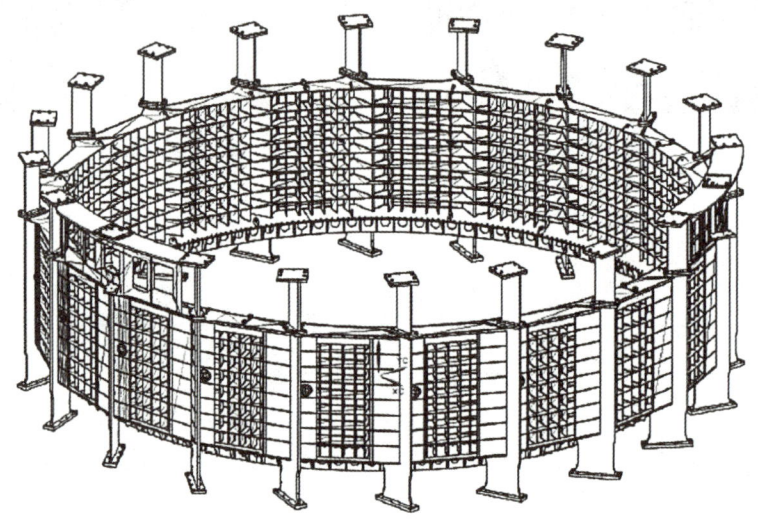

图 7-57 白鹤滩右岸电站发电机定子机座总装示意图

定子机座主要工艺流程如下:斜立筋上下立筋装配、焊接(见图 7-58、图 7-59)→退火处理→尺寸、探伤检查→斜立筋机加工与基础板加工把合孔→尺寸检查→定子机座组圆装配、焊接(见图 7-60)→尺寸、探伤检查→定子机座清理、涂漆(见图 7-61)、包装、发运。

图 7-58 斜立筋上立筋焊接

图 7-59 斜立筋下立筋焊接

图 7-60 定子机座整体装焊

图 7-61 定子机座分瓣涂漆

2. 定子机座监检项目及要求

定子机座监检项目及要求见表 7-16。

表 7-16 定子机座监检项目及要求

序号	监检项目	监检项目要求	监检方式
1	预备文件审查		
1.1	制造检查和试验计划审查	符合合同、监造协议要求	R
1.2	无损检测人员资格审查	符合合同、标准要求	R
1.3	焊接手册（附 WPS）	符合合同、标准要求	R
1.4	焊接人员资格审查	符合合同、标准要求	R
2	原材料采购和检验		
2.1	主要部位材质证明文件	符合合同、标准要求	R
3	斜立筋焊接退火前探伤检查	符合图纸、标准要求	R
4	斜立筋焊接后退火前尺寸检查	符合图纸要求	R
5	斜立筋热处理检查	符合图纸、标准要求	R
6	斜立筋焊接退火后探伤检查	符合图纸、标准要求	W/R
7	斜立筋焊接退火后尺寸检查	符合图纸要求	W/R
8	定子机座装配、焊接后尺寸检查	符合图纸要求	W/R
9	定子机座合缝面坡口完成后检查	符合图纸要求	P
10	无损检测	符合图纸、标准要求	W
11	定子机座涂漆检查	符合合同、标准要求	W/R
12	定子测圆架出厂验收	符合合同、图纸要求	W/R
13	运输、包装及装箱清单等的检查	符合合同、标准要求	W
14	设备发运的签发	符合合同、标准要求	R

注：R——文件见证；W——现场见证；H——停工待检；P——现场巡检。

7.2.2 定子铁心

1. 定子铁心结构和工艺特点

白鹤滩右岸电站发电机定子铁心主要由定子冲片、鸽尾筋、定子铁心拉紧螺杆、齿压板等组成。定子冲片由高导磁率、低损耗、无时效、优质冷轧薄硅钢片冲制而成，为保证工地叠装质量，首台定子冲片需要在厂内进行叠装检查（见图7-62）。

图7-62 白鹤滩右岸电站发电机定子冲片叠装检查

定子冲片工艺流程为：材料检验→业主方检验→冲片冲制→冲片去毛刺→冲片涂绝缘漆→检验、试验（见图7-63、图7-64、图7-65）→定子冲片包装、发运（见图7-66）。

图7-63 定子冲片尺寸检查

图7-64 定子冲片表面电阻检查

图 7-65 定子粘接片强度检查

图 7-66 定子冲片包装检查

2. 定子铁心监检项目及要求

定子铁心监检项目及要求见表 7-17。

表 7-17 定子铁心监检项目及要求

序号	监检项目	监检项目要求	监检方式
1	预备文件审查		
1.1	制造检查和试验计划审查	符合合同、监造协议要求	R
1.2	无损检测人员资格审查	符合合同、标准要求	R
1.3	焊接手册（附 WPS）	符合合同、标准要求	R
1.4	焊接人员资格审查	符合合同、标准要求	
2	原材料采购和检验		R
2.1	定子冲片材质证明文件（50W250）	符合合同、标准要求	R
2.2	定子通风槽片材质证明文件（含基片和通风槽钢）	符合合同、标准要求	R
2.3	定子定位筋材质证明文件	符合合同、标准要求	R
2.4	定子铁心拉紧螺杆材质证明文件	符合合同、标准要求	W/R
2.5	原材料业主方检测（定子冲片、定子拉紧螺杆）	符合合同、标准要求	W/R
2.6	材料原产地	符合合同要求	R
3	定子冲片		
3.1	定子冲片尺寸检查	符合图纸要求	W/R
3.2	定子冲片漆膜厚度检查	符合合同、图纸要求	W/R
3.3	定子冲片漆膜电阻检查	符合合同、图纸要求	W/R
3.4	定子粘接片质量检查	符合合同、图纸要求	W/R
3.5	定子冲片叠装检查（首台）	符合合同、图纸要求	W/R

续表

序号	监检项目	监检项目要求	监检方式
4	定子定位筋		
4.1	尺寸检查（含截面尺寸、平直和扭曲度、外观）	符合图纸要求	W/R
5	定子铁心拉紧螺杆		
5.1	尺寸检查（含平直度、光滑度、截面尺寸、外观等）	符合图纸要求	W/R
6	齿压板		
6.1	尺寸检查（含压指平面度、外观等）	符合图纸要求	W/R
7	绝缘盒出厂验收	符合合同、图纸要求	W/R
8	铜环引线放大样试验	符合合同、图纸要求	W/R
9	空气冷却器		
9.1	出厂验收	符合合同、图纸要求	W/R
10	运输、包装及装箱清单等的检查	符合合同、标准要求	R
11	设备发运的签发	符合合同、标准要求	R

注：R——文件见证；W——现场见证；H——停工待检；P——现场巡检。

7.2.3 定子线棒

1. 定子线棒结构和工艺特点

白鹤滩右岸电站发电机定子绕组由单根线棒组成，各支路并联，Y形连接，定子线棒绝缘为F级绝缘。白鹤滩线棒共1392根，分为上层和下层普通线棒、引出线棒，额定电压24kV，额定电压在目前已投产和在建水电机组中最高。

定子线棒主要工艺流程：导线编织→股线换位、垫制绝缘、组合→线棒直线固化（见图7-67）→线棒端部成型、胶化（见图7-68）→线棒焊接导电块（见图7-69）→线棒包主绝缘、防晕层等（见图7-70）→主绝缘模压（见图7-71）→线棒清理→尺寸检查、相关电气试验（见图7-72）→清理、涂漆、包装、发运。

图7-67 定子线棒直线固化

图7-68 定子线棒端部成型

图 7-69　定子线棒焊接导电块

图 7-70　定子线棒主绝缘包扎

图 7-71　定子线棒主绝缘模压

图 7-72　定子线棒电气试验

2. 定子线棒监检项目及要求

定子线棒监检项目及要求见表 7-18。

表 7-18　定子线棒监检项目及要求

序号	监检项目	监检项目要求	监检方式
1	预备文件审查		
1.1	制造检查和试验计划审查	符合合同、监造协议要求	R
1.2	无损检测人员资格审查	符合合同、标准要求	R
1.3	焊接手册（附 WPS）	符合合同、标准要求	R
1.4	焊接人员资格审查	符合合同、标准要求	R
2	原材料采购和检验		
2.1	主要部位材质证明文件（铜股线、绝缘材料）	符合合同、标准要求	R
2.2	材料原产地	符合合同要求	R
3	线棒直线固化后股间绝缘检查	符合合同、图纸要求	W

续表

序号	监检项目	监检项目要求	监检方式
4	线棒整体固化、清理后尺寸检查	符合图纸要求	W/R
5	线棒相关电气试验		
5.1	电晕试验（1.5倍额定电压内不起晕）	符合合同、标准要求	W/R
5.2	耐压试验（2.75U_n+6500V）	符合合同、标准要求	W/R
5.3	击穿试验（5.5倍额定电压内不击穿）	符合合同、标准要求	W/R
5.4	介损试验（0.2U_n，tanδ不大于1%；0.6U_n−0.2U_n，tanδ不大于0.5%）	符合合同、标准要求	W/R
6	线棒击穿试验	符合合同、图纸要求	W/R/H
7	线棒涂漆检查	符合合同、标准要求	W
8	运输、包装及装箱清单等的检查	符合合同、标准要求	W
9	设备发运的签发	符合合同、标准要求	R

注：R——文件见证；W——现场见证；H——停工待检；P——现场巡检。

7.2.4 转子支架

1. 转子支架结构和工艺特点

白鹤滩右岸电站发电机转子支架为装焊结构，主要由中心体和7瓣外环组件组成，高约3.9m，最大外圆直径约6.7m，重约420t。中心体由中心筒、上圆盘、下圆盘、立板、侧筋等装焊而成；外环组件由上、中、下环板和筋板等钢板装焊而成（见图7-73）。

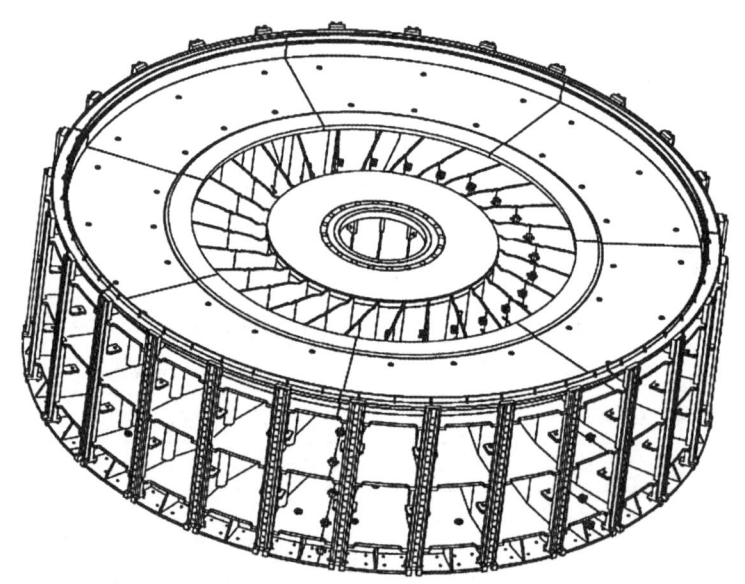

图7-73 白鹤滩右岸电站发电机转子支架总装示意图

转子支架主要工艺流程如下：

中心体：材料检验→业主方检验→中心体各项号下料、成型（见图7-74）→中心体装配、焊接（见图7-75、图7-76）→尺寸、探伤检查→退火处理→尺寸、探伤检查→中心体与外环组件厂内预装→喷砂、涂底漆→中心体加工（见图7-77）→加工尺寸检查→中心体清理、涂漆、包装、发运。

外环组件：各项号下料、成型→外环组件装配、焊接（见图7-78）→尺寸、探伤检查→退火处理→尺寸探伤检查→外环组件与中心体焊接序预装（见图7-79）→外环组件与中心体预装后加工制动环把合面（见图7-80）→尺寸检查→外环组件清理、涂漆、包装、发运（见图7-81）。

图7-74 中心体中心筒滚板成型

图7-75 中心体中心筒与上下圆盘装焊

图7-76 中心体焊接外侧立筋

图7-77 中心体加工

图7-78 外环组件装焊

图7-79 外环组件与中心体预装

图 7-80 外环组件与中心体预装后加工

图 7-81 外环组件包装发运

2. 转子支架监检项目及要求

转子支架监检项目及要求见表 7-19。

表 7-19 转子支架监检项目及要求

序号	监检项目	监检项目要求	监检方式
1	预备文件审查		
1.1	制造检查和试验计划审查	符合合同、监造协议要求	R
1.2	无损检测人员资格审查	符合合同、标准要求	R
1.3	焊接手册（附 WPS）	符合合同、标准要求	R
1.4	焊接人员资格审查	符合合同、标准要求	R
2	原材料采购和检验		
2.1	主要部位材质证明文件	符合合同、标准要求	R
2.2	原材料业主方检测（中心体上、下圆盘）	符合合同、标准要求	W/R
2.3	材料原产地	符合合同要求	R
3	转子中心体		
3.1	中心体焊接后退火前探伤检查	符合图纸、标准要求	W/R
3.2	中心体焊接后退火前尺寸检查	符合图纸要求	R
3.3	中心体热处理检查	符合图纸、标准要求	R
3.4	中心体焊接退火后探伤检查	符合图纸、标准要求	W/R
3.5	中心体焊接退火后尺寸检查	符合图纸要求	W/R
3.6	中心体加工尺寸检查	符合图纸要求	W/R
4	外环组件		
4.1	外环组件焊接后退火前探伤检查	符合图纸、标准要求	R
4.2	外环组件焊接后退火前尺寸检查	符合图纸要求	R
4.3	外环组件退火检查	符合图纸、标准要求	R

续表

序号	监检项目	监检项目要求	监检方式
4.4	外环组件退火后探伤检查	符合图纸、标准要求	W/R
4.5	外环组件退火后尺寸检查	符合图纸要求	R
4.6	外环组件与中心体焊接序预装检查（相关焊缝间隙、配合等）	符合图纸要求	W/R/H
4.7	外环组件与中心体解体后标识检查	符合工艺要求	W
4.8	外环组件与中心体解体后坡口探伤检查	符合标准、图纸要求	W
4.9	外环组件与中心体预装加工制动环把合面尺寸检查	符合图纸要求	W/R
5	制动环加工尺寸检查	符合图纸要求	W/R
6	转子主立筋加工尺寸检查	符合图纸要求	W/R
7	中心体、外环组件涂漆检查	符合合同、标准要求	W/R
8	转子测圆架出厂验收	符合合同、图纸要求	W/R
9	运输、包装及装箱清单等的检查	符合合同、标准要求	W
10	设备发运的签发	符合合同、标准要求	R

注：R——文件见证；W——现场见证；H——停工待检；P——现场巡检。

7.2.5 转子磁轭

1. 转子磁轭结构和工艺特点

白鹤滩右岸电站转子磁轭主要由磁轭片、磁轭拉紧螺杆、磁轭上下压板等组成。磁轭片采用高强度热轧薄钢板激光切割而成。为保证工地磁轭片叠装质量，首台磁轭片需要在厂内进行预装（见图7-82）。

图7-82 磁轭片叠装检查

磁轭片工艺流程为：材料检验→业主方检验→磁轭片激光切割→去毛刺→检验（见图7-83）→磁轭片清理、涂漆、包装、发运（见图7-84）。

图7-83 磁轭片尺寸检验

图7-84 磁轭片包装检查

2. 磁轭监检项目及要求

磁轭监检项目及要求见表7-20。

表7-20 磁轭监检项目及要求

序号	监检项目	监检项目要求	监检方式
1	预备文件审查		
1.1	制造检查和试验计划审查	符合合同、监造协议要求	R
1.2	无损检测人员资格审查	符合合同、标准要求	R
1.3	焊接手册（附WPS）	符合合同、标准要求	R
1.4	焊接人员资格审查	符合合同、标准要求	R
2	原材料采购和检验		
2.1	主要部件材质证明文件	符合合同、标准要求	R
2.2	原材料业主方检测（磁轭片、磁轭拉紧螺杆）	符合合同、标准要求	W/R
2.3	材料原产地	符合合同要求	R
3	磁轭片		
3.1	磁轭片首片切割后尺寸检查	符合图纸要求	W/R
3.2	磁轭片厂内叠装检查（首台）	符合合同、图纸要求	W/R
4	磁轭拉紧螺杆		
4.1	磁轭拉紧螺杆出厂验收（尺寸、平直度等）	符合合同、图纸要求	W/R
5	运输、包装及装箱清单等的检查	符合合同、标准要求	W
6	设备发运的签发	符合合同、标准要求	R

注：R——文件见证；W——现场见证；H——停工待检；P——现场巡检。

7.2.6 转子磁极

1. 转子磁极结构和工艺特点

白鹤滩右岸电站转子磁极由磁极铁心和磁极线圈装配而成。磁极铁心采用由拉紧螺杆紧固的高强度薄钢板制成，压力叠装，通过磁极上的"T"尾与磁轭上相应的键槽挂接。磁极线圈为 F 级绝缘，线圈材料为无氧退火铜排，磁极线圈由铜排经银铜焊接而成。

磁极工艺流程为：

磁极铁心生产（见图 7-85）：磁极压板加工、磁极冲片冲制→磁极铁心装压→装配、焊接阻尼环、阻尼条→尺寸检验。

磁极线圈生产（见图 7-86）：铜排下料→磁极线圈焊接→垫制匝间绝缘→热压→清理→尺寸检验、电气试验。

图 7-85　生产完成的磁极铁心

图 7-86　生产完成的磁极线圈

磁极线圈与磁极铁心装配（见图 7-87）→保温固化→电气试验（见图 7-88）→清理、涂漆、包装、发运。

图 7-87　磁极线圈与磁极铁心装配完成

图 7-88　磁极装配电气试验

2. 磁极监检项目及要求

磁极监检项目及要求见表 7-21。

表 7-21 磁极监检项目及要求

序号	监检项目	监检项目要求	监检方式
1	预备文件审查		
1.1	制造检查和试验计划审查	符合合同、监造协议要求	R
1.2	无损检测人员资格审查	符合合同、标准要求	R
1.3	焊接手册（附 WPS）	符合合同、标准要求	R
1.4	焊接人员资格审查	符合合同、标准要求	R
2	原材料采购和检验		
2.1	磁极主要部位材质证明文件（磁极线圈铜排、绝缘材料，磁极铁心压板、冲片、拉紧螺杆）	符合合同、标准要求	R
2.2	材料原产地	符合合同要求	R
3	磁极线圈		
3.1	磁极线圈热压后尺寸检查	符合图纸要求	W/R
3.2	磁极线圈匝间耐压试验（示波器波形）	符合合同、标准要求	W/R
4	磁极铁心		
4.1	磁极冲片冲制后尺寸检查	符合图纸要求	W/R
4.2	磁极铁心装压后尺寸检查	符合图纸要求	W/R
5	磁极装配后电气试验		
5.1	匝间耐压（示波器波形）	符合合同、标准要求	W/R
5.2	交流阻抗	符合合同、标准要求	W/R
5.3	直流电阻（极差比不大于 2%）	符合合同、标准要求	W/R
5.4	绝缘电阻（不小于 5MΩ）	符合合同、标准要求	W/R
5.5	交流耐压（$10U_n+1500V$）	符合合同、标准要求	W/R
6	磁极称重	符合合同、图纸要求	R
7	运输、包装及装箱清单等的检查		W
8	设备发运的签发	符合合同、标准要求	R

注：R——文件见证；W——现场见证；H——停工待检；P——现场巡检。

7.2.7 发电机主轴

1. 发电机主轴结构和工艺特点

白鹤滩右岸电站发电机主轴为锻件，采用分段锻造后再焊接成整体。发电机主轴上端和转子中心体相连接，另一端和水轮机轴相连。发电机主轴采用中空结构，与水轮机轴和转子中心体均采用以法兰结构进行连接，以销套结构传递扭矩的方式。

发电机主轴工艺流程为：发电机主轴分段锻造→材料检验→业主方检验→各段粗加工→

发电机主轴装焊（见图 7-89）→探伤检查→退火处理→探伤检查→发电机主轴加工（见图 7-90）→同镗法兰孔→尺寸检查→与水轮机主轴联轴找摆度（见图 7-91）→发电机主轴清理、涂漆、包装、发运（见图 7-92）。

图 7-89　发电机主轴焊接

图 7-90　发电机主轴加工

图 7-91　发电机主轴、水轮机主轴联轴找摆度

图 7-92　发电机主轴包装

2. 发电机主轴监检项目及要求

发电机主轴监检项目及要求见表 7-22。

表 7-22　发电机主轴监检项目及要求

序号	监检项目	监检项目要求	监检方式
1	预备文件审查		
1.1	制造检查和试验计划审查	符合合同、监造协议要求	R
1.2	无损检测人员资格审查	符合合同、标准要求	R
1.3	焊接手册（附 WPS）	符合合同、标准要求	R
1.4	焊接人员资格审查	符合合同、标准要求	R
2	原材料采购和检验		
2.1	发电机主轴材质证明文件	符合合同、标准要求	

续表

序号	监检项目	监检项目要求	监检方式
2.2	原材料业主方检测（含与转子中心体连接螺栓）	符合合同、标准要求	W/R
2.3	材料原产地	符合合同要求	R
3	发电机主轴拼焊后探伤检查	符合图纸、标准要求	W/R
4	发电机主轴热处理	符合图纸、标准要求	R
5	发电机主轴热处理后探伤检查	符合图纸、标准要求	W/R
6	发电机主轴车序加工后尺寸检查	符合图纸要求	W/R
7	发电机主轴车序加工后探伤检查	符合图纸、标准要求	W/R
8	发电机主轴与水轮机轴镗模同镗孔尺寸检查	符合图纸要求	W/R
9	发电机主轴涂漆检查	符合合同、标准要求	W/R
10	发电机主轴与转子中心体连接螺栓（含销套）		
10.1	探伤检查	符合图纸、标准要求	W/R
10.2	加工尺寸检查	符合图纸要求	R
10.3	螺栓与螺母预装检查	符合合同、图纸要求	W
11	涂漆检查	符合合同、标准要求	W/R
12	运输、包装及装箱清单等的检查	符合合同、标准要求	W
13	设备发运的签发	符合合同、标准要求	R

注：R——文件见证；W——现场见证；H——停工待检；P——现场巡检。

7.2.8 发电机上端轴

1. 发电机上端轴结构和工艺特点

白鹤滩右岸电站发电机上端轴装配由上端轴和滑转子热套而成，用于配置上导轴承、安装发电机励磁集电环。上端轴设有轴绝缘并具有在线绝缘监测、保护功能。

上端轴装配工艺流程为：材料检验→业主方检验→上端轴、滑转子加工（见图7-93、图7-94）→探伤、尺寸检查→装配轴绝缘相关部件→上端轴与滑转子热套（见图7-95）→绝缘测试→热套后精加工→探伤、尺寸检查（见图7-96）→清理、涂漆、包装、发运。

图7-93 上端轴加工

图7-94 滑转子加工

图 7-95　上端轴与滑转子热套完成

图 7-96　上端轴装配加工完成

2. 发电机上端轴监检项目及要求

发电机上端轴监检项目及要求见表 7-23。

表 7-23　发电机上端轴监检项目及要求

序号	监检项目	监检项目要求	监检方式
1	预备文件审查		
1.1	制造检查和试验计划审查	符合合同、监造协议要求	R
1.2	无损检测人员资格审查	符合合同、标准要求	R
1.3	焊接手册（附 WPS）	符合合同、标准要求	R
1.4	焊接人员资格审查	符合合同、标准要求	R
2	原材料采购和检验		
2.1	上端轴材质证明文件	符合合同、标准要求	R
2.2	原材料业主方检测	符合合同、标准要求	W/R
2.3	材料原产地	符合合同要求	R
3	上端轴		
3.1	上端轴探伤检查	符合图纸、标准要求	W/R
3.2	上端轴加工尺寸检查	符合图纸要求	W/R
4	滑转子		
4.1	滑转子探伤检查	符合图纸、标准要求	W/R
4.2	滑转子加工尺寸检查	符合图纸要求	W/R
5	上端轴与滑转子热套加工后探伤检查	符合图纸、标准要求	W/R
6	上端轴与滑转子热套加工后加工尺寸检查	符合图纸要求	W/R
7	上端轴装配绝缘测试	符合合同、标准要求	W/R
8	上端轴与转子中心体连接螺栓		
8.1	探伤检查	符合图纸、标准要求	W/R
8.2	加工尺寸检查	符合图纸要求	W/R
9	运输、包装及装箱清单等的检查	符合合同、标准要求	W
10	设备发运的签发	符合合同、标准要求	R

注：R——文件见证；W——现场见证；H——停工待检；P——现场巡检。

7.2.9 下机架

1. 下机架结构和工艺特点

白鹤滩右岸电站发电机下机架由中心体和支臂组成,中心体布置有下导轴承、推力轴承等。下机架中心体与支臂在工地组焊、加工,厂内只进行各部件下料、成型、拼焊等工作。

下机架工艺流程为:

中心体:材料检验→业主方检验→中心体各项号下料、成型(见图7-97)→中心体装配、焊接→尺寸、探伤检查→退火处理→尺寸、探伤检查(见图7-98)→中心体煤油渗漏试验→中心体与支臂预装→中心体加工→加工尺寸检查→中心体清理、涂漆。

图7-97 下机架中心体锥体焊接完成

图7-98 下机架中心体退火完成

支臂:各项号下料、成型→支臂装配、焊接(见图7-99)→尺寸、探伤检查→退火处理→尺寸、探伤检查→支臂与中心体预装(见图7-100)→支臂加工→加工尺寸检查→支臂清理、涂漆。

图7-99 下机架支臂焊接

图7-100 下机架中心体与支臂预装

2. 下机架监检项目及要求

下机架监检项目及要求见表7-24。

表 7-24 下机架监检项目及要求

序号	监检项目	监检项目要求	监检方式
1	预备文件审查		
1.1	制造检查和试验计划审查	符合合同、监造协议要求	R
1.2	无损检测人员资格审查	符合合同、标准要求	R
1.3	焊接手册（附 WPS）	符合合同、标准要求	R
1.4	焊接人员资格审查	符合合同、标准要求	R
2	原材料采购和检验		
2.1	主要部位材质证明文件	符合合同、标准要求	R
2.2	120mm 厚以上钢板原材料业主方检测取样	符合合同、标准要求	W/R
2.3	材料原产地	符合合同要求	R
3	下机架中心体		
3.1	中心体焊接后退火前探伤检查	符合图纸、标准要求	W/R
3.2	中心体焊接后退火前尺寸检查	符合图纸要求	R
3.3	中心体热处理检查	符合图纸、标准要求	R
3.4	中心体焊接退火后探伤检查	符合图纸、标准要求	W/R
3.5	中心体焊接退火后尺寸检查	符合图纸要求	W/R
3.6	中心体煤油渗漏试验	符合图纸、标准要求	W/R
3.7	中心体加工尺寸检查	符合图纸要求	W/R
3.8	中心体与相关部件预装（推力挡油管等）	符合图纸要求	W
4	支臂		
4.1	支臂焊接后退火前探伤检查	符合图纸、标准要求	R
4.2	支臂焊接后退火前尺寸检查	符合图纸要求	R
4.3	支臂退火检查	符合图纸、标准要求	R
4.4	支臂退火后探伤检查	符合图纸、标准要求	W/R
4.5	支臂退火后尺寸检查	符合图纸要求	R
4.6	支臂与中心体焊接序预装检查（相关焊缝间隙、配合等）	符合图纸要求	W/R/H
4.7	支臂与基础板同加工把合孔	符合图纸要求	W
5	中心体、支臂涂漆检查	符合合同、标准要求	W/R
6	运输、包装及装箱清单等的检查	符合合同、标准要求	W
7	设备发运的签发	符合合同、标准要求	R

注：R——文件见证；W——现场见证；H——停工待检；P——现场巡检。

7.2.10 上机架

1. 上机架结构和工艺特点

白鹤滩发电机上机架由中心体和20件支臂组成,中心体布置有上导轴承。上机架中心体与支臂在工地焊接成一体;为保证工地焊接质量,中心体与支臂需要在厂内进行预装。

上机架工艺流程为:

支臂:各项号下料、成型→支臂装配、焊接(见图7-101)→支臂与中心体厂内预装→支臂清理、涂漆、包装、发运。

中心体:中心体各项号下料、成型→中心体装配、焊接(见图7-102)→尺寸、探伤检查→退火处理→尺寸、探伤检查→中心体与支臂厂内预装(见图7-103)→中心体煤油渗漏试验→中心体加工(见图7-104)→加工尺寸检查→中心体清理、涂漆、包装、发运。

图7-101 下机架支臂焊接

图7-102 下机架中心体焊接

图7-103 下机架预装

图7-104 下机架中心体加工

2. 上机架监检项目及要求

上机架监检项目及要求见表7-25。

表 7-25　上机架监检项目及要求

序号	监检项目	监检项目要求	监检方式
1	预备文件审查		
1.1	制造检查和试验计划审查	符合合同、监造协议要求	R
1.2	无损检测人员资格审查	符合合同、标准要求	R
1.3	焊接手册（附 WPS）	符合合同、标准要求	R
1.4	焊接人员资格审查	符合合同、标准要求	R
2	原材料采购和检验		
2.1	主要部位材质证明文件	符合合同、标准要求	R
3	上机架中心体		
3.1	中心体焊接后退火前探伤检查	符合图纸、标准要求	W/R
3.2	中心体焊接后退火前尺寸检查	符合图纸要求	R
3.3	中心体退火检查	符合图纸、标准要求	R
3.4	中心体焊接退火后探伤检查	符合图纸、标准要求	W/R
3.5	中心体焊接退火后尺寸检查	符合图纸要求	W/R
3.6	中心体煤油渗漏试验	符合图纸、标准要求	W/R
3.7	中心体加工尺寸检查	符合图纸要求	W/R
3.8	中心体与上导油冷却器预装	符合图纸、标准要求	W
4	支臂		
4.1	支臂焊接后退火前探伤检查	符合图纸、标准要求	R
4.2	支臂焊接后退火前尺寸检查	符合图纸要求	R
4.3	支臂退火检查（如有）	符合图纸、标准要求	R
4.4	支臂退火后探伤检查	符合图纸、标准要求	W/R
4.5	支臂退火后尺寸检查	符合图纸要求	R
4.6	支臂与中心体焊接序预装检查（相关焊缝间隙、配合等）	符合图纸要求	W/R/H
5	中心体、支臂涂漆检查	符合合同、标准要求	W/R
6	运输、包装及装箱清单等的检查	符合合同、标准要求	W
7	设备发运的签发	符合合同、标准要求	R

注：R——文件见证；W——现场见证；H——停工待检；P——现场巡检。

7.2.11　推力轴承

1. 推力轴承结构和工艺特点

白鹤滩右岸电站发电机推力轴承主要由推力头和镜板、推力瓦装配、推力瓦支撑等组成；推力头为铸件，镜板为锻件；推力瓦采用双层瓦弹性柱销簧支撑方式，推力瓦为巴氏合金瓦；推力瓦支撑包括托盘、锥形支撑、承重螺栓等。

推力头与镜板工艺流程为：材料检验→业主方检验→推力头粗加工→推力头焊接内外环

管→推力头、镜板半精加工→推力头与镜板把合→推力头与镜板精加工（见图7-105、图7-106）→加工尺寸、探伤检查→清理、涂漆、包装、发运。

图7-105 推力头精加工

图7-106 镜板精加工

推力瓦装配工艺流程为：推力瓦瓦坯加工→推力瓦浇铸巴氏合金→推力瓦加工→探伤、尺寸检查（见图7-107）→推力托瓦（见图7-108）、弹性支柱、托盘等加工→推力瓦与厚瓦等装配→装配检查（见图7-109）→清理、涂漆、包装、发运。

图7-107 推力瓦尺寸检查

图7-108 加工完成的推力托瓦

图7-109 推力瓦装配检查

锥形支撑与承重螺栓工艺流程为：锥形支撑、承重螺栓毛坯进厂→锥形支撑、承重螺栓加工→探伤、加工尺寸检查→锥形支撑与承重螺栓预装（见图 7-110）→预装检查→清理、涂漆、包装、发运。

图 7-110　锥形支撑与承重螺栓装配

2. 推力轴承监检项目及要求

推力轴承监检项目及要求见表 7-26。

表 7-26　推力轴承监检项目及要求

序号	监检项目	监检项目要求	监检方式
1	预备文件审查		
1.1	制造检查和试验计划审查	符合合同、监造协议要求	R
1.2	无损检测人员资格审查	符合合同、标准要求	R
1.3	焊接手册（附 WPS）	符合合同、标准要求	R
1.4	焊接人员资格审查	符合合同、标准要求	R
2	原材料采购和检验		
2.1	材质证明文件		
2.1.1	推力头材质证明文件	符合合同、标准要求	R
2.1.2	镜板材质证明文件	符合合同、标准要求	R
2.1.3	推力瓦（瓦坯＋巴氏合金）、推力厚瓦、弹性支柱、托盘材质证明文件	符合合同、标准要求	R
2.1.4	锥形支撑和承重螺栓材质证明文件	符合合同、标准要求	R
2.2	原材料业主方检测（推力头、镜板）	符合合同、标准要求	W/R

续表

序号	监检项目	监检项目要求	监检方式
2.3	材料原产地		R
2.3.1	推力瓦	符合合同要求	R
2.3.2	推力头	符合合同要求	R
2.3.3	镜板	符合合同要求	R
2.3.4	推力轴瓦支撑	符合合同要求	R
3	推力头与镜板		
3.1	推力头探伤检查	符合图纸、标准要求	W/R
3.2	推力头加工尺寸检查	符合图纸要求	W/R
3.3	镜板探伤检查	符合图纸、标准要求	W/R
3.4	镜板硬度测试	符合图纸、标准要求	W/R
3.5	推力头与镜板把合加工后探伤检查	符合图纸、标准要求	W/R
3.6	推力头与镜板把合加工后尺寸检查	符合图纸要求	W/R
4	推力瓦装配		
4.1	推力瓦探伤检查	符合图纸、标准要求	W/R
4.2	推力瓦加工尺寸检查	符合图纸要求	W/R
4.3	托盘加工尺寸检查	符合图纸要求	R
4.4	推力瓦装配厂内预装检查	符合图纸要求	W/R
5	锥形支撑和承重螺栓		
5.1	锥形支撑探伤检查	符合图纸、标准要求	W/R
5.2	锥形支撑加工尺寸检查	符合图纸要求	W/R
5.3	承重螺栓探伤检查	符合图纸、标准要求	W/R
5.4	承重螺栓加工尺寸检查	符合图纸要求	W/R
5.5	锥形支撑与承重螺栓预装检查	符合图纸要求	W
6	推导油冷却器		
6.1	出厂验收（油压、水压试验）	符合合同、图纸要求	W/R
7	高压油顶起装置		
7.1	出厂验收（流量、压力试验等）	符合合同、图纸要求	W/R
8	各部件涂漆检查	符合合同、标准要求	W
9	运输、包装及装箱清单等的检查	符合合同、标准要求	W
10	设备发运的签发	符合合同、标准要求	R

注：R——文件见证；W——现场见证；H——停工待检；P——现场巡检。

7.2.12 上导轴承

1. 上导轴承结构和工艺特点

白鹤滩右岸电站发电机上导轴承布置在上机架中心体内,采用分块式巴氏合金瓦。

上导瓦工艺流程为:瓦坯进厂→瓦坯加工→浇铸巴氏合金→导瓦精加工→加工尺寸检查(见图7-111)、探伤检查→导瓦清理、涂漆、包装、发运。

上导油冷却器与上导挡油管预装见图7-112。

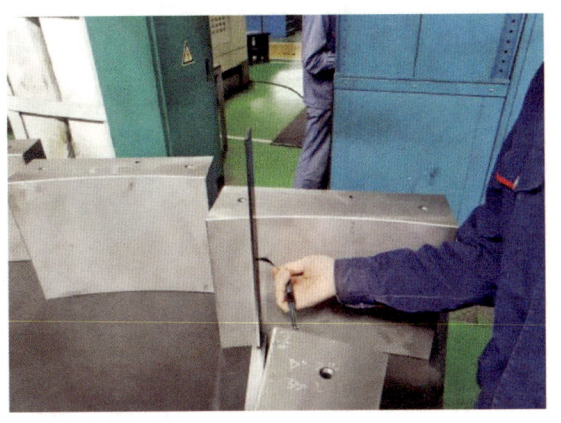

图7-111 上导瓦加工尺寸检查

图7-112 上导油冷却器与上导挡油管预装

2. 上导轴承监检项目及要求

上导轴承监检项目及要求见表7-27。

表7-27 上导轴承监检项目及要求

序号	监检项目	监检项目要求	监检方式
1	预备文件审查		
1.1	制造检查和试验计划审查	符合合同、监造协议要求	R
1.2	无损检测人员资格审查	符合合同、标准要求	R
1.3	焊接手册(附WPS)	符合合同、标准要求	R
1.4	焊接人员资格审查	符合合同、标准要求	R
2	原材料采购和检验		
2.1	主要材料材质证明文件(瓦坯、巴氏合金)	符合合同、标准要求	R
2.2	材料原产地	符合合同要求	R
3	上导瓦探伤检查	符合图纸、标准要求	W/R
4	上导瓦加工尺寸检查	符合图纸要求	W/R
5	上导油冷却器出厂验收	符合合同、图纸要求	W/R
6	上导油冷却器预装	符合图纸要求	W
7	导瓦涂漆检查	符合合同、标准要求	W
8	运输、包装及装箱清单等的检查	符合合同、标准要求	W
9	设备发运的签发	符合合同、标准要求	R

注:R——文件见证;W——现场见证;H——停工待检;P——巡视检查。

7.2.13 下导轴承

1. 下导轴承结构和工艺特点

白鹤滩右岸电站发电机下导轴承布置在下机架中心体内,与推力轴承共用一个油箱,采用分块式巴氏合金瓦,下导瓦带有油槽,油能自油槽通过轴瓦进行自循环而无需辅助油泵。

下导瓦工艺流程为:瓦坯进厂→瓦坯加工→浇铸巴氏合金→导瓦精加工→加工尺寸(见图7-113)、探伤检查→导瓦参与预装(见图7-114)→导瓦清理、涂漆、包装、发运。

图7-113 下导瓦加工尺寸检查

图7-114 下导瓦与楔板预装

2. 下导轴承监检项目及要求

下导轴承监检项目及要求见表7-28。

表7-28 下导轴承监检项目及要求

序号	监检项目	监检项目要求	监检方式
1	预备文件审查		
1.1	制造检查和试验计划审查	符合合同、监造协议要求	R
1.2	无损检测人员资格审查	符合合同、标准要求	R
1.3	焊接手册(附WPS)	符合合同、标准要求	R
1.4	焊接人员资格审查	符合合同、标准要求	R
2	原材料采购和检验		
2.1	主要材料材质证明文件(瓦坯、巴氏合金)	符合合同、标准要求	R
2.2	材料原产地	符合合同要求	R
3	下导瓦探伤检查	符合图纸、标准要求	W/R
4	下导瓦加工尺寸检查	符合图纸要求	W/R
5	导瓦涂漆检查	符合合同、标准要求	W
6	运输、包装及装箱清单等的检查	符合合同、标准要求	W
7	设备发运的签发	符合合同、标准要求	R

注:R——文件见证;W——现场见证;H——停工待检;P——巡视检查。

7.2.14 集电环装配

1. 集电环装配结构和工艺特点

白鹤滩右岸电站发电机集电环装配由集电环和支架组成,采用 F 级绝缘。

集电环装配工艺流程为:集电环毛坯来料、支架下料、焊接→集电环粗加工(见图 7-115)→集电环与支架等装配(见图 7-116)→集电环装配精加工→加工尺寸检查(见图 7-117)→清理、电气试验(见图 7-118)→清理、涂漆、包装、发运。

图 7-115 集电环粗加工完成

图 7-116 集电环与支架装配

图 7-117 集电环装配尺寸检查

图 7-118 集电环装配电气试验检查

2. 集电环装配监检项目及要求

集电环装配监检项目及要求见表 7-29。

表 7-29 集电环装配监检项目及要求

序号	监检项目	监检项目要求	监检方式
1	预备文件审查		
1.1	制造检查和试验计划审查	符合合同、监造协议要求	R
1.2	无损检测人员资格审查	符合合同、标准要求	R

续表

序号	监检项目	监检项目要求	监检方式
1.3	焊接手册（附 WPS）	符合合同、标准要求	R
1.4	焊接人员资格审查	符合合同、标准要求	R
2	原材料采购和检验		
2.1	主要部位材质证明文件	符合合同、标准要求	R
2.2	材料原产地（集电环材料）	符合合同要求	R
3	集电环装配精加工尺寸检查	符合图纸要求	W/R
4	集电环装配电气试验（绝缘电阻、交流耐压）	符合合同、标准要求	W/R
5	集电环装配涂漆检查	符合合同、标准要求	W
6	碳粉吸收装置	符合合同、标准要求	W
6.1	出厂验收（含刷架装配）	符合合同、标准要求	W/R
7	运输、包装及装箱清单等的检查	符合合同、标准要求	W
8	设备发运的签发	符合合同、标准要求	R

注：R——文件见证；W——现场见证；H——停工待检；P——巡视检查。

7.3 水泵水轮机部分——以长龙山抽水蓄能电站为例

长龙山抽水蓄能电站水泵水轮机主要包括：尾水锥管、尾水肘管、机坑里衬、座环、蜗壳、转轮、主轴、顶盖、底环、泄流环、活动导叶和导叶操作机构、接力器、主轴密封、水导轴承等。

7.3.1 尾水锥管

1. 锥管结构和工艺特点

本体使用 30mm 厚的 04Cr13Ni5Mo 材料，进水端内径 $\phi 1996.5$mm，出水端内径 $\phi 2176.4$mm，锥管高度 3120mm，整体交货。锥管下部设计有便于检修的进人门（进人门中心高程 122.9m，进人门布置在锥管的 $+X$、$+Y$ 侧）和检修平台孔，进人门座、门盖材料为 04Cr13Ni5Mo 马氏体不锈钢材料；在锥管相应部位设计有尾水管压气管接口、尾水管排水管接口、调相尾水管水位测量管接口、测压接头等。每套锥管共设计有 4 圈厚度为 30mm 的加筋环，其中上部 3 圈材料为 Q345B，下部一圈材料为 04Cr13Ni5Mo，加筋环间距按 380mm 布置；进水口设有 16 块厚度为 20mm、材料为 Q345B 的径向筋板均匀分布；锥管整体焊接完成后进行退火处理（进人门盖单独退火）；其他附件包括调整块、连接板、测压接头、内支撑等。

锥管制造工艺流程：钢板材料进场外观检查→数控下料→开焊缝坡口→瓦块卷板→管节组圆→组圆焊前结构尺寸检查→管节纵缝、环缝焊接→加强筋、锚钩附件装焊→焊缝无损检测(见图7-119)→管节焊后结构尺寸检查→退火→退火后焊缝无损检测→进人门框机加工(见图7-120)→装进人门盖→各形位尺寸验收(见图7-121)→表面喷砂除锈→底漆涂装→涂装中间漆、面漆涂装(见图7-122)→出厂验收→包装、发运。

图7-119 锥管焊缝无损检测

图7-120 锥管进人门框机加工

图7-121 锥管各形位尺寸验收

图7-122 锥管面漆涂装

2. 锥管监检项目及要求

锥管监检项目及要求见表7-30。

表7-30 锥管监检项目及要求

序号	监检项目	监检项目要求	监检方法
1	预备文件审查		
1.1	制造检查和试验计划审查	符合采购合同、图纸要求	R
1.2	无损检测人员资格审查	符合采购合同、图纸要求	R
1.3	焊工资格审查	符合采购合同要求	R
1.4	焊接工艺文件WPS(附有焊接工艺评定记录PQR)审查	符合工艺文件、图纸要求	R

续表

序号	监检项目	监检项目要求	监检方法
2	原材料采购和检验，钢板材料材质文件（包括化学成分、机械性能、无损检测、交货状态等）	符合材料标准要求	R
3	锥管焊接		
3.1	管体卷板	符合图纸要求	W/R
3.2	管体环缝、纵缝焊接	符合图纸、标准要求	P
3.3	焊缝无损检测	符合图纸、标准要求	W/R
3.4	焊接尺寸检查	符合图纸要求	W/R
3.5	退火消除应力	符合工艺要求	R
4	进人门焊接、机加工检查	符合图纸要求	W/R
5	进人门盖装配检查	符合图纸要求	W/R
6	防腐、涂装	符合图纸、标准要求	W/R
7	运输、包装及装箱清单等的检查	符合合同要求	R

注：R——文件见证；W——现场见证；H——停工待检；P——现场巡检。

7.3.2 尾水肘管

1. 肘管结构和工艺特点

截面由进水口半径1361.1mm的正圆形渐变至扩散段出口形状宽为5893.6mm、半径为935.2mm的扁圆形（弯肘段截面半径最大处为1455.3mm），肘管扩散段由进口扁圆形渐变至出口半径为ϕ2250mm正圆形（扩散段截面宽最大处为5925.3mm）。单套尾水肘管分11节制造，管壁厚度30mm，主体材料为Q345R，单套重量91 288kg。肘管按管节发货，其中弯肘段6节，组拼2个发货单元；扩散段分8节焊接，组拼4个交货单元；其中第1管节开2个ϕ222mm孔（接排水管孔、平压管孔）及3个压差测流孔；第2管节开2个ϕ278mm的均压管孔及1个ϕ78mm的水位测量管孔；第4交货单元设有6个测压接头及1个压力脉动接头；各管节均布置有加强环筋及锚钩；在弯肘段第4、5、6节及扩散段底部均布置有灌浆孔。加筋环选用Q345B钢板，厚度30mm，宽度300mm。每节肘管在厂内分别进行组装、焊接、整套预装，完成油漆涂装后交货。

肘管制造工艺流程：钢板材料进场外观检查→数控下料→开焊缝坡口→瓦块拼接焊接→焊缝无损检测（拼板焊缝处理、焊缝无损检测复验）→瓦块卷板→管节组圆→组圆焊前结构尺寸检查→管节纵缝、环缝焊接（见图7-123）→加强筋、锚钩附件装焊→焊缝无损检测→管节焊后结构尺寸检查（见图7-124）→整套管节预装尺寸检查（见图7-125）→表面喷砂除锈→底漆涂装（见图7-126）→涂装中间漆、面漆涂装→出厂验收→包装、发运。

图 7-123 扩散段探伤

图 7-124 弯肘段尺寸检查

图 7-125 肘管整体预装尺寸检测

图 7-126 肘管涂底漆完成

2. 肘管监检项目及要求

肘管监检项目及要求见表 7-31。

表 7-31 肘管监检项目及要求

序号	监检项目	监检项目要求	监检方法
1	预备文件审查		
1.1	制造检查和试验计划审查	符合采购合同、图纸要求	R
1.2	无损检测人员资格审查	符合采购合同、图纸要求	R
1.3	焊工资格审查	符合采购合同要求	R
1.4	焊接工艺文件 WPS（附有焊接工艺评定记录 PQR）审查	符合工艺文件、图纸要求	R
2	原材料采购和检验，钢板材料材质文件（包括化学成分、机械性能、无损检测、交货状态等）	符合材料标准要求	R
3	肘管焊接		

续表

序号	监检项目	监检项目要求	监检方法
3.1	瓦块拼板焊接	符合图纸、标准要求	P
3.2	瓦块卷板	符合图纸要求	W/R
3.3	焊缝无损检测	符合图纸、标准要求	W/R
3.4	单节焊接尺寸检查	符合图纸要求	W/R
3.5	整体预装尺寸检查	符合图纸要求	H
4	防腐、涂装	符合图纸、标准要求	W/R
5	运输、包装及装箱清单等的检查	符合合同要求	R

注：R——文件见证；W——现场见证；H——停工待检；P——现场巡检。

7.3.3 机坑里衬

1. 机坑里衬结构和工艺特点

机坑里衬为钢板焊接件，由座环处起延伸到发电电动机下机架，浇注混凝土时，作为模板使用，主要材料为 Q235B。里衬本体钢板板厚为 12mm，机坑里衬的内径为 ϕ7300 mm，高度为 8007mm，单套重量 35 000kg；每套机坑里衬在厂内分三段，机坑里衬上段设置有 2 个方法兰、8 个灯盒、拉锚焊接座、线缆套管等，机坑里衬下段设置有 2 个接力器坑衬、16 个各种管道连接法兰、排水管拦污栅、测压接头等；进人门廊道位于 +X 轴、机坑里衬中下段间，由工地开孔；机坑里衬每段分两瓣进行组装焊接，油漆涂装后发货，工地通过螺栓把合组圆。

机坑里衬制造工艺流程：主要原材料材质证书审核→钢板材料进场外观检查→数控下料→开焊缝坡口→瓦块卷板→管节组圆→接力器盒装配→组拼焊前结构尺寸检查（见图 7 - 127、图 7 - 128）→管节焊接（见图 7 - 129）→加强筋、锚钩附件装焊→焊缝无损检测→管节焊后结构尺寸检查→表面喷砂除锈→底漆涂装→涂装中间漆、面漆涂装→补涂油漆→出厂验收→包装标识→管节发运（见图 7 - 130）。

图 7 - 127 机坑里衬下段尺寸检查

图 7 - 128 机坑里衬中段尺寸检查

第 7 章 水轮发电机组设备监造质量控制实例

图 7-129 机坑里衬上段焊接

图 7-130 机坑里衬发运出厂

2. 机坑里衬监检项目及要求

机坑里衬监检项目及要求见表 7-32。

表 7-32 机坑里衬监检项目及要求

序号	监检项目	监检项目要求	监检方法
1	预备文件审查		
1.1	制造检查和试验计划审查	符合采购合同、图纸要求	R
1.2	无损检测人员资格审查	符合采购合同、图纸要求	R
1.3	焊工资格审查	符合采购合同要求	R
1.4	焊接工艺文件 WPS（附有焊接工艺评定记录 PQR）审查	符合工艺文件、图纸要求	R
2	原材料采购和检验，钢板材料材质文件（包括化学成分、机械性能、无损检测、交货状态等）	符合材料标准要求	R
3	机坑里衬焊接		
3.1	瓦块拼板焊接	符合图纸、标准要求	P
3.2	瓦块卷板	符合图纸要求	W/R
3.3	焊缝无损检测	符合图纸、标准要求	W/R
3.4	机坑里衬单节装配尺寸检查	符合图纸要求	W/R
3.5	机坑里衬接力器盒装配尺寸检查	符合图纸要求	W/R
4	防腐、涂装	符合图纸、标准要求	W/R
5	运输、包装及装箱清单等的检查	符合合同要求	R

注：R——文件见证；W——现场见证；H——停工待检；P——现场巡检。

7.3.4 座环与蜗壳

1. 座环与蜗壳结构和工艺特点

座环采用固定导叶不穿过上、下环板的结构,由上、下环板与 16 个固定导叶刚性地连接到一起组成。上、下环板采用优质抗撕裂环形钢板焊接制成。固定导叶翼型经加工而成。蜗壳在厂里进行整体挂装,与座环焊接成整体,座环分成两瓣,分瓣座环在工厂内进行整体预装配。

座环与蜗壳工艺流程为:材料检验→业主方检验→环板下料、拼焊→消氢处理→探伤→退火→探伤→环板、固定导叶加工→环板与固定导叶装焊(见图 7-131)→消氢处理→退火→探伤检查(见图 7-132)→其余项号下料、成型→蜗壳下料、卷板、管节装焊(见图 7-133、图 7-134)→座环挂装蜗壳→蜗壳焊接、焊缝铲磨→消氢处理→探伤→座环退火处理→座环尺寸、探伤检查(见图 7-135)→座环喷砂、清理、涂底漆(见图 7-136)→座环合缝面加工(见图 7-137)→座环组圆车序加工→座环尺寸检查→座环镗序加工(见图 7-138)→尺寸检查→业主验收→座环清理、涂面漆→座环发运。

图 7-131 座环固定导叶装配

图 7-132 座环固定导叶焊缝无损检测

图 7-133 挂装蜗壳

图 7-134 蜗壳成型检查

图 7-135 固定导叶焊缝 R 圆角检查

图 7-136 底漆涂装

图 7-137 合缝面加工

图 7-138 顶盖把合螺栓孔加工

2. 座环与蜗壳监检项目及要求

座环与蜗壳监检项目及要求见表 7-33。

表 7-33 座环与蜗壳监检项目及要求

序号	监检项目	监检项目要求	监检方式
1	预备文件审查		
1.1	制造检查和试验计划审查	符合合同、监造协议要求	R
1.2	无损检测人员资格审查	符合合同、标准要求	R
1.3	焊接工艺卡（附 WPS）	符合标准要求	R
1.4	焊接人员资格审查	符合合同、标准要求	R
2	原材料采购和检验		
2.1	座环环板（SXQ500D-Z35）		
2.1.1	化学分析	符合合同、标准要求	R
2.1.2	机械性能	符合合同、标准要求	R

续表

序号	监检项目	监检项目要求	监检方式
2.1.3	材料原产地	符合合同要求	R
2.1.4	业主方检测	符合图纸、标准要求	R
2.1.5	无损检测	符合图纸、标准要求	R
2.1.6	拼焊（WPS、PQR、焊工资格证、焊缝外观及尺寸、焊缝无损检测、消氢、热处理）	符合图纸、标准要求	R
2.2	座环固定导叶（SXQ550D－Z35）		
2.2.1	化学分析	符合图纸、标准要求	R
2.2.2	机械性能	符合图纸、标准要求	R
2.2.3	材料原产地	符合合同要求	R
2.2.4	业主方检测	符合图纸、标准要求	R
2.2.5	无损检测	符合图纸、标准要求	R
2.3	大舌板（SXQ550D-Z35）		
2.3.1	化学分析	符合图纸、标准要求	R
2.3.2	机械性能	符合图纸、标准要求	R
2.3.3	无损检测	符合图纸、标准要求	R
2.3.4	业主方检测	符合图纸、标准要求	R
2.4	蜗壳（SX780CF）		
2.4.1	化学分析	符合图纸、标准要求	R
2.4.2	机械性能	符合图纸、标准要求	R
2.4.3	材料原产地	符合合同要求	R
2.4.4	业主方检测	符合图纸、标准要求	R
2.4.5	无损检测	符合图纸、标准要求	R
2.5	Q235、Q345钢		
2.5.1	化学分析	符合图纸、标准要求	R
2.5.2	机械性能	符合图纸、标准要求	R
2.5.3	无损检测	符合图纸、标准要求	R
3	座环分装配下料、蜗壳下料、卷板	符合图纸、标准要求	P
4	蜗壳坡口无损检查	符合图纸、标准要求	P
5	固定导叶加工	符合图纸要求	P
6	蜗壳成型尺寸检查	符合图纸、标准要求	W
7	固定导叶尺寸和几何形状检查及无损检查（过流面用型线样板检查）	符合图纸、标准要求	W/R

续表

序号	监检项目	监检项目要求	监检方式
8	舌板成型	符合图纸、标准要求	P
9	焊接前，环板尺寸和平面度检查	符合图纸、标准要求	P
10	环板和固定导叶的装配	符合图纸要求	P
11	焊前装配尺寸检查	符合图纸要求	W
12	环板与固定导叶的焊接	符合标准要求	P
13	打磨环板与固定导叶间焊缝 R 圆角	符合图纸要求	P
14	环板与固定导叶间焊缝外观及尺寸检查	符合图纸要求	P
15	消氢后，环板与固定导叶间焊缝 NDT 检查		
15.1	MT 或 PT	符合图纸、标准要求	W/R
15.2	UT	符合图纸、标准要求	W/R
15.3	座环长焊部位打磨后探伤（PT 或 MT）	符合图纸、标准要求	W
16	1/2 座环焊后在划线平台上进行尺寸和几何形状检查	符合图纸要求	W
17	装配舌板、蜗壳等部件	符合图纸要求	P
18	舌板、蜗壳等部件焊接坡口检查		
18.1	尺寸	符合图纸要求	P
18.2	外观	符合图纸要求	P
18.3	MT 或 PT	符合图纸、标准要求	W
19	舌板、蜗壳等部件焊接前在划线平台上进行尺寸和几何形状检查	符合图纸要求	P
20	舌板、蜗壳等部件装焊	符合图纸要求	P
21	舌板、蜗壳等部件焊接	符合图纸要求	P
22	舌板、蜗壳焊缝无损检测	符合图纸、标准要求	W/R
23	热处理前 1/2 瓣尺寸检查	符合图纸要求	P
24	热处理	符合标准要求	R
25	喷丸、涂底漆检查	符合图纸、标准要求	W
26	部件打硬标记	符合合同、图纸要求	P
27	退火处理后 NDT 检查		W/R
27.1	MT 或 PT	符合图纸、标准要求	W/R
27.2	UT	符合图纸、标准要求	W/R

续表

序号	监检项目	监检项目要求	监检方式
27.3	座环拉筋、加强筋等割除后，与本体接触部位打磨后探伤检查（PT 或 MT）	符合图纸、标准要求	P
28	焊缝尺寸和外观质量检查	符合图纸、标准要求	W
29	座环加工尺寸检查		
29.1	镗序尺寸检查	符合图纸要求	W/R
29.2	车序尺寸检查	符合图纸要求	W/R
30	在划线平台上进行尺寸和几何形状检查；组圆后的整体尺寸检查；合缝面检查，无损检测	符合合同、图纸、标准要求	W/R/H
31	蜗壳试压环、闷头		
31.1	化学分析	符合图纸、标准要求	R
31.2	机械性能	符合图纸、标准要求	R
31.3	无损检测	符合图纸、标准要求	R
32	外观清理、涂漆	符合合同、图纸、标准要求	W/R
33	设备发运的签发	符合合同要求	W

注：R——文件见证；W——现场见证；H——停工待检；P——现场巡检。

7.3.5 转轮

1. 转轮结构和工艺特点

转轮为铸焊结构，主要由上冠、下环、10 片叶片（5 长 +5 短）、泄水锥组成。上冠、下环、叶片均为不锈钢铸件，采用 ZG04Cr13Ni5Mo 抗磨蚀、抗空化和具有良好的焊接性能的不锈钢材料以 VOD 或 AOD 精炼铸造。泄水锥连接在转轮的上冠底部，作为引导水流的延伸部分，采用 ZG04Cr13Ni5Mo 不锈钢材料制造，通过焊接连到转轮上冠的下端。转轮上冠与 1/2 叶片铸造成一体；为便于焊接，下环分为内环和外环，分别与 1/2 叶片一体铸造。转轮整体装配时，下环内环与上冠 1/2 叶片对接焊缝焊接成一体，焊缝铲磨、探伤合格后，再焊接下环外环 1/2 叶片对接焊缝及下环内环与外环对接焊缝，焊缝铲磨、探伤合格后，再进行消氢、退火处理。

转轮工艺流程为：上冠、下环铸造（各带 1/2 叶片）（见图 7 - 139）→材料检验→业主方检验→打磨→尺寸、探伤检查→上冠与下环内环装配（见图 7 - 140）→焊前装配尺寸、水力尺寸检查→叶片对接焊缝铲磨→焊后尺寸、探伤检查（见图 7 - 141）→上冠与下环外环装配→叶片对接焊缝焊接→下环内环、外环对接焊缝焊接→焊缝铲磨→尺寸、探伤检查→热处理→尺寸、探伤检查→转轮加工（见图 7 - 142）→加工尺寸检查（见图 7 - 143）→转轮静平衡试验（见图 7 - 144）→转轮焊接泄水锥→探伤→转轮包装、发运。

图7-139 转轮上冠叶盘毛坯件

图7-140 转轮装配

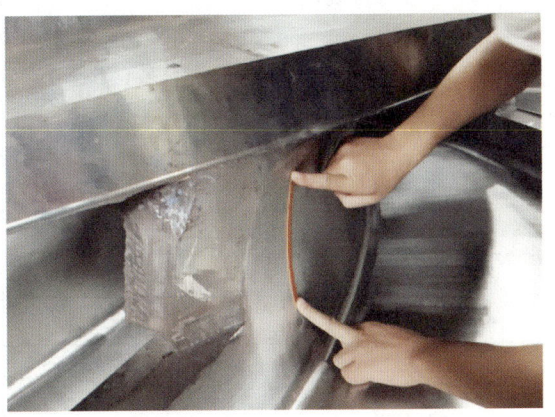
图7-141 转轮过流面检查

图7-142 转轮机加工

图7-143 转轮机加工尺寸检查

图7-144 转轮静平衡

2. 转轮监检项目及要求

转轮监检项目及要求见表7-34。

表 7-34 转轮监检项目及要求

序号	监检项目	监检项目要求	监检方式
1	预备文件审查		
1.1	制造检查和试验计划审查	符合合同、监造协议要求	R
1.2	无损检测人员资格审查	符合合同、标准要求	R
1.3	焊接手册（附 WPS）	符合标准要求	R
1.4	焊接人员资格审查	符合合同、标准要求	R
2	原材料采购和检验		
2.1	上冠叶盘、下环叶盘		
2.1.1	材质证明文件（ZG04Cr13Ni5Mo）	符合合同、标准要求	R
2.1.2	原材料业主方检测	符合合同、标准要求	R
2.1.3	材料原产地（上冠叶盘）	符合合同要求	R
2.1.4	材料原产地（下环叶盘）	符合合同要求	R
2.2	泄水锥材料材质证明文件	符合图纸、标准要求	R
3	上冠与下环铸造后探伤检查（含叶片）	符合图纸、标准要求	W/R
4	转轮上冠与下环内环装配后焊接前尺寸检查	符合图纸、标准要求	W
5	转轮上冠与下环内环焊接（叶片对接焊缝）	符合标准要求	P
6	转轮上冠与下环内环焊接后尺寸、型线等检查	符合图纸、标准要求	W
7	转轮上冠与下环内环焊接后探伤检查	符合图纸、标准要求	W/R
8	转轮上冠与下环外环焊接（叶片对接焊缝）	符合标准要求	P
9	转轮上冠与下环外环焊接后尺寸、型线等检查	符合图纸、标准要求	W
10	转轮上冠与下环外环焊接后探伤检查（叶片对接焊缝）	符合图纸、标准要求	W
11	转轮下环内环与外环对接焊缝焊后尺寸、型线检查	符合图纸、标准要求	W/R
12	转轮下环内环与外环对接焊缝焊后探伤检查	符合图纸、标准要求	W/R
13	转轮热处理检查	符合标准要求	R
14	转轮焊接热处理后探伤检查	符合图纸、标准要求	W/R
15	转轮焊接热处理后尺寸检查	符合图纸、标准要求	W/R
16	转轮焊接热处理后流道打磨后尺寸、型线等检查	符合图纸、标准要求	W

续表

序号	监检项目	监检项目要求	监检方式
17	转轮加工尺寸检查（含车序、镗孔序）	符合图纸、标准要求	W/R/H
18	转轮配重块焊缝焊接后探伤检查	符合标准要求	P
19	转轮静平衡试验	符合合同、图纸、标准要求	W/R/H
20	转轮泄水锥焊接后探伤检查	符合图纸、标准要求	W/R
21	镗模		
21.1	粗加工时效时间检查	符合图纸、标准要求	R
21.2	加工尺寸检查（含车序、镗孔序）	符合图纸、标准要求	W/R
22	运输、包装及装箱清单等的检查	符合合同、图纸、标准要求	W/R
23	设备发运的签发	符合合同要求	P

注：R——文件见证；W——现场见证；H——停工待检；P——现场巡检。

7.3.6 顶盖

1. 顶盖结构和工艺特点

顶盖采用钢板焊接结构，其应能承受轴向和径向水压力，并能支承导水机构、导轴承、主轴密封和其他部件。顶盖设有外法兰，采用优质的SXQ345C钢板，用螺栓和定位销与座环的上环板连接。顶盖分瓣面配有定位销，并设置有密封槽和橡皮密封件。分瓣面在工地用预应力螺栓把合，不在现场进行结构焊接。顶盖内布置有平压管，并在工厂内进行打压试验。顶盖分2瓣，并应在工厂内进行预装。

顶盖工艺流程为：材料检验→业主方检验→各项号下料、成型→分瓣装配、焊接（见图7－145、图7－146）→消氢后、尺寸、探伤检查（见图7－147）→退火处理→尺寸、探伤检查→喷砂、清理、涂底漆→顶盖粗加工→加工后装焊抗磨板、止漏环等→顶盖精加工（见图7－148）→加工尺寸检查（见图7－149）→参与导水机构预装（见图7－150）→顶盖与相关部件预装（轴承体、主轴密封等）→顶盖清理、涂面漆→顶盖包装、发货。

图7－145 上环板拼焊

图7－146 顶盖整体焊接

图 7-147 环板焊缝探伤

图 7-148 顶盖机加工

图 7-149 顶盖机加工尺寸检查

图 7-150 导水机构预装

2. 顶盖监检项目及要求

顶盖监检项目及要求见表 7-35。

表 7-35 顶盖监检项目及要求

序号	监检项目	监检项目要求	监检方式
1	预备文件审查		
1.1	制造检查和试验计划审查	符合合同、监造协议要求	R
1.2	无损检测人员资格审查	符合合同、标准要求	R
1.3	焊接手册（附 WPS）	符合标准要求	R
1.4	焊接人员资格审查	符合合同、标准要求	R
2	原材料采购和检验		
2.1	顶盖外法兰（SXQ345C）		
2.1.1	材质证明文件	符合合同、标准要求	R
2.1.2	业主方检测	符合合同、标准要求	R

续表

序号	监检项目	监检项目要求	监检方式
2.1.3	材料原产地		R
2.2	顶盖其他钢板材料材质证明文件	符合图纸、标准要求	R
2.2.1	抗磨板材质证明文件（04Cr13Ni5Mo）	符合图纸、标准要求	R
2.2.2	止漏环材质证明文件（ZCuAl10Fe5Ni5）	符合图纸、标准要求	R
3	顶盖分装配下料	符合图纸、标准要求	P
4	顶盖分2瓣装配	符合图纸要求	P
5	顶盖分2瓣焊缝焊接	符合图纸要求	P
6	各瓣焊后热处理前探伤检查	符合图纸、标准要求	W/R
7	各瓣焊后热处理前尺寸及焊缝外观检查	符合图纸、标准要求	W
8	热处理检查	符合图纸要求	R
9	各瓣焊后热处理后探伤检查	符合图纸、标准要求	W/R
10	各瓣焊后热处理后尺寸及焊缝外观检查	符合图纸、标准要求	W/R
11	加工尺寸检查	符合图纸要求	W/R
12	轴套安装后尺寸检查	符合图纸要求	W/R
13	参与导水机构预装	符合合同、图纸要求	W/R/H
14	涂漆检查	符合图纸要求	p
15	环形吊车		
15.1	材质证明文件	符合图纸、标准要求	R
15.2	性能试验	符合合同、图纸要求	R
16	运输、包装及装箱清单等的检查	符合合同、标准要求	P
17	设备发运的签发	符合合同要求	R

注：R——文件见证；W——现场见证；H——停工待检；P——现场巡检。

7.3.7 底环

1. 底环结构和工艺特点

底环采用钢板焊接结构，主要由上、下环板和导叶轴座、泄流环组成。底环/泄流环为整体结构。

底环/泄流环工艺流程为：各项号下料、成型→底环装配、焊接（见图7-151、图7-152）→尺寸、探伤检查→退火处理→尺寸、探伤检查→喷砂、涂底漆→底环粗加工→粗加工后堆焊不锈钢层、装焊抗磨板→底环及止漏环精加工（见图7-153）→探伤、加工尺寸检查（见图7-154）→参与导水机构预装→底环清理、涂面漆→底环包装、发运。

图7-151 底环轴座焊接

图7-152 底环整体焊接

图7-153 底环机加工

图7-154 底环机加工尺寸检查

2. 底环监检项目及要求

底环监检项目及要求见表7-36。

表7-36 底环监检项目及要求

序号	监检项目	监检项目要求	监检方式
1	预备文件审查		
1.1	制造检查和试验计划审查	符合合同、监造协议要求	R
1.2	无损检测人员资格审查	符合合同、标准要求	R
1.3	焊接手册（附WPS）	符合标准要求	R
1.4	焊接人员资格审查	符合合同、标准要求	R
2	原材料采购和检验		
2.1	上下环板等钢板材质证明文件（SXQ345C）	符合合同、标准要求	R
2.2	导叶轴座材质证明文件	符合图纸、标准要求	R

续表

序号	监检项目	监检项目要求	监检方式
2.3	止漏环材质证明文件（ZCuAl10Fe5Ni5）	符合图纸、标准要求	R
2.4	抗磨板材质证明文件（04Cr13Ni5Mo）	符合图纸、标准要求	R
3	底环各项号下料	符合图纸要求	P
4	底环整体装配	符合图纸要求	P
5	底环整体焊接	符合标准要求	P
6	底环焊后清氢后热处理前探伤检查	符合图纸、标准要求	W/R
7	焊后热处理前尺寸及焊缝外观检查	符合图纸、标准要求	P
8	热处理	符合标准要求	R
9	底环热处理后探伤检查	符合图纸、标准要求	W/R
10	底环焊后热处理后尺寸及焊缝外观检查	符合图纸、标准要求	W/R
11	底环粗加工	符合图纸要求	P
12	底环堆焊不锈钢层、装焊抗磨板	符合图纸要求	P
12.1	抗磨板机加工后无损检测	符合图纸、标准要求	W/R
13	底环及止漏环机加工	符合图纸要求	
13.1	机加工后探伤检查	符合图纸、标准要求	W/R
13.2	机加工后尺寸检查	符合合同要求	W/R
13.3	底环与止漏环装配后尺寸检查	符合图纸要求	W/R
14	轴套安装后尺寸检查	符合图纸要求	W/R
15	参与导水机构预装	符合合同、图纸、标准要求	W/R/H
16	涂漆检查	符合合同、图纸要求	P
17	运输、包装及装箱清单等的检查	符合合同、标准要求	R
18	设备发运的签发	符合合同要求	R

注：R——文件见证；W——现场见证；H——停工待检；P——现场巡检。

7.3.8 活动导叶

1. 活动导叶结构和工艺特点

活动导叶采用 ZG04Cr13Ni5Mo 不锈钢整体铸造而成；每个导叶设 3 个自润滑导轴承支承，1 个在底环，另 2 个在顶盖。

活动导叶工艺流程为：导叶铸造→材料检验→业主方检验→导叶粗加工→探伤（见图 7-155）→导叶精加工（见图 7-156）→探伤、尺寸检查（见图 7-157）→导叶与导叶臂等同钻孔→参与导水机构预装（见图 7-158）→清理、涂防锈漆→导叶包装、发运。

图 7-155 活动导叶本体无损检测

图 7-156 活动导叶机加工

图 7-157 活动导叶机加工尺寸检查

图 7-158 活动导叶与底环装配

2. 活动导叶监检项目及要求

活动导叶监检项目及要求见表 7-37。

表 7-37 活动导叶监检项目及要求

序号	监检项目	监检项目要求	监检方式
1	预备文件审查		
1.1	制造检查和试验计划审查	符合合同、监造协议要求	R
1.2	无损检测人员资格审查	符合合同、标准要求	R
2	原材料采购和检验		
2.1	材料质量证明文件	符合合同、标准要求	R
2.2	原材料业主方检验取样	符合合同、标准要求	R
2.3	材料原产地	符合合同要求	R
3	探伤检查	符合图纸、标准要求	W/R
4	加工尺寸检查	符合图纸、标准要求	W/R

续表

序号	监检项目	监检项目要求	监检方式
5	参与导水机构预装	符合合同、图纸、标准要求	W/R/H
6	涂漆检查	符合合同、标准要求	P
7	运输、包装及装箱清单等的检查	符合合同、标准要求	R
8	设备发运的签发	符合合同要求	R

注：R——文件见证；W——现场见证；H——停工待检；P——现场巡检。

7.3.9 导叶操作机构

1. 导叶操作机构结构和工艺特点

导叶操作机构主要包括控制环、导叶臂、连接板、剪断销（见图 7-159）、推拉杆、接力器等。其中控制环为钢板焊接结构，导叶臂为铸件，控制环为整体结构。

控制环工艺流程为：各项号下料、成型→整体装配、焊接→尺寸、探伤检查→退火处理→尺寸、探伤检查→喷砂、涂底漆→控制环精加工（见图 7-160）→尺寸、探伤检查→参与导水机构预装（见图 7-161）→控制环清理、涂面漆（见图 7-162）→控制环包装、发运。

图 7-159　控制环机加工尺寸检查

图 7-160　控制环、导叶臂参与导水机构预装

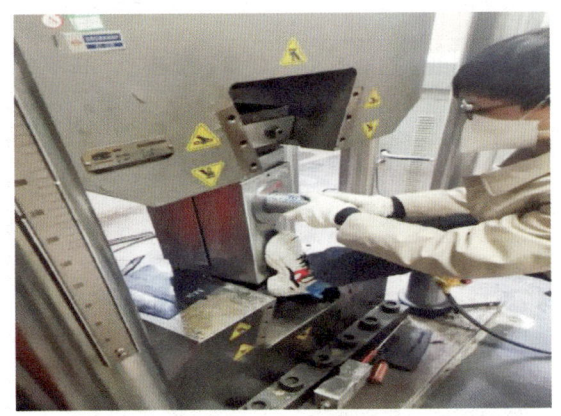

图 7-161　剪断销试验

图 7-162　控制环涂漆

2. 导叶操作机构监检项目及要求

导叶操作机构监检项目及要求见表 7-38。

表 7-38 导叶操作机构监检项目及要求

序号	监检项目	监检项目要求	监检方式
1	预备文件审查		
1.1	制造检查和试验计划审查	符合合同、监造协议要求	R
1.2	无损检测人员资格审查	符合合同、标准要求	R
1.3	焊接手册（附 WPS）	符合标准要求	R
1.4	焊接人员资格审查	符合合同、标准要求	R
2	控制环		
2.1	控制环钢板材料质量证明文件	符合图纸、标准要求	R
2.2	控制环下料	符合图纸要求	P
2.3	控制环整体装配	符合图纸、标准要求	P
2.4	控制环整体焊接	符合图纸、标准要求	P
2.5	焊后热处理前探伤检查	符合图纸、标准要求	W
2.6	焊后热处理前尺寸及焊缝外观检查	符合图纸、标准要求	P
2.7	热处理检查	符合标准要求	R
2.8	控制环热处理后探伤检查	符合图纸、标准要求	W/R
2.9	控制环热处理后尺寸及焊缝外观检查	符合图纸、标准要求	W/R
2.10	加工尺寸检查	符合图纸要求	W/R
2.11	轴套安装后尺寸检查	符合图纸要求	W/R
2.12	参与导水机构预装	符合合同、图纸、标准要求	W/R/H
2.13	涂漆检查	符合合同、标准要求	P
3	导叶臂		
3.1	材料质量证明文件	符合图纸、标准要求	R
3.2	探伤检查	符合图纸、标准要求	W/R
3.3	加工尺寸检查	符合图纸要求	P
3.4	与活动导叶同钻铰尺寸检查	符合图纸要求	W
3.5	参与导水机构预装	符合合同、图纸、标准要求	W/R/H
3.6	涂漆检查	符合合同、标准要求	P
4	连接板、导叶剪断销		
4.1	材料质量证明文件	符合图纸、标准要求	R

续表

序号	监检项目	监检项目要求	监检方式
4.2	导叶剪断销剪切试验	符合图纸、标准要求	R
4.3	参与导水机构预装	符合合同、图纸、标准要求	W/R/H
5	运输、包装及装箱清单等的检查	符合合同、标准要求	W/R
6	设备发运的签发	符合合同要求	R

注：R——文件见证；W——现场见证；H——停工待检；P——现场巡检。

7.3.10 接力器

1. 接力器结构和工艺特点

水泵水轮机设置两个接力器，每个接力器由接力器缸、缸盖、活塞、活塞杆等组成。接力器缸和盖采用锻钢制造，设有油管法兰连接件、填料箱或密封以防止活塞在任何位置时油的渗漏和活塞杆拉伤，并提供设施以确保对密封盘根充分润滑。接力器缸采用 20SiMn 锻钢，活塞采用 45 号锻钢，活塞杆采用 35CrMo 不锈钢锻钢，并进行高精度抛光。采用组合式密封防止油通过活塞渗漏。

接力器工艺流程为：各部件加工→探伤、尺寸检查→各部件厂内组装、试验（见图 7-163、图 7-164）→接力器清理、涂漆、发运。

图 7-163　接力器行程测量

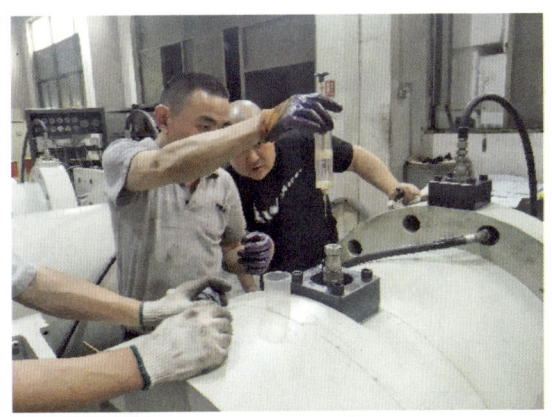

图 7-164　接力器渗漏量检查

2. 接力器监检项目及要求

接力器监检项目及要求见表 7-39。

表 7-39　接力器监检项目及要求

序号	监检项目	监检项目要求	监检方式
1	预备文件审查		
1.1	制造检查和试验计划审查	符合合同、监造协议要求	R
1.2	无损检测人员资格审查	符合合同、标准要求	R

续表

序号	监检项目	监检项目要求	监检方式
1.3	焊接手册（附 WPS）	符合标准要求	R
1.4	焊接人员资格审查	符合合同、标准要求	R
2	原材料采购和检验		
2.1	材质证明文件（接力器缸、缸盖、活塞、活塞杆等）	符合图纸、标准要求	R
3	接力器缸、缸盖、活塞、活塞杆单件加工后尺寸检查及无损探伤检查	符合图纸、标准要求	R
4	接力器装配后相关试验检查	符合合同、图纸、标准要求	W/R/H
5	接力器涂漆检查	符合合同、标准要求	R
6	运输、包装及装箱清单等的检查	符合合同、标准要求	P
7	设备发运的签发	符合合同要求	R

注：R——文件见证；W——现场见证；H——停工待检；P——现场巡检。

7.3.11 主轴

1. 主轴结构和工艺特点

水泵水轮机主轴为锻件，因轴径尺寸小，轴上下法兰、轴身为整体锻造件。水泵水轮机轴上端和发电机轴相连，另一端和转轮相连。水泵水轮机轴采用中空带轴领结构，与发电机主轴和转轮均采用法兰结构用联轴螺栓进行连接。

水泵水轮机主轴工艺流程为：主轴整体锻造→材料检验→业主方检验（见图 7-165）→粗加工→尺寸、探伤检查（见图 7-166、图 7-167）→水泵水轮机主轴精加工→尺寸、探伤检查→水泵水轮机主轴转轮侧法兰与镗模同镗→水泵水轮机主轴与发电电动机主轴联轴找摆度（见图 7-168）、同镗法兰孔→尺寸检查→水泵水轮机主轴清理、涂漆、包装、发运。

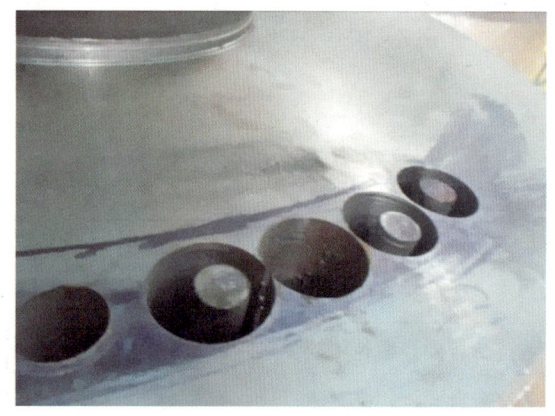

图 7-165　水泵水轮机主轴原材料取样

图 7-166　水泵水轮机主轴本体探伤

图 7-167 水泵水轮机主轴本体探伤

图 7-168 水泵水轮机主轴与发电电动机主轴联轴找摆度

2. 主轴监检项目及要求

主轴监检项目及要求见表 7-40。

表 7-40 主轴监检项目及要求

序号	监检项目	监检项目要求	监检方式
1	预备文件审查		
1.1	制造检查和试验计划审查	符合合同、监造协议要求	R
1.2	无损检测人员资格审查	符合合同、标准要求	R
2	原材料采购和检验		
2.1	水泵水轮机轴（25MnSX）		
2.1.1	材质证明文件（含与转轮、发电机轴连接螺栓）	符合合同、标准要求	R
2.1.2	原材料业主方检测（含与转轮、发电机轴连接螺栓）	符合合同、标准要求	R
2.1.3	材料原产地	符合合同要求	R
3	水泵水轮机轴车序加工后尺寸检查	符合图纸要求	W/R
4	水泵水轮机轴车序加工后探伤检查	符合图纸、标准要求	W/R
5	水泵水轮机轴转轮侧与镗模同镗尺寸检查	符合图纸、标准要求	W/R
6	水泵水轮机轴与发电机主轴联轴找摆度	符合图纸、标准要求	W/R
7	水泵水轮机轴与发电机主轴同镗孔尺寸检查	符合图纸要求	W/R
8	水泵水轮机轴与水导挡油管预装检查	符合图纸要求	P
9	水泵水轮机轴涂漆检查	符合图纸、标准要求	P
10	水泵水轮机轴与转轮连接螺栓		
10.1	探伤检查	符合图纸、标准要求	W/R

续表

序号	监检项目	监检项目要求	监检方式
10.2	加工尺寸检查	符合图纸要求	W/R
11	水泵水轮机轴与发电机主轴连接螺栓		
11.1	探伤检查	符合图纸、标准要求	W/R
11.2	加工尺寸检查	符合图纸要求	W/R
12	运输、包装及装箱清单等的检查	符合合同、标准要求	P
13	设备发运的签发	符合合同要求	R

注：R——文件见证；W——现场见证；H——停工待检；P——现场巡检。

7.3.12 水导轴承

1. 水导轴承结构和工艺特点

水导轴承由分块的水导瓦、轴承支架、带油槽的轴承箱、箱盖和附件组成。轴承支架采用钢板焊接竖向分成2瓣的重型结构，用螺栓组合并用螺栓连接到顶盖上。水导瓦表面浇铸有高性能的轴承用巴氏合金，并牢固地附在瓦基上。

水导轴承工艺流程为：轴承支架各项号下料、成型→轴承支架装配、焊接→探伤→退火→探伤→轴承支架加工→探伤、尺寸检查→水导瓦瓦坯加工→浇铸轴承合金→探伤（见图7-169）→水导瓦精加工→探伤、尺寸检查→水导瓦与轴承支架厂内预装（见图7-170）→检查→水导瓦、轴承支架等清理、涂漆、包装、发运。

图7-169 水导瓦轴承合金面探伤

图7-170 水导轴承预装

2. 水导轴承监检项目及要求

水导轴承监检项目及要求见表7-41。

表7-41 水导轴承监检项目及要求

序号	监检项目	监检项目要求	监检方式
1	预备文件审查		
1.1	制造检查和试验计划审查	符合合同、监造协议要求	R

续表

序号	监检项目	监检项目要求	监检方式
1.2	无损检测人员资格审查	符合合同、标准要求	R
1.3	焊接手册（附 WPS）	符合标准要求	R
1.4	焊接人员资格审查	符合合同、标准要求	R
2	原材料采购和检验		
2.1	水导瓦瓦坯材质证明文件（20MnSX）	符合合同、标准要求	R
2.2	水导瓦巴氏合金材质证明文件	符合图纸、标准要求	R
2.3	轴承支架钢板材质证明文件	符合图纸、标准要求	R
3	水导瓦精加工尺寸检查	符合图纸要求	W/R
4	水导瓦精加工后探伤检查（UT+PT）	符合图纸、标准要求	W/R
5	轴承支架焊接后热处理后探伤检查	符合图纸、标准要求	W/R
6	轴承支架加工尺寸检查	符合图纸要求	W/R
7	水导瓦与轴承支架预装检查	符合图纸要求	W
8	油箱装配后炼油渗透试验	符合图纸、标准要求	W/R
9	水导瓦防锈、轴承支架涂漆检查	符合合同、标准要求	P
10	水导油冷却器出厂验收	符合图纸、标准要求	W/R
11	运输、包装及装箱清单等的检查	符合合同、标准要求	P
12	设备发运的签发	符合合同要求	R

注：R——文件见证；W——现场见证；H——停工待检；P——现场巡检。

7.3.13 主轴密封

1. 主轴密封结构和工艺特点

主轴密封包括工作密封和检修密封，主要由检修密封座、密封环、浮动环、水箱、水箱盖、空气围带等组成。

主轴密封工艺流程为：各部件焊接→探伤→退火→探伤、尺寸检查→分别加工→探伤、尺寸检查→厂内预装（见图 7-171、图 7-172）→拆解清理、涂漆、包装、发运。

图 7-171 检修密封充压后检查

图 7-172 工作密封装配检查

2. 主轴密封监检项目及要求

主轴密封监检项目及要求见表7-42。

表7-42　主轴密封监检项目及要求

序号	监检项目	监检项目要求	监检方式
1	预备文件审查		
1.1	制造检查和试验计划审查	符合合同、监造协议要求	R
1.2	无损检测人员资格审查	符合合同、标准要求	R
1.3	焊接手册（附WPS）	符合标准要求	R
1.4	焊接人员资格审查	符合合同、标准要求	R
2	原材料采购和检验		
2.1	各项号钢板材质证明文件	符合合同、标准要求	R
2.2	空气围带材质证明文件	符合图纸、标准要求	R
2.3	密封材料材质证明文件（CESTIDUR）	符合合同、标准要求	R
2.4	密封环（04Cr13Ni5Mo）	符合图纸、标准要求	R
3	空气围带打压试验、气密试验	符合图纸、标准要求	W/R
4	各项号焊接后无损检测	符合图纸、标准要求	W/R
5	退火处理	符合标准要求	R
6	各项号退火后无损检测	符合图纸、标准要求	W/R
7	各项号机加工检查	符合图纸要求	W/R
8	各项号加工后厂内预装	符合图纸、标准要求	W
9	各项号涂漆检查	符合图纸、标准要求	W
10	精密滤水器		
10.1	质量证明文件	符合图纸、标准要求	R
10.2	性能试验	符合图纸、标准要求	R
11	运输、包装及装箱清单等的检查	符合合同、标准要求	P
12	设备发运的签发	符合合同要求	R

注：R——文件见证；W——现场见证；H——停工待检；P——现场巡检。

7.4　发电电动机部分——以长龙山抽水蓄能电站为例

长龙山抽水蓄能电站发电电动机主要由定子机座、定子铁心、定子线棒、发电电动机转子轴、转子磁轭、转子磁极、上机架、下机架、推力轴承、上导轴承、下导轴承、集电环装配等部件组成。

7.4.1 定子机座

1. 定子机座结构和工艺特点

定子机座由轧制钢板焊接而成,并根据运输的限制条件分成 2 瓣制造,在工地进行组圆焊接。为便于现场组装,分瓣机座在工厂内进行预组装,并配装好分瓣面把合块。需到工地焊接的部位预先在工厂加工好坡口,到工地后不再进行机械加工。

定子机座工艺流程:定子机座装配→定子机座焊接(见图 7-173)→定子机座焊后尺寸、探伤检查→定子机座机加工→定子机座组圆尺寸检查→定子机座清理、涂漆、包装、发运(见图 7-174)。

图 7-173 定子机座焊接

图 7-174 定子机座涂漆

2. 定子机座监检项目及要求

定子机座监检项目及要求见表 7-43。

表 7-43 定子机座监检项目及要求

序号	监检项目	监检项目要求	监检方式
1	预备文件审查		
1.1	制造检查和试验计划审查	符合合同、监造协议要求	R
1.2	无损检测人员资格审查	符合合同、标准要求	R
1.3	焊接手册(附 WPS)	符合合同、标准要求	R
1.4	焊接人员资格审查	符合合同、标准要求	R
2	原材料采购和检验		
2.1	主要部位材质证明文件	符合合同、标准要求	R
3	定子机座焊后探伤检查	符合图纸要求	W/R
4	定子机座装配、焊接后尺寸检查	符合图纸要求	W/R
5	定子机座合缝面坡口完成后检查	符合图纸要求	P
6	定子机座机加工后组圆尺寸检查	符合合同、图纸要求	W/R

续表

序号	监检项目	监检项目要求	监检方式
7	定子机座涂漆检查	符合合同、图纸要求	W/R
8	运输、包装及装箱清单等的检查	符合合同、图纸要求	W/R
9	设备发运的签发	符合合同要求	R

注：R——文件见证；W——现场见证；H——停工待检；P——巡视检查。

7.4.2 定子铁心

1. 定子铁心结构和工艺特点

定子铁心主要由定子冲片、鸽尾筋、定子铁心拉紧螺杆、齿压板、叠形弹簧等组成。定子冲片由高磁导率、低损耗、无时效、优质冷轧薄硅钢片冲制而成，为保证工地叠装质量，首台定子冲片需要在厂内进行预装。

定子冲片工艺流程：材料检验→业主方检验→冲片冲制→冲片去毛刺及尺寸检查（见图7-175）→冲片涂绝缘漆（见图7-176）→检验、试验→定子冲片包装、发运。

图7-175 定子冲片尺寸检查

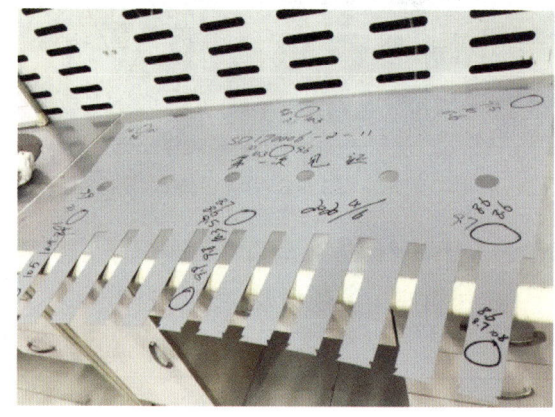

图7-176 定子冲片涂漆检查

2. 定子铁心装配监检项目及要求

定子铁心装配监检项目及要求见表7-44。

表7-44 定子铁心装配监检项目及要求

序号	监检项目	监检项目要求	监检方式
1	预备文件审查		
1.1	制造检查和试验计划审查	符合合同、监造协议要求	R
2	原材料采购和检验		
2.1	定子冲片材质证明文件（50W250）	符合合同、标准要求	R
2.2	定子通风槽片材质证明文件（含基片和通风槽钢）	符合合同、标准要求	R

续表

序号	监检项目	监检项目要求	监检方式
2.3	定子定位筋材质证明文件（S355J2G3C）	符合合同、标准要求	R
2.4	定子铁心拉紧螺杆材质证明文件（42CrMo）	符合合同、标准要求	R
2.5	原材料业主方检测（定子冲片、定子拉紧螺杆）	符合合同、标准要求	R
2.6	铁心齿压片（0Cr18Ni9Ti）	符合合同、标准要求	R
2.7	材料原产地	符合合同、标准要求	R
3	定子冲片		
3.1	定子冲片尺寸检查	符合合同、标准要求	W/R
3.2	定子冲片漆膜厚度检查	符合合同、标准要求	W/R
3.3	定子冲片漆膜电阻检查	符合合同、标准要求	W/R
3.4	定子粘胶片固化质量及表面质量检查	符合合同、标准要求	W/R
3.5	冲片铁磁特性及损耗试验	符合合同、标准要求	W/R
4	定子定位筋		
4.1	尺寸检查（含截面尺寸、平直和扭曲度、外观）	符合合同、标准要求	W/R
5	定子铁心拉紧螺杆		
5.1	尺寸检查（含直线度、截面尺寸、外观等）	符合合同、标准要求	W/R
6	齿压板		
6.1	尺寸检查（含压指平面度、外观等）	符合合同、标准要求	W/R
7	定子测圆架垂直度、跳动、刚强度检查	符合合同、标准要求	W
8	绝缘盒出厂验收	符合合同、标准要求	W/R
9	铜环引线放大样试验	符合合同、标准要求	W
10	空气冷却器		
10.1	出厂验收（材质报告审查，耐压试验）	符合合同、标准要求	W/R
11	运输、包装及装箱清单等的检查	符合合同、标准要求	W/R
12	设备发运的签发	符合合同、标准要求	R

注：R——文件见证；W——现场见证；H——停工待检；P——巡视检查。

7.4.3 定子线棒

1. 定子线棒结构和工艺特点

定子绕组由单根线棒组成，各支路并联，Y形连接，定子线棒绝缘为F级绝缘。线棒分为上层和下层普通线棒、连接线棒、引出线棒。

定子线棒工艺流程：股线去头、压弯→股线换位、垫制绝缘、组合→线棒直线固化、股间绝缘试验（见图 7-177）→线棒端部成型、固化→线棒焊接导电块→线棒包主绝缘、防晕层等→线棒整体固化（VPI）→线棒清理、相关电气试验（见图 7-178）→清理、涂漆、包装、发运。

图 7-177 定子线棒股间绝缘试验

图 7-178 定子线棒介质损耗试验

2. 定子线棒监检项目及要求

定子线棒监检项目及要求见表 7-45。

表 7-45 定子线棒监检项目及要求

序号	监检项目	监检项目要求	监检方式
1	预备文件审查		
1.1	制造检查和试验计划审查	符合合同、监造协议要求	R
1.2	无损检测人员资格审查	符合合同、标准要求	R
1.3	焊接手册（附 WPS）	符合合同、标准要求	R
1.4	焊接人员资格审查	符合合同、标准要求	R
2	原材料采购和检验		
2.1	主要部位材质证明文件（Cu-ETP VPI ET 884）	符合合同、标准要求	R
2.2	主要部位材质目视检查	符合图纸要求	P
3	线棒直线固化后股间绝缘、尺寸、外观检查	符合图纸要求	W/R
4	线棒整体固化、清理后尺寸、外观检查	符合图纸要求	W/R
5	线棒相关电气试验（直流电阻、耐压、电晕、介质损耗、局部放电试验）	符合合同、图纸要求	W/R
6	线棒击穿试验	符合合同、图纸要求	W/R
7	线棒涂漆检查	符合合同、图纸要求	W/R
8	运输、包装及装箱清单等的检查	符合合同要求	W/R
9	设备发运的签发	符合合同要求	R

注：R——文件见证；W——现场见证；H——停工待检；P——巡视检查。

7.4.4 发电电动机转子轴

1. 发电电动机转子轴结构和工艺特点

发电电动机转子轴为一根轴结构，分三段锻造后，焊成整体，再与转子支架大立筋焊成一体。一端和水泵水轮机轴相连。发电机主轴采用中空结构。

发电电动机转子轴工艺流程：材料检验→业主方检验→锻件粗加工→探伤检查→转子轴焊接→探伤检查→退火处理→探伤检查（见图7-179）→转子大立筋焊接（见图7-180）→探伤检查→退火处理→探伤检查（见图7-181）→转子轴机加工（见图7-182）→尺寸、探伤检查→与水泵水轮机轴联轴找摆度、同镗法兰孔→尺寸检查→转子轴清理、涂漆、包装、发运。

图7-179 转子轴组焊退火后探伤

图7-180 转子轴焊立筋

图7-181 立筋焊接退火后探伤

图7-182 转子轴车序加工

2. 转子轴监检项目及要求

转子轴监检项目及要求见表7-46。

表7-46 转子轴监检项目及要求

序号	监检项目	监检项目要求	监检方式
1	预备文件审查		
1.1	制造检查和试验计划审查	符合合同、标准要求	R

续表

序号	监检项目	监检项目要求	监检方式
1.2	无损检测人员资格审查	符合合同、标准要求	R
2	原材料采购和检验		
2.1	发电机主轴材质证明（20MnSX）	符合合同、标准要求	R
2.2	原材料业主方检测	符合合同、标准要求	R
2.3	材料原产地本体探伤	符合合同、标准要求	W
3	主轴焊后无损检查	符合合同、标准要求	W/R
4	主轴焊后尺寸检查	符合合同、标准要求	W/R
5	退火处理	符合合同、标准要求	W/R
6	退火后无损检查	符合合同、标准要求	W/R
7	退火后尺寸检查	符合合同、标准要求	W/R
8	发电机主轴车序加工后尺寸检查	符合合同、标准要求	W/R
9	发电机主轴车序加工后探伤检查	符合合同、标准要求	W/R
10	发电机主轴与水泵水轮机主轴联轴找摆度	符合合同、标准要求	W/R
11	发电机主轴与水泵水轮机轴同镗孔尺寸检查	符合合同、标准要求	W/R
12	发电机主轴涂漆检查	符合合同、标准要求	P
13	联轴螺栓		
13.1	材质证明文件	符合合同、标准要求	R
13.2	原材料业主方检测	符合合同、标准要求	W/R
13.3	机加工尺寸检查	符合合同、标准要求	W/R
13.4	无损检测	符合合同、标准要求	W/R
14	运输、包装及装箱清单等的检查	符合合同、标准要求	P
15	设备发运的签发	符合合同、标准要求	R

注：R——文件见证；W——现场见证；H——停工待检；P——巡视检查。

7.4.5 转子磁轭

1. 磁轭结构和工艺特点

磁轭主要由磁轭厚钢板、磁轭拉紧螺杆组成。磁轭圈为磁轭钢板加工成单件圆环叠装而成，材质为780CF钢板，下料后单件加工叠装成小段加工，小段叠装后整体加工，拆装成小段清理涂装后发运。

磁轭工艺流程：材料检验→业主方检验→单件磁轭圈加工（见图7-183）→磁轭圈叠装成小段加工（见图7-184）→整段叠装后加工（见图7-185、图7-186）→分拆成小段清理、涂漆、包装、发运。

图 7-183　单件磁轭圈车序加工

图 7-184　磁轭圈小段加工

图 7-185　磁轭圈整段车序尺寸检查

图 7-186　磁轭圈整段镗铣内侧键槽

2. 转子磁轭监检项目及要求

转子磁轭监检项目及要求见表 7-47。

表 7-47　磁轭监检项目及要求

序号	监检项目	监检项目要求	监检方式
1	磁轭圈材料确认		
1.1	磁轭钢板材质证明	符合合同、标准要求	R
1.2	磁轭钢板第三方检测	符合合同、标准要求	R
2	磁轭圈加工		
2.1	单件磁轭圈加工尺寸检查	符合图纸、标准要求	W
2.2	小段把合后车序尺寸检查	符合图纸、标准要求	W
2.3	小段粗镗铣各键槽尺寸检查	符合图纸、标准要求	W
2.4	磁轭整段总装把合尺寸检查	符合图纸、标准要求	W
2.5	总装后车序尺寸检查	符合图纸、标准要求	W

续表

序号	监检项目	监检项目要求	监检方式
2.6	镗内、外侧键槽后尺寸检查	符合图纸、标准要求	W
2.7	钻铰销孔尺寸检查	符合图纸、标准要求	W
2.8	业主方验收	符合图纸、标准要求	W
3	分拆后清理涂装发运	符合图纸、标准要求	W

注：R——文件见证；W——现场见证；H——停工待检；P——巡视检查。

7.4.6 转子磁极

1. 磁极结构和工艺特点

磁极为向心结构，由磁极铁心和磁极线圈装配而成。磁极铁心采用由拉紧螺杆紧固的高强度薄钢板制成，压力叠装，通过磁极上的"T"尾与磁轭上相应的键槽挂接。磁极线圈为F级绝缘，线圈材料为无氧退火铜排，磁极线圈由铜排经银铜焊接而成。

磁极工艺流程：磁极铁心［磁极压板加工、磁极冲片冲制→磁极铁心装压（见图7-187）→装配、焊接阻尼环、阻尼条］→尺寸检验；磁极线圈（铜排下料→磁极线圈焊接→垫制匝间绝缘→热压→清理、试验）→磁极线圈与磁极铁心装配→保温固化→清理、电气试验（见图7-188）→引线镀银→清理、涂漆→包装、发运。

图7-187 磁极铁心装压

图7-188 磁极装配后电气试验

2. 转子磁极监检项目及要求

转子磁极监检项目及要求见表7-48。

表7-48 磁极装配监检项目及要求

序号	监检项目	监检项目要求	监检方式
1	预备文件审查		
1.1	制造检查和试验计划审查	符合合同、监造协议要求	R
1.2	无损检测人员资格审查	符合合同、标准要求	R
1.3	焊接手册（附WPS）	符合合同、标准要求	R

续表

序号	监检项目	监检项目要求	监检方式
1.4	焊接人员资格审查	符合合同、标准要求	R
2	原材料采购和检验		
2.1	磁极主要部位材质证明文件［磁极线圈铜排（Cu-ETP）、绝缘材料，磁极铁心压板（36CrNiMo16）、冲片、拉紧螺杆］	符合合同、标准要求	R
2.2	材料原产地	符合合同、标准要求	R
3	磁极线圈		
3.1	磁极线圈热压后尺寸检查	符合合同、标准要求	W/R
3.2	磁极线圈匝间耐压试验	符合合同、标准要求	W/R
3.3	磁极线圈直流电阻	符合合同、标准要求	W/R
4	磁极铁心（600-200-TG178）		
4.1	磁极冲片冲制后首件尺寸检查	符合合同、标准要求	W/R
4.2	磁极铁心装压后尺寸检查	符合合同、标准要求	W/R
5	磁极装配后电气试验（匝间耐压、交流阻抗、绝缘电阻、交流耐压、直流电阻）	符合合同、标准要求	W/R
6	磁极引线镀银检查	符合合同、标准要求	W
7	磁极称重	符合合同、标准要求	R
8	运输、包装及装箱清单等的检查	符合合同、标准要求	W/R
9	设备发运的签发	符合合同、标准要求	R

注：R——文件见证；W——现场见证；H——停工待检；P——巡视检查。

7.4.7 下机架

1. 下机架结构和工艺特点

下机架由中心体和支臂组成，中心体布置有下导轴承、冷却器等。下机架中心体与支臂在工地焊接成一体；为保证工地焊接质量，中心体与支臂需要在厂内进行预装。

下机架工艺流程为：

中心体：材料检验→业主方检验→中心体各项号下料、成型→中心体装配、焊接（见图7-189）→尺寸、探伤检查→退火处理→尺寸、探伤检查→中心体与支臂厂内预装→中心体煤油渗漏试验→中心体加工（见图7-190）→探伤、尺寸检查→中心体清理、涂漆、包装、发运。

支臂：各项号下料、成型→支臂装配、焊接→尺寸、探伤检查→退火处理→尺寸、探伤检查→支臂与中心体焊接序预装→预装检查→支臂加工→探伤、尺寸检查→支臂清理、涂漆、包装、发运。

2. 下机架监检项目及要求

下机架监检项目及要求见表7-49。

图 7-189 下机架中心体焊接

图 7-190 下机架中心体加工

表 7-49 下机架监检项目及要求

序号	监检项目	监检项目要求	监检方式
1	预备文件审查		
1.1	制造检查和试验计划审查	符合合同、监造协议要求	R
1.2	无损检测人员资格审查	符合合同、标准要求	R
1.3	焊接手册（附 WPS）		R
1.4	焊接人员资格审查	符合合同、标准要求	R
2	原材料采购和检验		
2.1	主要部位材质证明文件	符合合同、标准要求	R
2.2	120mm 厚以上钢板原材料业主方检测取样	符合合同、标准要求	R
2.3	材料原产地	符合合同、标准要求	R
3	下机架中心体		
3.1	中心体焊接后退火前探伤检查	符合合同、标准要求	W/R
3.2	中心体焊接后退火前尺寸检查	符合合同、标准要求	R
3.3	中心体热处理检查	符合合同、标准要求	R
3.4	中心体焊接退火后探伤检查	符合合同、标准要求	W/R
3.5	中心体焊接退火后尺寸检查	符合合同、标准要求	W/R
3.6	中心体煤油渗漏试验	符合合同、标准要求	W/R
3.7	中心体加工尺寸、无损检测检查	符合合同、标准要求	W/R
3.8	中心体与相关部件预装（推力挡油管等）	符合合同、标准要求	W
4	支臂		
4.1	支臂焊接后退火前探伤检查	符合合同、标准要求	R
4.2	支臂焊接后退火前尺寸检查	符合合同、标准要求	R
4.3	支臂退火检查	符合合同、标准要求	R

续表

序号	监检项目	监检项目要求	监检方式
4.4	支臂退火后探伤检查	符合合同、标准要求	W/R
4.5	支臂退火后尺寸检查	符合合同、标准要求	W/R
4.6	支臂与中心体焊接序预装检查（相关焊缝间隙、配合等）	符合合同、标准要求	W/R/H
4.7	支臂机加工	符合合同、标准要求	W
4.8	支臂与基础板同加工把合孔	符合合同、标准要求	W
5	中心体、支臂涂漆检查	符合合同、标准要求	W/R
6	下导油冷却器		
6.1	材质证明	符合合同、标准要求	R
6.2	耐压试验	符合合同、标准要求	W/R
7	运输、包装及装箱清单等的检查	符合合同、标准要求	W/R
8	设备发运的签发	符合合同、标准要求	R

注：R——文件见证；W——现场见证；H——停工待检；P——巡视检查。

7.4.8 上机架

1. 上机架结构和工艺特点

上机架由中心体和支臂组成，中心体布置有上导轴承、推力轴承等。上机架中心体与支臂在工地焊接成一体；为保证工地焊接质量，中心体与支臂需要在厂内进行预装。

上机架工艺流程：

中心体：中心体各项号下料、成型→中心体装配、焊接→尺寸、探伤检查→退火处理→尺寸、探伤检查（见图7-191）→中心体与支臂厂内预装（见图7-192）→中心体煤油渗漏试验→中心体加工→探伤、尺寸检查→中心体清理、涂漆、包装、发运。

图7-191 上机架中心体退火后探伤

图7-192 上机架中心体与支臂预装

支臂：各项号下料、成型→支臂装配、焊接→探伤、尺寸检查→支臂与中心体焊接序预装→预装检查→支臂清理、涂漆、包装、发运。

2. 上机架监检项目及要求

上机架监检项目及要求见表7-50。

表7-50 上机架监检项目及要求

序号	监检项目	监检项目要求	监检方式
1	预备文件审查		
1.1	制造检查和试验计划审查	符合合同、监造协议要求	R
1.2	无损检测人员资格审查	符合合同、标准要求	R
1.3	焊接手册（附WPS）		R
1.4	焊接人员资格审查	符合合同、标准要求	R
2	原材料采购和检验		
2.1	主要部位材质证明文件	符合合同、标准要求	R
3	上机架中心体		
3.1	中心体焊接后退火前探伤检查	符合合同、标准要求	W/R
3.2	中心体焊接后退火前尺寸检查	符合合同、标准要求	R
3.3	中心体退火处理	符合合同、标准要求	R
3.4	中心体焊接退火后探伤检查	符合合同、标准要求	W/R
3.5	中心体焊接退火后尺寸检查	符合合同、标准要求	W/R
3.6	中心体煤油渗漏试验	符合合同、标准要求	W/R
3.7	中心体加工尺寸、无损检测	符合合同、标准要求	W/R
4	支臂		
4.1	支臂焊接后退火前探伤检查	符合合同、标准要求	R
4.2	支臂焊接后退火前尺寸检查	符合合同、标准要求	R
4.3	支臂退火检查（如有）	符合合同、标准要求	R
4.4	支臂退火后探伤检查	符合合同、标准要求	W/R
4.5	支臂退火后尺寸检查、无损检测	符合合同、标准要求	W/R
4.6	支臂与中心体焊接序预装检查（相关焊缝间隙、配合等）	符合合同、标准要求	W/R/H
5	中心体、支臂涂漆检查	符合合同、标准要求	W/R
6	外加电动风机	符合合同、标准要求	R
6.1	质量证明书	符合合同、标准要求	R
6.2	性能试验	符合合同、标准要求	W
7	上导油冷却器		
7.1	材质证明	符合合同、标准要求	R
7.2	耐压试验	符合合同、标准要求	W/R
8	运输、包装及装箱清单等的检查	符合合同、标准要求	W/R

续表

序号	监检项目	监检项目要求	监检方式
9	设备发运的签发	符合合同、标准要求	R
10	运输、包装及装箱清单等的检查	符合合同、标准要求	W/R
11	设备发运的签发	符合合同、标准要求	R

注：R——文件见证；W——现场见证；H——停工待检；P——巡视检查。

7.4.9 推力轴承

1. 推力轴承结构和工艺特点

推力轴承主要由推力头和镜板、推力瓦装配、推力瓦支撑等组成；推力头、镜板均为锻件；推力瓦采用碟形弹簧簇支撑方式，推力瓦采用巴氏合金瓦。

推力头与镜板工艺流程为：材料检验→业主方检验→推力头粗加工→推力头半精加工→镜板半精加工→探伤、硬度检查→推力头与镜板把合（见图7－193）→推力头与镜板精加工→加工尺寸、探伤检查→清理、涂漆、包装、发运。

推力瓦装配工艺流程：推力瓦瓦坯加工→推力瓦浇铸巴氏合金→推力瓦加工→探伤、尺寸检查→推力瓦与托瓦预装（见图7－194）→推力轴承座加工（见图7－195）→推力轴承座与弹簧簇装配检查（见图7－196）→清理、涂漆、包装、发运。

图7－193 推力头与镜板把合完成

图7－194 推力瓦与托瓦预装尺寸检查

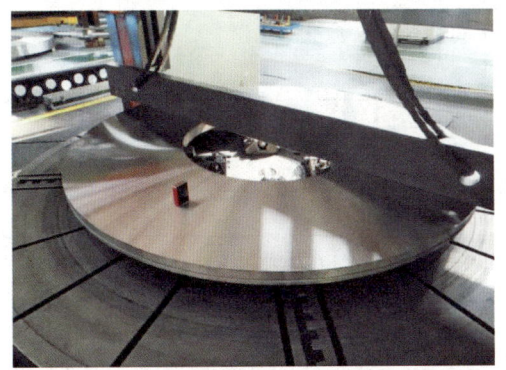

图7－195 推力轴承座车序加工检查

图7－196 推力轴承座与弹簧簇装配检查

2. 推力轴承监检项目及要求

推力轴承监检项目及要求见表 7-51。

表 7-51 推力轴承监检项目及要求

序号	监检项目	监检项目要求	监检方式
1	预备文件审查		
1.1	制造检查和试验计划审查	符合合同、标准要求	R
1.2	无损检测人员资格审查	符合合同、标准要求	R
1.3	焊接手册（附 WPS）	符合合同、标准要求	R
1.4	焊接人员资格审查	符合合同、标准要求	R
2	原材料采购和检验		
2.1	材质证明文件	符合合同、标准要求	R
2.1.1	推力头锻件（20SiMn）	符合合同、标准要求	R
2.1.2	镜板锻钢（25CrMoSX）	符合合同、标准要求	R
2.1.3	弹簧束原产地	符合合同、标准要求	R
2.1.4	推力瓦（瓦坯+巴氏合金）、推力瓦支撑	符合合同、标准要求	R
2.2	原材料业主方检测（推力头、镜板）	符合合同、标准要求	R
2.3	推力瓦材料原产地	符合合同、标准要求	R
3	推力头与镜板		
3.1	推力头探伤检查	符合合同、标准要求	W
3.2	推力头加工尺寸检查	符合合同、标准要求	W
3.3	镜板探伤检查	符合合同、标准要求	W
3.4	镜板硬度测试	符合合同、标准要求	W
3.5	推力头与镜板把合加工后探伤检查	符合合同、标准要求	W
3.6	推力头与镜板把合加工后尺寸检查	符合合同、标准要求	W
4	推力瓦装配		
4.1	推力瓦探伤检查	符合合同、标准要求	W
4.2	推力瓦加工尺寸检查	符合合同、标准要求	W
4.3	推力瓦装配厂内预装检查	符合合同、标准要求	W
5	推导油冷却器		
5.1	出厂验收（油压、水压试验）	符合合同、标准要求	W
6	高压油顶起装置		
6.1	出厂验收（流量试验、压力试验等）	符合合同、标准要求	W
7	各部件涂漆检查	符合合同、标准要求	P
8	运输、包装及装箱清单等的检查	符合合同、标准要求	P
9	设备发运的签发	符合合同、标准要求	R

注：R——文件见证；W——现场见证；H——停工待检；P——巡视检查。

7.4.10 上导轴承

1. 上导轴承结构和工艺特点

下导轴承置于转子下方,安装在下机架上,采用油浸、自润滑、可调的分块巴氏合金瓦。在两个旋转方向都有相同特性。

上导瓦工艺流程:瓦坯加工→浇铸巴氏合金→导瓦精加工→加工尺寸、探伤检查(见图 7-197)→导瓦参与预装→导瓦清理、防锈、包装、发运。

图 7-197 上导瓦加工探伤检查

2. 上导轴承监检项目及要求

上导轴承监检项目及要求见表 7-52。

表 7-52 上导轴承监检项目及要求

序号	监检项目	监检项目要求	监检方式
1	预备文件审查		
1.1	制造检查和试验计划审查	符合合同、监造协议要求	R
1.2	无损检测人员资格审查	符合合同、标准要求	R
2	主要材料材质证明文件(瓦基为 ZG20SiMn 或 20 号锻钢,瓦面为巴氏合金)	符合合同、标准要求	R
3	上导瓦探伤检查	符合合同、标准要求	W/R
4	上导瓦加工尺寸检查	符合合同、标准要求	W/R
5	导瓦防锈检查	符合合同、标准要求	W
6	运输、包装及装箱清单等的检查	符合合同、标准要求	W/R
7	设备发运的签发	符合合同、标准要求	R

注:R——文件见证;W——现场见证;H——停工待检;P——巡视检查。

7.4.11 下导轴承

1. 下导轴承结构和工艺特点

下导轴承置于转子下方,安装在下机架上,采用油浸、自润滑、可调的分块巴氏合金瓦。在两个旋转方向都有相同特性。

下导瓦工艺流程：瓦坯加工→浇铸巴氏合金→导瓦精加工→加工尺寸、探伤检查（见图7-198）→导瓦参与预装（见图7-199）→导瓦清理、防锈、包装、发运。

图7-198　下导瓦加工后探伤检查

图7-199　下导瓦预装检查

2. 下导轴承监检项目及要求

下导轴承监检项目及要求见表7-53。

表7-53　下导轴承监检项目及要求

序号	监检项目	监检项目要求	监检方式
1	预备文件审查		
1.1	制造检查和试验计划审查	符合合同、监造协议要求	R
1.2	无损检测人员资格审查	符合合同、标准要求	R
1.3	焊接手册（附WPS）		R
1.4	焊接人员资格审查	符合合同、标准要求	R
2	原材料采购和检验		
2.1	主要材料材质证明文件（瓦基为ZG20SiMn或20号锻钢；瓦面为巴氏合金）	符合合同、标准要求	R
2.2	材料原产地		R
3	下导瓦探伤检查	符合合同、标准要求	W/R
4	下导瓦加工尺寸检查	符合合同、标准要求	W/R
5	导瓦防锈检查	符合合同、标准要求	W
6	运输、包装及装箱清单等的检查	符合合同、标准要求	W/R
7	设备发运的签发	符合合同、标准要求	R

注：R——文件见证；W——现场见证；H——停工待检；P——巡视检查。

7.4.12 集电环装配

1. 集电环装配结构和工艺特点

集电环装配由集电环和支架组成,集电环由钢板制成。集电环支撑采用锻钢,通过键与转轴连接在一起。

集电环装配工艺流程:集电环毛坯下料、支架下料、焊接→集电环粗加工→集电环与支架等装配→集电环装配精加工→加工尺寸检查(见图7-200)→清理、电气试验→清理、涂漆、包装、发运。

图7-200 集电环装配精加工尺寸检查

2. 集电环装配监检项目及要求

集电环装配监检项目及要求见表7-54。

表7-54 集电环装配监检项目及要求

序号	监检项目	监检项目要求	监检方式
1	预备文件审查		
1.1	制造检查和试验计划审查	符合合同、监造协议要求	R
1.2	无损检测人员资格审查	符合合同、标准要求	R
1.3	焊接手册(附WPS)		R
1.4	焊接人员资格审查	符合合同、标准要求	R
2	原材料采购和检验		
2.1	主要部位材质证明文件	符合合同、标准要求	R
2.2	材料原产地(集电环材料)		R
3	集电环装配精加工尺寸检查	符合合同、标准要求	W/R
4	集电环装配电气试验(绝缘电阻、交流耐压)	符合合同、标准要求	W/R
5	集电环装配涂漆检查	符合合同、标准要求	W
6	碳粉吸收装置		

续表

序号	监检项目	监检项目要求	监检方式
6.1	出厂验收（含刷架装配）	符合合同、标准要求	W/R
7	运输、包装及装箱清单等的检查	符合合同、标准要求	W/R
8	设备发运的签发	符合合同、标准要求	R

注：R——文件见证；W——现场见证；H——停工待检；P——巡视检查。

7.5 进水球阀部分——以长龙山抽水蓄能电站为例

长龙山抽水蓄能电站进水球阀主要由进水球阀主体（包含阀体、活门、枢轴、拐臂、固定密封环、活动密封环）、上游延伸段、下游伸缩节、旁通阀及旁通管、球阀接力器、球阀油压装置等组成。

7.5.1 球阀主体

1. 球阀主体结构和工艺特点

阀体、活门采用高强度铸钢结构，阀轴为锻造件。阀体纵向垂直分两瓣铸造，活门整体铸造，两边阀轴单独锻造，将活门与两个阀轴焊接后加工，放入左右阀体中将阀体组焊成一个整体，然后进行整体机加工，阀体装配固定密封环、活门装配活动密封环，最后装配拐臂后形成球阀主体，球阀主体与其他需要进行预装的部件（延伸段、伸缩节、旁通阀及旁通管路）预装完成后单独发运。

球阀主体制造流程为：阀体、活门铸造→材料检验（见图 7-201、图 7-202）→机加工→探伤→活门与枢轴装焊（见图 7-203）→探伤→退火（见图 7-204）→探伤检查→活门阀轴加工（见图 7-205）→活门阀轴与分瓣阀体装配→阀体焊接→球阀支腿、接力器锁定耳座焊接→探伤→热处理（见图 7-206）→探伤检查→整体机加工（见图 7-207）→装配固定密封环、活动密封环→接力器拐臂装配→进水阀密封漏水试验、整体压力试验（见图 7-208）→涂漆、包装、发运。

图 7-201 球阀阀体铸件

图 7-202 活门铸件

图 7-203 活门与枢轴装焊

图 7-204 活门与阀轴组焊后退火完成

图 7-205 活门阀轴组焊后加工

图 7-206 与活门阀轴装配后组焊完成的阀体

图 7-207 球阀整体加工

图 7-208 整体水压试验

2. 进水球阀主体监检项目及要求

进水球阀主体监检项目及要求见表 7-55。

表 7-55 进水球阀主体监检项目及要求

序号	监检项目	监检项目要求	监检方式
1	预备文件审查		
1.1	制造检查和试验计划审查	符合合同、监造协议要求	R
1.2	无损检测人员资格审查	符合合同、标准要求	R
1.3	焊接手册（附WPS）	符合合同、标准要求	R
1.4	焊接人员资格审查	符合合同、标准要求	R
2	原材料采购和检验		
2.1	主要部位材质证明文件	符合合同、标准要求	R
2.2	主要部位材质目视检查	符合合同、标准要求	P
3	主要部件单独加工		
3.1	阀体、活门粗加工后无损检测	符合合同、标准要求	W
3.2	阀体、活门粗加工后尺寸、形位公差、外观质量检查	符合图纸要求	W
3.3	球阀阀轴粗加工后无损检测	符合合同、标准要求	W
3.4	加工后尺寸、形位公差、外观质量检查（锻件交货状态）	符合图纸要求	W
4	活门与阀轴组焊加工		W
4.1	焊后无损检测	符合合同、标准要求	W
4.2	热处理	符合合同、标准要求	R
4.3	热处理后焊缝无损检测	符合合同、标准要求	W
4.4	热处理后尺寸、焊缝外观质量检查	符合图纸要求	W
4.5	精车后尺寸、形位公差、粗糙度检查	符合图纸要求	W
4.6	精镗后尺寸、形位公差、粗糙度检查	符合图纸要求	W
5	球阀阀体组焊加工		
5.1	焊前预装尺寸检查	符合图纸要求	W
5.2	焊后地脚焊缝和分瓣焊缝无损检测	符合合同、标准要求	W
5.3	热处理	符合合同、标准要求	R
5.4	热处理后焊缝无损检测	符合合同、标准要求	W
5.5	热处理后尺寸、焊缝外观质量检查	符合图纸要求	W
5.6	R面粗加工后MT	符合合同、标准要求	W
6	精车后尺寸、形位公差、粗糙度检查	符合图纸要求	W
7	精镗后尺寸、形位公差、粗糙度检查	符合图纸要求	W
8	钻后尺寸、外观质量检查	符合图纸要求	W
9	活动密封环、固定密封环装配尺寸检查	符合图纸要求	W
10	涂漆质量检查	符合合同、标准要求	W

续表

序号	监检项目	监检项目要求	监检方式
11	球阀主体压力动作试验验收	符合合同、标准要求	H
12	球阀主体涂装发运	符合合同、标准要求	W

注：R——文件见证；W——现场见证；H——停工待检；P——巡视检查。

7.5.2 伸缩节

1. 伸缩节结构和工艺特点

伸缩节用于进水阀拆装和使进水阀下游侧工作密封可以在不拆卸进水阀主体和不排空压力钢管的情况下检修和更换。伸缩节可拆卸，直接与进水阀下游侧法兰连接，与进水阀有相同的内径，伸缩节连接下游侧法兰和蜗壳进口延伸段法兰。伸缩节采用钢板焊接结构，有足够的强度和刚度。

伸缩节制造流程为：伸缩节下料、成型、装配、焊接→焊后无损检测→焊后热处理（见图7-209）→热处理后无损检测→喷砂、喷底漆→伸缩节与延伸段水压试验（见图7-211）→精车（见图7-210）→精镗→进人门开关动作试验→涂面漆（见图7-212）→发运。

图7-209 伸缩节焊接后热处理完成

图7-210 伸缩节与延伸段水压试验

图7-211 伸缩节车序尺寸检查

图7-212 伸缩节喷面漆完成

2. 伸缩节监检项目及要求

伸缩节监检项目及要求见表 7-56。

表 7-56 伸缩节监检项目及要求

序号	监检项目	监检项目要求	监检方式
1	预备文件审查		
1.1	制造检查和试验计划审查	符合合同、监造协议要求	R
1.2	无损检测人员资格审查	符合合同、标准要求	R
1.3	焊接手册（附 WPS）	符合合同、标准要求	R
1.4	焊接人员资格审查	符合合同、标准要求	R
2	原材料采购和检验		
2.1	主要部位材质证明文件	符合合同、标准要求	R
2.2	主要部位材质目视检查	符合合同、标准要求	P
3	装焊		
3.1	钢板拼焊缝无损检测	符合合同、标准要求	W
3.2	焊前焊接尺寸检查	符合图纸要求	W
3.3	焊后无损检测	符合合同、标准要求	W
3.4	焊后热处理	符合图纸要求	W
3.5	热处理后尺寸、外观质量检查	符合图纸要求	W
3.6	热处理后无损检测	符合合同、标准要求	W
3.7	焊缝打磨后无损检测	符合合同、标准要求	R
3.8	喷砂、底漆质量检查	符合合同、标准要求	W
3.9	水压试验	符合图纸要求	W
4	精车后尺寸、形位公差、外观质量检查	符合图纸要求	W
5	精镗后尺寸、形位公差、外观质量检查	符合图纸要求	W
6	进人门开关动作试验	符合图纸要求	W
7	涂漆质量检查	符合图纸要求	W

注：R——文件见证；W——现场见证；H——停工待检；P——巡视检查。

7.5.3 延伸段

1. 延伸段结构和工艺特点

进水阀上游与压力钢管连接处的一段钢管为延伸段。延伸段下游侧内径与进水阀相同，延伸段上游侧内径与压力钢管相同，采用钢板焊接结构，能承受作用在进水阀上的最大水推力并将其传递给压力钢管和混凝土。延伸段厚度与压力钢管相匹配。延伸段除带有与进水阀连接的法兰外，还有与旁通阀管、压力钢管充水管、压力钢管排水管、进水阀密封操作水管及其他管路连接的带法兰的管口。延伸段设置有适当数量的测压孔，以测量压力钢管的压力。

延伸段制造流程为：延伸段下料、成型、装配、焊接→焊后无损检测→焊后热处理→热处理后无损检测（见图7-213）→喷砂、喷底漆（见图7-214）→延伸段与伸缩节水压试验（见图7-215）→精车（见图7-216）→精镗→涂面漆→发运。

图7-213 延伸段焊接热处理后无损检测

图7-214 延伸段热处理后喷砂完成

图7-215 延伸段与伸缩节水压试验

图7-216 延伸段车序尺寸检查

2. 延伸段监检项目及要求

延伸段监检项目及要求见表7-57。

表7-57 延伸段监检项目及要求

序号	监检项目	监检项目要求	监检方式
1	预备文件审查		
1.1	制造检查和试验计划审查	符合合同、监造协议要求	R
1.2	无损检测人员资格审查	符合合同、标准要求	R
1.3	焊接手册（附WPS）	符合合同、标准要求	R
1.4	焊接人员资格审查	符合合同、标准要求	R
2	原材料采购和检验		
2.1	主要部位材质证明文件	符合合同、标准要求	R

续表

序号	监检项目	监检项目要求	监检方式
2.2	主要部位材质目视检查	符合合同、标准要求	P
3	装焊		
3.1	钢板拼焊缝无损检测	符合合同、标准要求	W
3.2	焊前焊接尺寸检查	符合图纸要求	W
3.3	焊后无损检测	符合合同、标准要求	W
3.4	焊后热处理	符合图纸要求	W
3.5	热处理后尺寸、外观质量检查	符合图纸要求	W
3.6	热处理后无损检测	符合合同、标准要求	W
3.7	焊缝打磨后无损检测	符合合同、标准要求	R
3.8	喷砂、底漆质量检查	符合合同、标准要求	W
3.9	水压试验	符合图纸要求	W
4	精车后尺寸、形位公差、外观质量检查	符合图纸要求	W
5	精镗后尺寸、形位公差、外观质量检查	符合图纸要求	W
6	涂漆质量检查	符合图纸要求	W

注：R——文件见证；W——现场见证；H——停工待检；P——巡视检查。

7.5.4 旁通阀和旁通管路

1. 旁通阀和旁通管路结构和工艺特点

旁通阀设备用于蜗壳充水和进水阀两侧平压。旁通管路上设有 2 个阀门：一个为正常运行的旁通阀，另一个为事故检修阀门。旁通阀和事故检修阀门均采用油压操作的不锈钢针阀，用法兰固定在旁通管上。旁通针阀由不锈钢制成，旁通阀检修针阀也是用不锈钢材料制成，内径与旁通阀相同。旁通管路为无缝不锈钢管，采用螺栓法兰连接。

旁通阀和旁通管路制造流程为：旁通阀和旁通管路采购→旁通阀和事故检修阀针阀动作压力试验→旁通管路、旁通阀和事故检修阀压力试验（见图 7-217）→旁通管路、旁通阀和事故检修阀与球阀预装（见图 7-218）→发运。

图 7-217 旁通管路、旁通阀压力试验

图 7-218 旁通管路、旁通阀与球阀预装

2. 旁通阀和旁通管路监检项目及要求

旁通阀和旁通管路监检项目及要求见表 7-58。

表 7-58 旁通阀和旁通管路监检项目及要求

序号	监检项目	监检项目要求	监检方式
1	主要部位材质证明文件	符合合同、标准要求	R
2	旁通阀和事故检修阀针阀动作压力试验	符合合同、图纸要求	W
3	旁通管路、旁通阀和事故检修阀与球阀预装	符合合同、图纸要求	W

注：R——文件见证；W——现场见证；H——停工待检；P——巡视检查。

7.5.5 球阀接力器

1. 球阀接力器结构和工艺特点

一台球阀含有 2 个双作用接力器，接力器缸采用优质合金钢制造、双向运动活塞操作，接力器活塞杆采用不锈钢材料制造。接力器缸、活塞环滑动表面是抗磨损和抗腐蚀的。厂家应采取可靠措施，防止沿接力器活塞杆漏油。接力器设置有可调缓冲装置，使进水阀在全行程的终点有较低的运动速度以防止撞击。

球阀接力器制造流程为：各部件无损检测→各主要部件加工→接力器总装→总装后耐压、动作、行程试验（见图 7-219）→涂装→发运。

图 7-219 球阀接力器总装验收

2. 球阀接力器监检项目及要求

球阀接力器监检项目及要求见表 7-59。

表 7-59 球阀接力器监检项目及要求

序号	监检项目	监检项目要求	监检方式
1	主要部位材质证明文件	符合合同、标准要求	R
2	各部件无损检测	符合合同、标准要求	R
3	各主要部件加工尺寸	符合合同、图纸要求	R

续表

序号	监检项目	监检项目要求	监检方式
4	总装尺寸、外观检查	符合合同、图纸要求	W
5	耐压、动作、行程试验	符合合同、图纸要求	W
6	涂漆、防锈质量检查	符合合同、图纸要求	W

注：R——文件见证；W——现场见证；H——停工待检；P——巡视检查。

7.5.6 球阀油压装置

1. 球阀油压装置结构和工艺特点

球阀油压装置由压力油罐、集油箱（也叫作回油箱）及其附属管路控制件组成。球阀油压装置主要结构件为压力油罐、集油箱。压力油罐是钢板焊接结构，每个油罐均应设置进人孔、底部带阀门的排油管、吊环和底座，清扫和检修压力油罐时，可以通过底部的排油管将压力油罐内的油排至集油箱。集油箱为钢板焊接结构，集油箱内用精密双层滤网分成两个区。

压力油罐、集油箱制造流程为：压力油罐、集油箱各自组焊→压力油罐、集油箱各自焊缝无损检测→压力油罐耐压试验、集油箱煤油渗漏试验→集油箱与相关部件装配→集油箱装配后相关试验→涂装发运。

2. 球阀油压装置监检项目及要求

压力油罐、集油箱监检项目及要求见表 7-60。

表 7-60 压力油罐、集油箱监检项目及要求

序号	监检项目	监检项目要求	监检方式
1	主要部位材质证明文件	符合合同、标准要求	R
2	压力油罐、集油箱焊缝无损检测	符合合同、标准要求	W
3	压力油罐耐压试验	符合合同、图纸要求	W
4	集油箱煤油渗漏试验	符合合同、图纸要求	W
5	集油箱与相关部件装配后试验	符合合同、图纸要求	W
6	压力油罐、回油箱涂漆质量检查	符合合同、图纸要求	W

注：R——文件见证；W——现场见证；H——停工待检；P——巡视检查。

第8章 水轮发电机组设备监造典型质量案例

本章分设计类、原材料类、焊接类、机加工类、装配试验类、涂漆外观和包装仓储类等6大类别，对乌东德左右岸电站、白鹤滩左右岸电站、长龙山抽水蓄能电站、巴基斯坦卡洛特水电站等4座电站水轮发电机组设备在监造工作中发现的典型质量问题进行了介绍。

8.1 设计类

8.1.1 乌东德右岸电站尾水排水阀材料与采购合同要求不符

质量问题描述：监造对乌东德水电站7号机2套尾水排水阀出厂检查见证，文件审查发现图纸设计的盘形阀阀座、阀体、阀杆材料不符合采购合同要求，合同文件第二卷《水轮机及其辅助设备技术部分》第2.2.19.5（2）要求"阀盘、阀座和阀杆均为不锈钢"，实际阀座、阀体为Q235C，在接触密封面位置铺焊不锈钢，阀杆为20号无缝钢管，在导向套部位铺焊不锈钢。

质量问题原因：设计选用材料与采购合同要求不符。

质量问题处理及结果：监造签发了《不符合项检验报告》，要求主机厂按照合同要求执行。主机厂修改设计，供应商重新生产制造，监造验收合格，《不符合项检验报告》关闭。

8.1.2 乌东德右岸电站顶盖平压管材质与采购合同要求不符

质量问题描述：乌东德右岸机组采购合同"第二部分 水轮机技术条款 2.2.11 顶盖 2.2.11.2（4）"规定：水轮机顶盖平压管采用不锈钢材料。制造厂设计的顶盖平压管直线段为内衬不锈钢复合钢管，不符合采购合同要求。

质量问题原因：设计选用材料与采购合同要求不符。

质量问题处理及结果：监造签发了《不符合项检验报告》及《监造工作联系单》，要求主机厂向业主进行报批，业主回函同意前3台已生产顶盖维持现有设计制造，后续3台顶盖平压管按合同要求采用全不锈钢材料，《不符合项检验报告》关闭。

8.1.3 乌东德右岸电站顶盖油箱管路材料与采购合同要求不符

质量问题描述：监造巡视车间生产现场，发现顶盖油箱管路材料为普通钢管，设计图纸中材料也规定为普通钢管。乌东德右岸电站采购合同《水轮机及其辅助设备技术部分》条款 2.1.17.2 规定"油管及管件采用不锈钢材料,并采用不锈钢法兰连接"。监造现场要求车间停止了顶盖油箱装配。

质量问题原因：设计选用材料与采购合同要求不符。

质量问题处理及结果：监造签发了《监造工程师通知单》,要求：(1)厂家停止顶盖油箱管路的装配工作。(2)核查所有部件设计图纸,对设计材料与采购合同规定不符的部件、零件进行设计改版。制造厂回复了《监造工程师通知单》：①顶盖油箱部分管路材料选择普通碳钢问题,是由于设计人员解读合同不仔细,理解有偏差,将以此为契机,加强设计方面的复核工作。②已停止了顶盖油箱管路的装配工作,对设计图纸进行了紧急改版,启动了新材料的替换流程。同时,设计部门按照合同要求重新复核所有部件设计图纸选材,特别相关的管路部分重点核查,定期完成所有图纸的复核工作。监造要求制造厂在图纸复核结束后提交复核结果及意见。乌东德右岸机组设计材料复查的工作完成后,制造厂回复监造未再发现材料不符合采购合同的情况。

8.1.4　乌东德右岸电站磁轭拉紧螺杆图纸要求机械性能指标低于行业标准要求

质量问题描述：乌东德右岸电站磁轭拉紧螺杆（牌号：40CrNiMo,试料毛坯直径 $\phi46.5mm$）图纸中标明的机械性能指标为：$R_m \geqslant 980MPa$,$R_{p0.2} \geqslant 835MPa$,$A\% \geqslant 11\%$,$A_{KV} \geqslant 74J$；GB/T 3077—2015《合金结构钢》规定：$R_m \geqslant 980MPa$,$R_{p0.2} \geqslant 835MPa$,$A\% \geqslant 12\%$,$Z\% \geqslant 55\%$,$A_{KV} \geqslant 78J$。图纸要求的延伸率（$A\%$）、冲击功（$A_{KV}$）低于行业标准要求,且无断面收缩率（$Z\%$）考核指标。

质量问题原因：设计未严格执行标准要求。

质量问题处理及结果：监造签发了《不符合项检验报告》。设计改版图纸,材料性能按照 GB/T 3077—2015《合金结构钢》执行,《不符合项检验报告》关闭。

8.1.5　白鹤滩右岸电站座环第 1 瓣大舌板内侧与环板接触处 1 处焊缝漏标

质量问题描述：监造在审查座环图纸过程中,发现大舌板内侧与环板接触处 1 处焊缝无焊接打磨要求,见图 8-1。

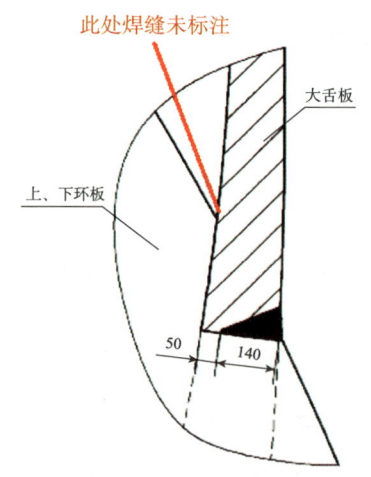

图 8-1　大舌板内侧与环板焊缝未标注

质量问题原因：图纸焊缝漏标。

质量问题处理及结果：针对上述问题，为保证过流面平滑和产品外观质量，监造方及时与制造厂沟通，要求制造厂明确该处焊接要求。制造厂经研究，对大舌板内侧与环板接触位置按照 $R20\sim30\mathrm{mm}$ 进行焊接，并在焊后铲磨过渡，见图8-2。

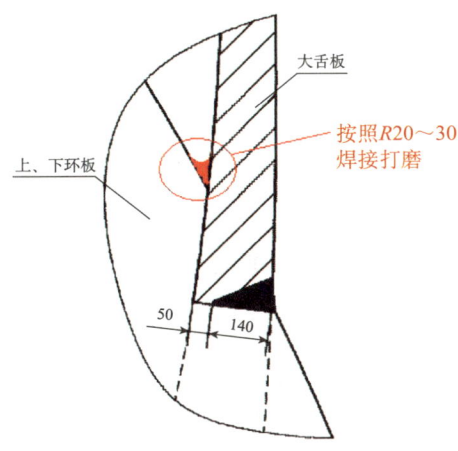

图8-2 大舌板内侧与环板间焊缝打磨圆角示意图

8.1.6 白鹤滩右岸电站座环第1瓣蜗壳尾节处设计改进

质量问题描述：监造在现场巡视检查中发现14号机座环第1瓣蜗壳尾节与座环环板、大舌板焊缝过渡不平滑（见图8-3）。

质量问题原因：焊缝过渡不平滑，流道不顺滑。

质量问题处理及结果：针对上述问题，监造及时向制造厂进行了反映，要求其认真处理。制造厂经研究，对设计结构进行了优化，在蜗壳尾部增加三角形导流板（见图8-4），并在焊后打磨光顺。

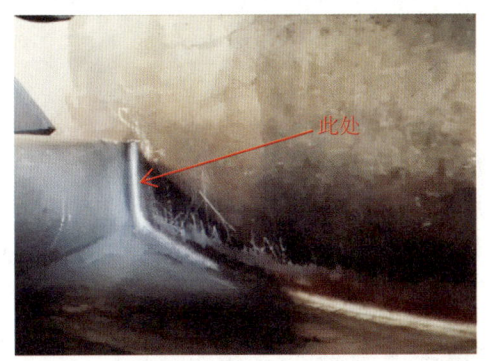

图8-3 座环第1瓣蜗壳尾节处过渡不顺滑

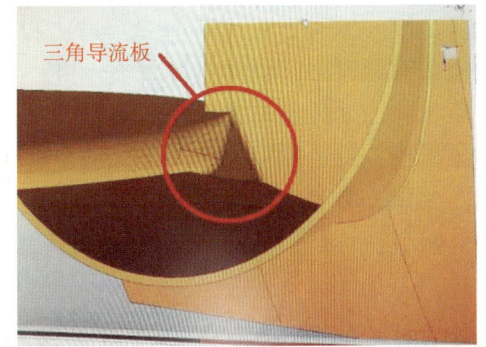

图8-4 蜗壳尾部增加的三角形导流板

8.1.7 白鹤滩右岸电站顶盖图纸合缝面间隙要求与标准不符

质量问题描述：监造审查白鹤滩顶盖加工图时发现，图纸要求"顶盖合缝面把合后，局部间隙不得大于0.15mm，长度小于总长度的20%，深度小于1/3合缝面宽度"，而GB/T

8564—2003 中 4.7 节标准要求"合缝面用 0.05mm 塞尺进行检查，不能通过。允许局部有间隙，用 0.10mm 塞尺检查，深度不应超过组合面宽度的 1/3，总长不应超过周长的 20%"。图纸要求与标准不符。

质量问题原因：图纸要求与标准要求不符。

质量问题处理及结果：针对以上问题，监造签发《不符合项检验报告》，要求制造厂认真处理；顶盖合缝面间隙检查符合 GB/T 8564—2003 中 4.7 节标准要求，《不符合项检验报告》关闭。

8.2 原材料类

8.2.1 乌东德右岸电站 7 号水轮机主轴下法兰材料检测不合格

质量问题描述：7 号水轮机主轴下法兰材料（Y 公司供货，炉号：6180114/1800576）业主方检测报告审查，化学元素 Mo 超标，标准要求≤0.08%，实测为 0.088%，其余检测项目合格，化学元素 Mo 复检后仍不合格，实测值为 0.098%。

质量问题原因：原材料质量问题。

质量问题处理及结果：监造签发了《不符合项检验报告》。制造厂将该情况向业主进行了报批，建议让步使用，业主同意，《不符合项检验报告》关闭。

8.2.2 乌东德右岸电站 7 号水轮机固定导叶原材料检测不合格

质量问题描述：7 号水轮机固定导叶在原材料检测过程中发现：①座环固定导叶业主方检验试块冲击吸收能第一次检测及第二次加倍复试均不符合标准要求。②制造厂根据监造要求对进场的第二批试块剩余 4 件（编号：803QTP5#-2、802QTP5#-2、803QTP3#-2、803QTP7#-2）试块进行了材料检验，并在业主方检验试块（编号：801QTP7#-2）上对冲击吸收能进行了再次检测。其中两件试块（编号：802QTP5#-2、803QTP3#-2）冲击吸收能不合格，业主方检验试块（编号：801QTP7#-2）冲击吸收能复测仍不合格。

质量问题原因：原材料材质不合格。

质量问题处理及结果：监造签发了《不符合项检验报告》，并向业主方以《专题报告》进行了汇报。制造厂对两件试块（编号：802QTP5#-2、803QTP3#-2）在天津技术检测研究所进行了复试，结果合格，编号为 801QTP7#-2 的试块对应的两件固定导叶（7 号机Ⅰ型-5、Ⅰ型-6）进行报废，用 8 号机的两件Ⅰ型固定导叶进行替代，后续再进行补料。《不符合项检验报告》关闭。

8.2.3 乌东德右岸电站 7 号机磁轭钢板材料业主方复检不合格

质量问题描述：制造厂对 T 公司供货的磁轭钢板材料进行复检，发现 3 个炉批次（炉号：B6702160、B5702102、B5702162）材料机械性能（抗拉强度、屈服强度）不符合标准要求，并且监造巡视发现磁轭钢板外观色差明显、表面存在麻点，不符合 Q/CTG 26—2015《大型水轮发电机高强度热轧磁轭钢板技术条件》中 5.5 条关于磁轭钢板表面质量的规定。另发现磁轭片激光切割后变形，不符合图纸要求。

质量问题原因：T公司供货的转子磁轭钢板材质不合格。

质量问题处理及结果：监造向制造厂签发了《不符合项检验报告》。关于T公司供货的磁轭钢板批量进厂后，制造厂按炉对磁轭钢板进行材料复检，监造依据采购合同对磁轭材料进行抽检，材料检测发现拉伸试验不合格问题，现场巡视发现外观质量问题、切割后变形的问题，监造方向业主以《专题报告》进行了汇报。制造厂决定对T公司供货的磁轭钢板全部进行退货处理，用W公司供货的材料更换，生产首台磁轭冲片。《不符合项检验报告》关闭。

8.2.4 乌东德右岸电站8号机发电机镜板轴承面硬度不符合合同要求

质量问题描述：8号发电机镜板硬度测试，实测距外圆100mm处硬度为190HB、196HB、197HB、192HB，内外圆平均半径处硬度为192HB、191HB、192HB、196HB，合同规定镜板硬度为200~250HB，硬度差≤30HB，实测硬度值不符合合同规定及标准要求。

质量问题原因：原材料质量问题。

质量问题处理及结果：监造签发了《不符合项检验报告》。制造厂报废了该镜板，并不再使用该供应商（N公司）产品，重新选择供应商（S公司）采购镜板原材料。《不符合项检验报告》关闭。

8.2.5 乌东德右岸电站7、8、9、10号发电机镜板化学成分超标

质量问题描述：7、8、9、10号发电机镜板材料（供货商：N公司；牌号：锻55号）业主方检测，发现部分化学成分不合格，数据见表8-1。

表8-1 镜板化学成分检测数据

元素	三峡标准	7号机（炉号：4901-16；料号：T3813）	8号机（炉号：4901-16；料号：T3712）	9号机（炉号：4909-16；料号：T3713）	10号机（炉号：4909-16；料号：T3714）
C	0.52~0.60	0.44	0.48	0.52	0.49
Si	0.17~0.37	0.23	0.23	0.23	0.23
Mn	0.50~0.80	0.74	0.73	0.73	0.72
P	≤0.025	0.006	0.004	0.004	0.004
S	≤0.015	0.001	0.004	0.004	0.004
Cr	≤0.25	0.13	0.17	0.17	0.17
Mo	—	0.035	0.12	0.12	0.11
Ni	≤0.25	0.084	0.27	0.27	0.27
Cu	≤0.25	0.089	0.13	0.13	0.13

测试数据反映7、8、10号发电机镜板C元素含量低于标准要求，不合格，8、9、10号发电机镜板Ni元素含量高于标准要求，不合格。对比供应商、制造厂、业主方三方检测数

据，发现：①7号发电机镜板 Mo、Ni、Cu 元素含量与原材料供应商检测报告、制造厂检测报告对比，数据有较大偏差；②9、10号发电机镜板 Ni 元素含量制造厂、业主方检测数据与供应商检测报告对比，数据有较大偏差。力学性能均符合标准要求。

质量问题原因：原材料质量问题或化学成分检测问题。

质量问题处理及结果：监造签发了《不符合项检验报告》。制造厂对镜板本体进行化学成分检测，符合标准要求，但因轴承面硬度测试仅7号机镜板满足标准，其余均不满足标准要求，制造厂重新采购镜板。《不符合项检验报告》关闭。

8.2.6 乌东德右岸电站8号发电机下端轴筒体材料检测不合格

质量问题描述：8号发电机下端轴筒体（Y 公司供货，炉号：5160401/1602413）90°位置轴向冲击试验、0°位置切向冲击试验双倍复检均不合格，标准要求≥30J，轴向实测值为：10J、43J、14J、12J、10J、21J；切向实测值为：17J、9.3J、24J、41J、27J、14J。

质量问题原因：原材料质量问题。

质量问题处理及结果：监造签发了《不符合项检验报告》。制造厂决定报废该材料，并重新补料。重新补料后，制造厂与业主方均检测合格，《不符合项检验报告》关闭。

8.2.7 乌东德右岸电站9号机转轮叶片1片精加工铲磨后 PT 探伤发现4处裂纹缺陷

质量问题描述：9号机转轮叶片1片（供应商：R 公司；炉号：226132）精加工铲磨后 PT 探伤检查见证，发现4处裂纹缺陷（见图8-5、图8-6），现场用 MT 探伤检查进行了确认，在此区域范围进行 UT 探伤检查，发现了母材内部2处缺陷显示。

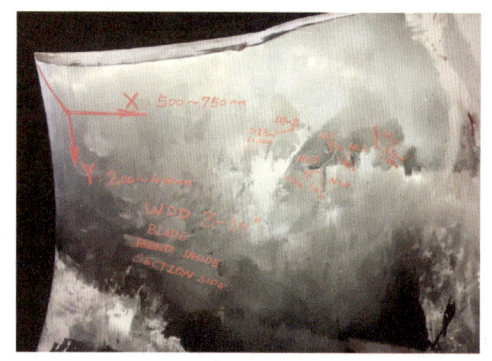
图8-5 9号机转轮叶片裂纹区域

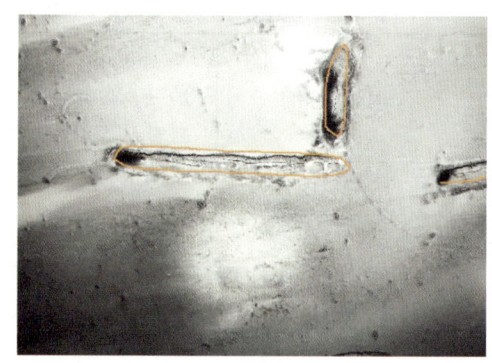
图8-6 9号机转轮叶片裂纹缺陷 MT 显示

质量问题原因：转轮叶片原材料缺陷。

质量问题处理及结果：监造签发了《不符合项检验报告》，R 公司已经制定了缺陷返修方案，经制造厂技术部门审核通过；叶片返修处理完成后，对返修部位进行 UT+PT 探伤检查见证，未发现超标缺陷，合格。同时对其余14件叶片增加一次 UT 检查，未发现超标缺陷，《不符合项检验报告》关闭。

8.2.8 乌东德右岸电站11号机转轮叶片（5-1号）发现4处裂纹缺陷

质量问题描述：11号机转轮叶片（5-1号）铲磨后正压侧发现4处裂纹缺陷，缺陷挖开尺寸（$L \times W \times D$）分别为：①150mm×17mm×25mm；②120mm×32mm×10mm；③105mm×20mm×10mm；④55mm×20mm×15mm，见图8-7。

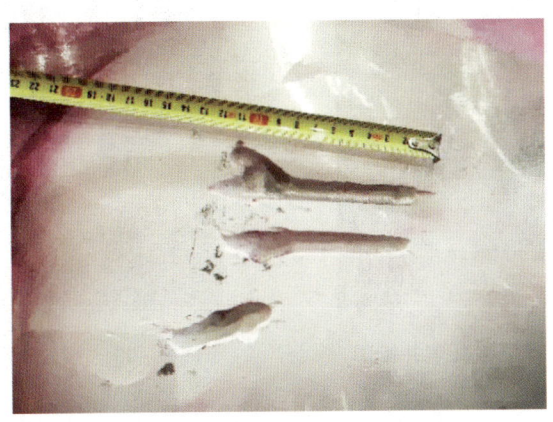

图8-7　11号机转轮叶片（5-1号）裂纹缺陷挖开情况

质量问题原因：转轮叶片母材缺陷。

质量问题处理及结果：监造签发了《不符合项检验报告》；经挖缺后确定为次要缺陷，由供应商（D公司）按照制造厂批复的工艺进行了补焊返修，并进行UT+MT+PT探伤检查，合格，《不符合项检验报告》关闭。

8.2.9　乌东德右岸电站10号机控制环把合板母材缺陷

质量问题描述：10号机控制环+Y瓣把合孔加工后，在把合板母材上发现一处目视缺陷，经PT+UT探伤检查，长约100mm，深度0~80mm，见图8-8、图8-9。

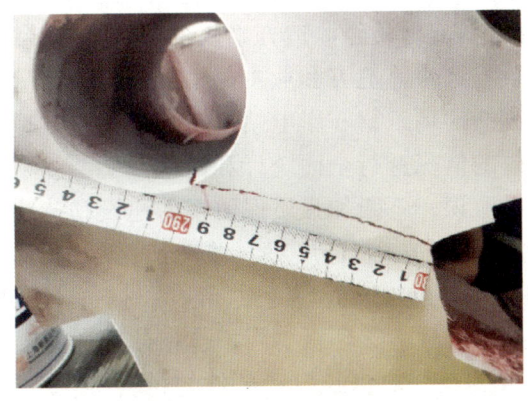

图8-8　缺陷PT显示

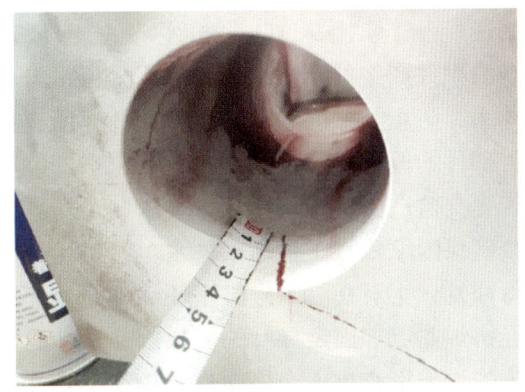

图8-9　缺陷PT显示

质量问题原因：原材料缺陷。

质量问题处理及结果：监造签发了《不符合项检验报告》。根据制造厂工艺设计意见，机加工清除缺陷并进行补焊及加工修复，对该区域进行UT+PT探伤检查（见图8-10、图8-11），对控制环重新进行尺寸检查，符合设计及工艺要求，《不符合项检验报告》关闭。

图8-10 缺陷位置裂纹清除处理并堆焊

图8-11 裂纹清除并堆焊后探伤检查

8.2.10 乌东德右岸电站9、11号机座环原材料检测不符合要求

质量问题描述：监造审查乌东德右岸电站9号机座环主要材料制造厂复检报告，发现1炉批（S406379）钢板材料Z向断面收缩率不符合标准要求，标准要求断面收缩率≥35%，实测一组三个数值为：20%，42%，34%。制造厂未对该检测项目进行复检，并且进行了下料投产，将该块钢板使用到9号机座环A瓣上环板（与固定导叶点焊完成，待焊接）、11号机座环A瓣上环板（已下料，待拼焊），不符合《乌东德、白鹤滩水电站水轮发电机组原材料业主方检测管理办法》的相关要求。

质量问题原因：制造厂原材料检验流程不规范，质量体系存在缺陷。

质量问题处理及结果：监造签发了《不符合项检验报告》和《监造工程师通知单》，要求制造厂：①拿出9、11号机座环A瓣环板处理方案，材质经监造方确认合格后方可转序；②查清事件产生的原因，形成原因分析报告和整改方案报监造方和业主，完善原材料质量控制体系，防止类似问题重复发生；③对所有正在制造的乌东德右岸电站机组涉及业主方检测项目部件的原材料厂家材质报告、制造厂复检报告的情况进行全面统计和详细说明，并形成报告提交监造方审查备案；④要求制造厂增强质量意识，不断加强质保体系的建设和持续完善，确保国家重点工程乌东德水电站机组设备的制造质量。制造厂对《监造工程师通知单》进行回复：①对9、11号机座环A瓣环板不合格材料予以报废处理，重新购买材料，9号机已经拼焊并点焊固定导叶的环板割除导叶后运回天津处理；②环板材料不合格使用的原因是人为失误未审查出不合格项，未提交监造审查造成的；③对已经投产部件的材料材质报告、复检报告已经整理提交监造；④由质量部规范质量保证体系并落实执行，确保产品质量。《不符合项检验报告》关闭。

8.2.11 乌东德左岸电站1号水轮机座环3/4瓣环板母材表面裂纹

质量问题描述：监造见证1号座环3/4瓣热处理后MT探伤检查，发现座环环板工装吊耳去除后在环板母材焊接热影响区域均存在裂纹（见图8-12）。

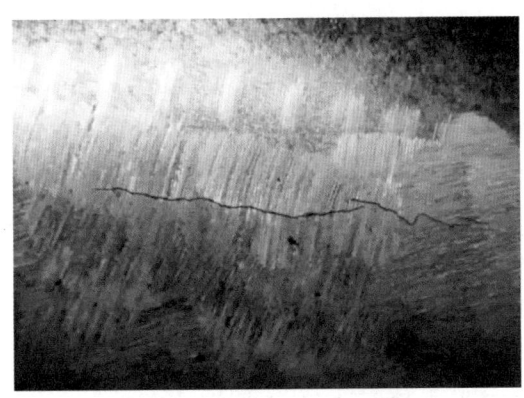

图 8-12 座环环板母材工装吊耳去除后产生的裂纹

质量问题原因：工装吊耳焊接时预热温度不满足工艺要求。

质量问题处理及结果：监造签发了《不符合项检验报告》。制造厂对缺陷部位进行了返修处理，监造现场见证返修后 MT 探伤检查，未发现超标缺陷，《不符合项检验报告》关闭。

8.2.12 白鹤滩右岸电站座环环板材质不合格

质量问题描述：监造对 14 号机座环环板（炉号 16020009DZ）的 SGS 检测报告进行了审查，发现其屈服强度不合格：实测为 415MPa，标准要求不小于 420MPa；后续监造方对该环板的力学性能双倍复检结果进行了审查：屈服强度分别为 410MPa、406MPa，仍不合格。最终判定该座环环板为不合格。

质量问题原因：材质检测不合格。

质量问题处理及结果：监造签发了《不符合项检验报告》，要求制造厂对上述钢板进行处理。制造厂决定对上述钢板进行报废处理，《不符合项检验报告》关闭。

8.2.13 白鹤滩右岸电站座环固定导叶材质不合格

质量问题描述：监造对 14 号机座环固定导叶［炉号 16104020626（导叶号 1～21）］的 SGS 检测报告进行了审查，发现其冲击功不合格。后续监造对该固定导叶的冲击功复检结果进行了审查，结果仍不合格。最终该固定导叶判定为不合格。

质量问题原因：材质检测不合格。

质量问题处理及结果：监造方签发了《不符合项检验报告》，要求制造厂对上述钢板进行处理。制造厂决定对上述固定导叶进行报废处理，《不符合项检验报告》关闭。

8.2.14 白鹤滩右岸电站座环大舌板力学性能检测不合格

质量问题描述：监造对 10 号机座环上海材料研究所检测报告进行了审查，发现其屈服强度（$R_{p0.2}$）、抗拉强度均不合格（标准要求分别为不小于 440MPa、600MPa，实测分别为 374MPa、578MPa）。后续监造对大舌板拉伸试验双倍复检结果进行了审查：屈服强度双倍复检结果为 431MPa、423MPa；抗拉强度双倍复检结果为 615MPa、613MPa，屈服强度仍不合格。最终该大舌板判定为不合格。

质量问题原因：材质检测不合格。

质量问题处理及结果：针对以上情况，监造签发了《不符合项检验报告》，要求制造厂进行处理，制造厂决定对该大舌板进行报废处理，《不符合项检验报告》关闭。

8.2.15　白鹤滩右岸电站活动导叶力学性能检测不合格

质量问题描述：监造对 16 号机活动导叶（2 件）上海材料研究所检测报告进行了审查，发现 1 件 $R_{p0.2}$ 不合格，实测为 583MPa，与标准不符（标准要求≥600MPa）；后续监造方对上述活动导叶双倍复检结果进行了审查，结果为 592MPa、581MPa，仍与标准不符。

质量问题原因：材质检测不合格。

质量问题处理及结果：针对以上情况，监造签发《不符合项检验报告》，要求制造厂进行处理；原材料厂对该活动导叶重新进行了热处理，热处理后，制造厂、监造方对该活动导叶力学性能重新进行了检测，结果合格，《不符合项检验报告》关闭。

8.2.16　白鹤滩右岸电站转轮上冠 Ni 元素含量不合格

质量问题描述：监造对 10 号机（暂定）转轮上冠上海材料研究所检测报告进行了审查，发现 1 个小瓣（炉号 1860101；卡号 2218038-2）化学成分 Ni 含量不合格，实测 4.41%，标准要求为 4.5%~5.5%（GB/T 222 允许偏差为±0.07%）；后续监造对该台上冠 Ni 含量双倍复检结果进行审查：实测为 4.40%、4.39%，复检仍不合格。最终该上冠 Ni 含量判定不合格。

质量问题原因：材质检测不合格。

质量问题处理及结果：针对以上情况，监造签发了《不符合项检验报告》，要求制造厂进行处理。制造厂决定对上述小瓣进行报废处理，《不符合项检验报告》关闭。

8.2.17　白鹤滩右岸电站 2 个上冠、1 个下环热处理温度偏低

质量问题描述：据制造厂反馈，原材料厂家提供的第 1 个下环二次回火温度为 565℃；经监造进一步了解，原材料厂家已生产的 2 个上冠二次回火温度为 570℃；原材料厂家 2 个上冠和 1 个下环的二次回火温度不仅低于三峡标准 Q/CTG 1—2017 要求（回火温度应不低于 590℃），且低于制造厂将来转轮焊后的热处理温度（580℃）。

质量问题原因：热处理与标准、工艺不符。

质量问题处理及结果：为避免类似问题，监造向制造厂签发《监造工程师通知单》，要求：①对已生产的转轮铸件（上冠、下环、叶片）热处理报告进行复查，以确认其热处理是否符合要求；并将复查结果和相关热处理报告提交监造方；②加强转轮铸件（上冠、下环、叶片）厂家热处理工艺控制，保证热处理符合三峡标准要求；③后续向监造方提供转轮铸件（上冠、下环、叶片）材质报告时，一并提供热处理报告。制造厂复查后，对不符合要求的上冠、下环重新进行了热处理，监造方对制造厂方提交的复查结果和相关热处理报告进行了审查，结果符合要求。后续，制造厂按要求提供了相关热处理报告，并加强了对转轮铸件厂家的质量控制。

8.2.18　白鹤滩右岸电站转轮叶片厂家出现部分二次回火温度偏低

质量问题描述：监造对 14 号机转轮叶片 8 件厂家材质报告进行了审查，发现：3 件叶片

（编号 FA7735、FA7674、FA7622）二次回火温度偏低，最低 1 件（FA7622）低于 585℃；与三峡标准不符（三峡标准要求二次回火温度应不低于 590℃）；监造再次对已提交的 14 号机转轮叶片 22 件厂家材质报告进行复核，发现 1 件叶片（编号 FA7793）二次回火温度偏低。

质量问题原因：热处理与标准、工艺不符。

质量问题处理及结果：针对上述问题，监造签发了《不符合项检验报告》，要求制造厂进行处理。对上述 4 件叶片，制造厂决定在转轮焊后热处理时按温度下限（不高于 580℃）进行，《不符合项检验报告》关闭。

8.2.19　白鹤滩左岸电站座环 260mm 厚环板（SXQ500D-Z35）业主方检验不合格

质量问题描述：监造对 X 钢厂供货的 260mm 厚环板（Q6A09043010、Q6B02248010、Q6B02249010）进行业主方检验，发现其冲击功不合格，且业主方检测数据与制造厂家数据差距过大。

质量问题原因：制造厂家未按标准制作冲击试样，钢厂热处理工艺不合理。

质量问题处理及结果：监造签发了《不符合项检验报告》，并向业主提交了《专题报告》。钢厂提出具体的整改措施，并通过了专家评审会，制造厂家重新启动钢厂钢板性能试验，业主方检验不合格的 3 张钢板进行报废处理，《不符合项检验报告》关闭。

8.2.20　白鹤滩左岸电站座环 80mm 厚过渡板（SX780CF）业主方检测不合格

质量问题描述：监造对 B 钢厂供货的 80mm 过渡板 1 张钢板在业主方检测时，5% 拉伸制样时出现颈缩（横向、纵向 4 个试样），导致时效冲击试验失败。

质量问题原因：供货质量不稳定。

质量问题处理及结果：监造签发《不符合项检验报告》，要求制造厂处理。制造厂对该钢板进行了报废处理，《不符合项检验报告》关闭。

8.2.21　长龙山抽水蓄能电站球阀活动密封环铸件表面缺陷

质量问题描述：监造见证球阀备品上游活动密封环精车后 PT 检查，发现 9 处线性、圆形缺陷，线性缺陷最大长度 14mm，圆形缺陷最大直径 4mm；后续监造见证球阀备品下游活动密封环精车后 PT 检查，发现 14 处线性、圆形、密集缺陷，线性缺陷最大长度 18mm，圆形缺陷最大直径 5mm；再后监造见证 4 号机下游活动密封环精车后 PT 检查，发现 30 处线性、圆形、密集缺陷，线性缺陷最大长度 13mm，圆形缺陷最大直径 5mm。

质量问题原因：铸造缺陷。

质量问题处理及结果：针对球阀备品和 2、4 号机活动密封环精车后 PT 探伤检查发现较多缺陷的问题，监造签发了《监造工作联系单》，要求制造厂家进行处理。制造厂家对缺陷进行修补处理并 PT 复探合格，该问题关闭。

8.2.22　长龙山抽水蓄能电站 3、4 号机磁轭拉紧螺杆生产不规范

质量问题描述：监造在文件见证长龙山 3、4 号机磁轭拉紧螺杆的取样报告时发现：①热处理炉号为 T20191207 的 M42 拉紧螺杆（456 件）热处理时有 8 架堆砌 5 层进行；②热

处理炉号为 T2020110-3 的 M42 拉紧螺杆（55 件）热处理时有 1 架堆砌 6 层进行，不满足 JDSW-KZCX—2019A《拉紧螺杆钢棒热处理和力学性能检测过程控制程序》中第 3.2 条钢棒直径在 $\phi 35 \sim 45\text{mm}$ 之间热处理层数≤4 层的要求。

质量问题原因：厂家未按规范生产。

质量问题处理及结果：监造签发《不符合项检验报告》，要求制造厂家拿出处理方案。制造厂家回复意见：①热处理炉号为 T20191207 的 M42 拉紧螺杆（456 件）未叠小段所用拉紧螺杆尺寸较小，5 层堆叠对性能影响不大，可进入三方检测程序；②热处理炉号为 T2020110-3 的 M42 拉紧螺杆（55 件）因记录描述模糊，经调查核实为 3 层叠装，但取样位置不满足标准要求，重新进行取样。《不符合项检验报告》关闭。

8.2.23　卡洛特水电站 1 号机上端轴原材料化学元素不合格

质量问题描述：监造见证卡洛特 1 号机上端轴锻件业主方检测报告，发现 4 种化学元素（C、Mn、Cr、Mo）含量不符合标准要求，复试后 4 种化学元素仍然超标。

质量问题原因：元素偏析。

质量问题处理及结果：监造签发了《不符合项检验报告》，要求制造厂拿出处理方案。制造厂进行本体取样并送第三方检测机构进行复试，结果合格，《不符合项检验报告》关闭。

8.3　焊接类

8.3.1　乌东德右岸电站 12 号机座环环板与固定导叶焊缝热处理前 UT 发现较多缺陷

质量问题描述：监造对 12 号机座环 C 瓣下环板与固定导叶组合焊缝热处理前 UT 探伤检查见证，发现超标缺陷 6 处，最长 700mm，深度 60~200mm，与上环板与固定导叶焊缝 UT 探伤，共发现 16 处超标缺陷，总长 4120mm，缺陷性质为夹渣、未熔合。

质量问题原因：焊工操作技能水平较差及管理问题。

质量问题处理及结果：由于在此瓣座环固定导叶与环板焊缝热处理前 UT 探伤时发现较多缺陷，监造签发了《不符合项检验报告》。制造厂按工艺对焊缝缺陷返修及探伤检查合格，《不符合项检验报告》关闭。

8.3.2　乌东德右岸电站 12 号机座环固定导叶 MT 探伤发现裂纹

质量问题描述：监造对乌东德右岸电站 12 号机 A、C 瓣座环固定导叶过流面进水边搭焊支撑去除区域 MT 探伤缺陷返修后检查见证，发现：①A 瓣座环 22 号固定导叶进水边搭焊支撑去除区域有 2 条裂纹，长度 6~20mm，返修深度大于 10mm，见图 8-13；②C 瓣座环 12 号固定导叶进水边搭焊支撑去除区域有 7 条裂纹，返修深度大于 10mm，见图 8-14。这两个区域的缺陷在此之前已经进行了数次返修，仍未返修合格。

质量问题原因：固定导叶搭焊区域热处理前未进行探伤检查。

质量问题处理及结果：监造签发了《不符合项检验报告》，要求：①对缺陷多次返修不合格原因进行分析；②在缺陷返修后增加超声波探伤检测。同时，监造要求质量、工艺、探伤、车间主管到座环预装现场进行分析，返修工作暂停，由工艺部门提出具体处理方案后再

图 8-13 A 瓣座环 22 号固定导叶缺陷

图 8-14 C 瓣座环 12 号固定导叶缺陷

进行处理。经再次返修后，MT 探伤检查仍有缺陷存在。监造要求质量工程师、项目经理、焊接工艺、车间主管再次就固定导叶缺陷返修一事进行商讨，要求车间主管对固定导叶缺陷返修过程进行说明，由工艺部门制定新的返修工艺。后续车间依据新的返修工艺对固定导叶缺陷进行修复，监造对返修后探伤检查进行见证，合格，《不符合项检验报告》关闭。

8.3.3　乌东德右岸电站 7 号机底环止漏环塞焊区发现较多缺陷

质量问题描述：乌东德右岸电站 7 号机底环止漏环精加工后塞焊位置发现较多目视可见外观缺陷，且有较明显深度与面积。该底环在粗车、半精车序已经进行了消缺处理并 PT 探伤合格，但在精车后仍出现大量缺陷，反映出止漏环塞焊质量较差。

质量问题原因：底环止漏环塞焊质量较差。

质量问题处理及结果：监造签发了《监造工程师通知单》，要求制造厂：①查明底环止漏环塞焊孔缺陷产生原因，制定方案进行返修，并保证精加工面外观及尺寸要求；②对后续台份底环、顶盖抗磨板、止漏环的塞焊过程进行控制，采取措施，避免产生类似大量缺陷。制造厂进行了回复：问题产生的原因是焊接有一定难度，未引起重视，导致加工后表面目视及 PT 缺陷较多；改进措施为在后续台份顶盖、底环塞焊位置选派技能优秀的焊工，工艺将药芯焊丝改为实心焊丝以便于脱渣。底环按照工艺方案进行了氩弧焊修补，并进行车修及抛磨，外观、探伤、尺寸检查合格。

8.3.4　乌东德右岸电站 7 号机下机架锥筒与中环板高度超差

质量问题描述：乌东德右岸电站 7 号机下机架锥筒与中环板焊接热处理后尺寸检查见证，发现锥筒高度尺寸超差（为中环板下平面到下环板上平面距离，下环板将在工地转轮车间焊接），设计值 $H2500±6mm$，实测 $H2490mm$。

质量问题原因：焊接变形。

质量问题处理及结果：监造签发了《不符合项检验报告》。对此问题，制造厂已经开启处理单，下机架在工地焊接下环板时在焊接坡口处增加 10mm 垫条，单边焊缝成型后去除垫条。下机架中心体在工地车间按照工艺意见进行了调整，焊接后尺寸满足图纸要求，《不符合项检验报告》关闭。

8.3.5　乌东德右岸电站 12 号水轮机座环 20 个吊耳大量返修

质量问题描述：监造对乌东德右岸电站 12 号机座环吊耳 UT 检查见证，发现 20 个 110mm 厚吊耳全部存在未熔合、未焊透缺陷。经查座环图纸 E 版，20 个吊耳焊缝等级为 2 级，应进行 100% UT + PT 检查，车间使用图纸为 D 版，对吊耳焊缝要求为 3 级，只进行 100% PT 探伤检查。E 版图纸修订时间为 2015 年 12 月 15 日，目前图纸已经是 F 版，修订时间为 2016 年 1 月 22 日，而车间仍在使用 D 版图纸。

质量问题原因：新版图纸未及时下发车间。

质量问题处理及结果：监造签发了《监造工作联系单》，与制造厂设计、工艺、质量、生产部门对座环吊耳返修一事进行会议商讨，要求：①查明车间使用图纸时未使用新版的原因，是否存在质量管理体系问题；②如何控制座环吊耳在热处理后大量返修导致的座环变形，是否需要进行消应处理；③由于座环已经热处理完成，要求工艺部门制定针对吊耳返修的方案。制造厂回复：图纸发放版本滞后是由于图纸上传系统问题，导致车间未及时收到新版图纸，已对该环节进行了漏洞修补，工艺部门对吊耳焊接重新修订了焊接方案，对 20 个吊耳重新焊接，监造对重新焊接后焊缝探伤检查进行了见证，结果合格。

8.3.6　乌东德右岸电站基础环分包单位不具备整体热处理条件

质量问题描述：根据乌东德右岸电站埋件监造站反馈，制造厂分包给 G 公司金属结构厂制造的 4 台套基础环不具备整体热处理条件，而制造厂本厂制造的基础环有整体热处理工艺要求。分包商的基础环制造工艺与制造厂基础环制造工艺不符，也不符合采购合同商务部分附件十三《卖方对拟分包或外购部件、材料监造的实施方案》中的相关规定。

质量问题原因：分包单位不具备整体热处理条件。

质量问题处理及结果：监造向制造厂签发了《不符合项检验报告》，要求分包单位提出消应方案。制造厂与分包商 G 公司金属结构厂提出了振动时效的方法进行消应处理，并完成了现场 4 台基础环的消应工作，《不符合项检验报告》关闭。

8.3.7　乌东德右岸电站 9 号机顶盖环板拼焊探伤合格后在焊缝及热影响区进行火焰矫形

质量问题描述：监造现场巡检发现，乌东德右岸电站 9 号机顶盖已拼焊并 UT + PT 检查合格的环板在拼焊焊缝热影响区进行火焰矫形，该工艺检验安排不合理，影响焊缝质量。

质量问题原因：工艺流程不合理，检验时机不合理。

质量问题处理及结果：监造签发了《不符合项检验报告》，要求制造厂：①对 9 号机顶盖已经火焰矫形部件焊缝重新进行探伤检查；②工艺、质量、生产部门对此类工艺流程不合理现象进行改正，避免再次发生，保证产品质量。制造厂已经重新对顶盖环板焊缝进行 PT + UT 探伤检查，合格，并就此问题进行质量警示，重新制定操作流程，避免此类问题再次发生。《不符合项检验报告》关闭。

8.3.8　乌东德左岸电站 1、6 号水轮机座环蜗壳尾节（第 30 节）违规矫形

质量问题描述：监造现场巡视座环蜗壳尾节（材料 SX610CF）制造现场，发现 1、6 号机座环蜗壳尾节（第 30 节）制造过程中工人使用火焰矫形，施工现场未发现温控设备及相应的工艺文件，且火焰矫形面积较大，不符合 SL 36—2006《水工金属结构焊接通用技术条件》第 9 条焊件矫形操作要求，见图 8 - 15。

图 8 - 15　座环蜗壳尾节（第 30 节）违规火焰矫形

质量问题原因：工人违规操作。

质量问题处理及结果：监造签发了《不符合项检验报告》，制造厂对该座环蜗壳尾节进行了报废，《不符合项检验报告》关闭。

8.3.9　乌东德左岸电站 5 号机座环机加工组圆后预验收尺寸超差

质量问题描述：监造对 5 号机座环预验收前尺寸检查见证，检查发现 24、25 号固定导叶外切圆尺寸超差，图纸要求为 7000±5mm，实测为 6994mm 和 6992mm。

质量问题原因：座环组圆机加工前 24、25 号固定导叶外切圆尺寸未检查。

质量问题处理及结果：监造签发了《不符合项检验报告》，厂家对外切圆超差位置进行补焊，经 UT+MT+PT 探伤检查，未发现超标缺陷，尺寸、型线检查合格，《不符合项检验报告》关闭。

8.3.10　乌东德左岸电站 2 号机座环固定导叶出水边变形与缺肉问题

质量问题描述：监造对 2 号机座环 3/4 瓣巡视检查发现，11 号固定导叶出水边距上环板 400mm 处因外力造成变形（长度 130mm，最大变形 5mm），12 号固定导叶出水边距上环板 700mm 处因电弧击伤造成缺肉（12mm×4mm）。

质量问题原因：固定导叶出水边变形为起吊时砸伤，缺肉为电弧击伤。

质量问题处理及结果：监造签发了《不符合项检验报告》，厂家对变形问题进行了矫正，对缺肉位置进行了补焊，监造对补焊后尺寸、型线、探伤检查进行了见证，结果合格，《不符合项检验报告》关闭。

8.3.11　乌东德左岸电站 2 号机下机架焊接质量问题

质量问题描述：监造到外协厂对 2 号机下机架中心体项 5、6、7、8 组件焊后探伤见证。

VT 外观检查时发现，焊缝摆宽超标最大达到 30mm，焊接立缝单层焊道厚度达到 20mm 超标。UT 探伤时发现项 7 与项 5、6 之间的焊缝存在多处横向裂纹，较深处为 10～30mm，X 向宽度 0～20mm（贯彻整改横向焊缝），MT 探伤发现第 6 瓣存在多处裂纹缺陷，见图 8-16、图 8-17。

图 8-16　下机架缺陷所在位置

图 8-17　探伤缺陷标记

质量问题原因：外协厂质量控制不到位。

质量问题处理及结果：监造签发了《不符合项检验报告》，厂家对质量体系进行了全方位整顿，并对下机架中心体焊接件进行了返修，监造对返修后复检进行了见证，结果合格，《不符合项检验报告》关闭。

8.3.12　白鹤滩右岸电站座环焊接尺寸检查不满足见证条件

质量问题描述：监造接制造厂通知，对 16 号机座环第 1、2 瓣退火前尺寸进行了检查见证，发现：第 1 瓣：①部分焊缝未打磨完成；②退火前探伤工作未完成。第 2 瓣：①部分焊缝未打磨完成；②退火前探伤工作未完成（见证时焊缝还在返修）；③退火前尺寸自检未完成。

质量问题原因：制造厂质量管理存在问题。

质量问题处理及结果：监造指出以上问题并要求制造厂立即处理，制造厂进行了现场整改。监造对座环第 1、2 瓣退火前外观和尺寸检查再次进行了见证，结果符合图纸要求；针对上述出现的情况，监造签发了《监造工作联系单》，要求制造厂后续规范座环检查流程，避免类似问题的再次发生。

8.3.13　白鹤滩右岸电站座环第 1 瓣蜗壳第 25 节下料成型过程中火焰矫形

质量问题描述：监造现场巡检发现，14 号机座环第 1 瓣蜗壳第 25 节下料有 3 处火焰矫形痕迹，经查，蜗壳第 25 节下料在成型过程中的确进行了火焰矫形，见图 8-18。

质量问题原因：与工艺要求不符。

质量问题处理及结果：白鹤滩右岸电站座环第 1 瓣蜗壳第 25 节钢板为 SX610CF 高强钢板，按工艺要求不允许进行火焰矫形。针对此问题，监造方签发了《不符合项检验报告》，要求制造厂进行处理。制造厂对上述蜗壳第 25 节报废重制。《不符合项检验报告》

图 8-18 座环蜗壳尾节发现火焰矫形痕迹

关闭。

8.3.14 白鹤滩右岸电站座环焊接预热温度不符合工艺要求

质量问题描述：监造方在现场巡视检查过程中，发现在焊接 9 号机座环第 1 瓣 22 号固定导叶与下环板焊缝时，预热温度只有 82℃，不能满足焊接工艺要求中预热温度不小于 120℃ 的要求。

质量问题原因：焊接不符合工艺要求。

质量问题处理及结果：针对上述问题，监造签发了《监造工作联系单》，要求制造厂加强白鹤滩右岸电站机组设备焊接过程控制，后续制造厂加强了焊接质量控制。

8.3.15 白鹤滩右岸电站座环第 3 瓣退火后探伤检查发现一处裂纹缺陷

质量问题描述：监造对 9 号机第 3 瓣座环退火后固定导叶与上环板焊缝 UT 探伤检查进行了见证，发现 15 号固定导叶与上环板焊缝有一处超标缺陷，长约 490mm、深约 60mm，距固定导叶出水边 680~1170mm，距固定导叶 S 面 140~200mm，缺陷性质为裂纹。

质量问题原因：焊接缺陷。

质量问题处理及结果：监造方签发了《不符合项检验报告》，要求制造厂进行处理，并分析产生缺陷的原因，同时加强座环焊接质量控制，避免类似情况的再次发生；制造厂对上述问题原因进行了分析，制定了返修方案和质量控制措施，并将上述文件提交给监造；监造对返修后探伤进行了见证，结果合格，《不符合项检验报告》关闭。

8.3.16 白鹤滩右岸电站座环上环板 UT 探伤发现一处超标缺陷

质量问题描述：监造对第 1 瓣座环退火前 UT 探伤见证，发现在上环板靠近大舌板部位有一处超标缺陷，距上环板过流面 60mm 深，面积约 200mm×240mm，缺陷定为层状撕裂。

质量问题原因：焊接缺陷。

质量问题处理及结果：监造签发了《不符合项检验报告》，要求制造厂进行处理，并分析产生缺陷的原因；制造厂对上述问题原因进行了分析，制定了返修方案，并将原因分析和返修方案提交给监造。上述缺陷处理完成后，监造对其 UT 探伤进行了见证，结果合格，《不符合项检验报告》关闭。

8.3.17 白鹤滩右岸电站顶盖油箱盖法兰出现焊接变形

质量问题描述：监造现场巡视检查时发现，14号机第2瓣顶盖油箱盖法兰（厚度10mm）由于强度不够导致焊接后出现变形。

质量问题原因：设计不合理。

质量问题处理及结果：针对上述问题，监造建议制造厂采用厚法兰，保证强度，减少变形量，制造厂接受了监造方建议，保证整体尺寸合格的前提下采用20mm厚油箱盖法兰；第2瓣顶盖油箱盖法兰（20mm厚）焊接完成后，未再发生变形，问题关闭。

8.3.18 白鹤滩右岸电站顶盖第4瓣外圆侧减压管路法兰处存在磕碰伤、漏焊等现象

质量问题描述：监造现场巡检发现：13号机顶盖第4瓣外圆侧减压管路法兰处存在下述问题：①+X瓣顶盖法兰（靠近与+Y瓣合缝）内圆处有严重磕碰伤（见图8-19）；②+Y瓣顶盖法兰（靠近与+X瓣合缝）内侧与管路等焊缝局部漏焊（见图8-20）；③第4瓣不同程度存在打磨、清理不彻底现象。

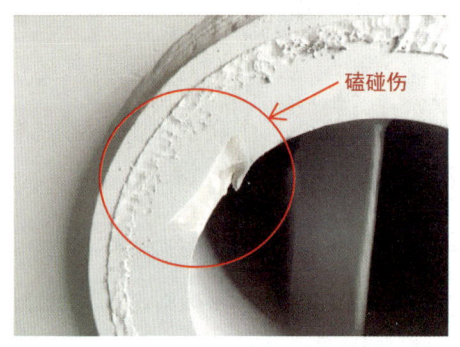

图8-19 +X瓣磕碰伤

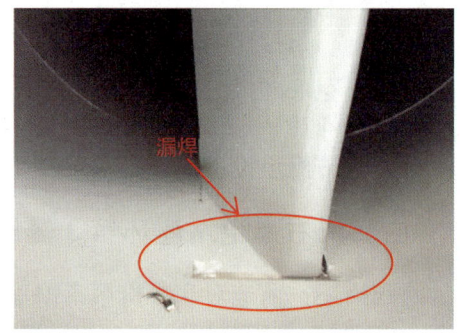

图8-20 +Y瓣漏焊

质量问题原因：运输过程中产生磕碰伤；焊缝漏焊。

质量问题处理及结果：针对以上问题，监造方签发了《不符合项检验报告》，要求制造厂进行处理。制造厂对上述问题处理完成后，监造方对相关部位处理后外观检查和PT探伤检查进行了见证，结果合格，《不符合项检验报告》关闭。

8.3.19 白鹤滩左岸电站1号机下机架母材焊后出现裂纹

质量问题描述：监造在现场巡视下机架支臂焊接现场时，发现1号机下机架12号支臂（零件号项7）钢板母材出现层状撕裂，层状撕裂出现在厚度方向（厚45mm）中心部位长约2100mm。

质量问题原因：焊接缺陷，设计不合理。

质量问题处理及结果：监造签发了《监造工程师通知单》，要求制造厂查明该钢板的炉批号，并排查使用该炉批号钢板的其他部件是否存在裂纹，并拿出处理方案处理合格。制造厂回复该通知单：出现裂纹原因为焊接未控制好焊接顺序导致应力过大产生裂纹，同时不排

除钢板本身内部存在缺陷的可能性。制造厂处理方案为：对12件支臂进行焊接后退火消应处理；更换已开裂的2件支臂中项7钢板；增加项7钢板材料的Z向性能要求，变更材料为Q345C-Z35钢板；对项7钢板使用前进行UT检查，合格后使用。按上述方案处理后，未再发生裂纹问题。

8.3.20　白鹤滩左岸电站座环焊缝焊接缺陷过多

质量问题描述：监造对1号机座环（-X瓣）上过渡板与环板及上过渡板之间对接焊缝退火前UT探伤检查见证，发现上过渡板与环板存在12处总长660mm超标缺陷；监造对8号机座环（-X、-Y瓣）下环板/固定导叶焊缝退火前UT探伤检查见证，发现30处总长5400mm超标缺陷；监造对3号座环舌板对接焊缝退火后UT探伤检查见证，发现5处总长330mm超标缺陷。

质量问题原因：层间清理不彻底，焊丝稳定度差。

质量问题处理及结果：针对上述问题，监造签发了《监造工程师通知单》，要求制造厂认真分析缺陷出现的原因，并拿出具体的整改措施确保后续部件焊接质量稳定。制造厂分析了问题原因，制定了处理措施，并将原因分析和处理措施提交监造。上述缺陷按措施要求返修后，监造对返修后探伤进行了见证，结果合格。问题关闭。

8.3.21　白鹤滩左岸电站8号机座环+X瓣退火后焊接尺寸超差

质量问题描述：监造对8号机座环+X瓣退火后焊接尺寸检查见证，发现蜗壳口面半径存在尺寸超差情况。口面半径设计值要求为$R(1532.4\pm4)$mm，实测口面第三象限区域半径为$R1536.5\sim1539$mm，不符合图纸要求。

质量问题原因：焊接尺寸过程控制存在问题。

质量问题处理及结果：监造签发了《不符合项检验报告》，制造厂工艺部门给出具体处理方案：①对于出现超差的部位采用氩弧焊长焊后打磨处理，尺寸按照$R(1532.4\pm3)$mm考核；②打磨后表面粗糙度不低于12.5，过渡打磨区域过渡比例不低于1:5；③长焊打磨完成后按照ASME标准进行100% UT+MT探伤确认。经制造厂返修处理后，监造重新进行了检查见证，见证结果符合要求，《不符合项检验报告》关闭。

8.3.22　长龙山抽水蓄能电站3号机蜗壳座环焊接尺寸超差

质量问题描述：监造见证蜗壳座环退火后焊接尺寸检查，发现：①5、6号固定导叶处环板开档偏小，实测304mm，设计值305（0～+3）mm；②2号口面蜗壳半径尺寸超差，实测979～986mm，设计值978.7（±3）mm。

质量问题原因：焊接尺寸过程控制存在问题。

质量问题处理及结果：监造签发了《不符合项检验报告》，要求制造厂家公司拿出处理方案处理合格。制造厂家将该蜗壳焊缝进行了部分刨除，重新进行了尺寸调整，重新焊接后进行了整体消应热处理，监造见证了尺寸复检及焊缝UT复探，均合格。《不符合项检验报告》关闭。

8.3.23　长龙山抽水蓄能电站3号机球阀焊缝退火后TOFD出现缺陷

质量问题描述：监造见证阀体与活门装焊退火后焊缝TOFD检查，发现6处共1540mm

长超标缺陷。

质量问题原因：层间清理不彻底。

质量问题处理及结果：监造签发了《不符合项检验报告》，要求制造厂家拿出处理方案处理合格，并分析缺陷产生原因。制造厂家回复：产生缺陷的原因是焊接过程中层间清理不到位。制造厂家对缺陷部位进行清理打磨，按照原工艺进行了返修，返修后进行100%（UT + TOFD + MT）探伤和尺寸检查，结果合格。《不符合项检验报告》关闭。

8.3.24 长龙山地下电站1号机磁轭圈焊接裂纹

质量问题描述：监造对1号机磁轭圈加工现场进行巡视，发现带导磁块的磁轭环板在导磁块的三角区域内部直角焊缝（焊角高度为5mm）多处出现纵向裂纹。

质量问题原因：焊接预热温度不符合工艺要求。

质量问题处理及结果：监造签发了《不符合项检验报告》，要求制造厂家对所有带导磁块的磁轭环板焊缝进行排查，查明缺陷产生原因，并给出处理方案，处理合格。制造厂家回复：①产生导磁块裂纹的原因是焊接工艺执行不到位；②制定了返修方案。后续制造厂将原因分析和返修方案提交给监造，按照报送的工艺方案进行了返修，监造对返修后检查进行了见证，结果合格。《不符合项检验报告》关闭。

8.3.25 长龙山抽水蓄能电站1号机蜗壳座环凑合节装配不合格

质量问题描述：监造对蜗壳座环进行了组圆状态水力和焊接尺寸预验收，发现分瓣面凑合节蜗壳与相邻蜗壳及分瓣面过渡板存在间隙超差（实测间隙尺寸4~5mm，设计要求间隙≤4mm）。

质量问题原因：工期较紧张，装配不认真。

质量问题处理及结果：监造签发《不符合项检验报告》，要求制造厂家拿出处理方案。制造厂家回复：制造厂家对超差的部位进行了修复，结果蜗壳凑合节项2截面最大间隙5mm约570mm长，蜗壳凑合节项11截面最大间隙5mm约900mm长，蜗壳凑合节项11与下过渡板最大间隙5mm约100mm长。设计工艺经评审后决定回用处理。《不符合项检验报告》关闭。

8.3.26 卡洛特水电站1号水轮机尾水管肘管撅节发现十字焊缝

质量问题描述：监造在现场巡视1号机肘管第1、2管节撅节现场时，发现肘管纵缝出现十字焊缝（见图8-21），不符合SL 36—2006《水工金属结构焊接通用技术条件》中第5.1.2条："结构件组装时，任意两平行焊缝之间的距离应大于3倍的板厚，且大于等于100mm"的要求。

质量问题原因：未按标准执行。

质量问题处理及结果：监造签发了《监造工程师通知单》和《不符合项检验报告》，要求制造厂家查明原因，拿出处理方案并处理合格；对后续肘管、锥管等图纸进行分析。制造厂家进行了回复：①锥管进行了图纸审核，无十字焊缝；②肘管的具体返修措施已下发技术通知单处理。肘管按方案处理后，监造见证合格，《不符合项检验报告》关闭。

图 8-21 肘管纵缝"十"字焊缝

8.4 机加工类

8.4.1 乌东德右岸电站 8 号机转轮叶片坡口加工缺肉

质量问题描述：监造现场巡检发现 8 号机转轮叶片 2～12 号型线加工失误，导致叶片上冠一侧坡口缺肉，尺寸 700mm×140mm，深度 0～70mm，见图 8-22。

图 8-22 8 号机转轮叶片坡口加工缺肉

质量问题原因：加工程序错误导致加工失误。

质量问题处理及结果：监造向制造厂签发了《不符合项检验报告》。制造厂按照工艺对缺肉部位进行补焊加工，监造对加工后探伤检查进行了见证，结果合格。制造厂修改了后续加工控制程序，《不符合项检验报告》关闭。

8.4.2 乌东德右岸电站 7 号发电机推力轴承推力头与镜板配合止口外圆直径尺寸超差

质量问题描述：监造对 7 号发电机推力头把合面车序尺寸检查见证，发现推力头与镜板配合止口外圆直径尺寸超差，设计 $\phi3560-(0.04/-0.16)$ mm，实测 $\phi3560(-0.46/-0.47)$ mm，其余尺寸合格。

质量问题原因：加工失误。

质量问题处理及结果：监造签发了《不符合项检验报告》，要求制造厂进行处理。制造厂决定用8号机推力头与7号机镜板配加工止口尺寸，7号机推力头与8号机镜板配加工止口尺寸，《不符合项检验报告》关闭。

8.4.3　乌东德右岸电站8号机定子基础板螺孔螺距加工错误

质量问题描述：8号机定子基础板1件加工后，监造见证发现8×M48（螺距5mm）螺孔实际加工为8×M48（螺距4mm）细牙螺纹螺孔。

质量问题原因：操作者使用丝锥错误。

质量问题处理及结果：监造签发了《不符合项检验报告》，制造厂决定报废此件基础板，重新补料1件，并对相关生产部门进行了质量预警，提出改进方案，《不符合项检验报告》关闭。

8.4.4　乌东德右岸电站9号水轮机座环固定导叶因加工缺肉大面积补焊

质量问题描述：监造在现场巡视生产车间时，发现9号机座环固定导叶1件（编号：Ⅲ型3-2）负压侧整面进行了补焊，车间反映是由于固定导叶在粗铣加工时程序错误导致缺肉3mm，并填写处理单向工艺进行了反映，工艺同意补焊，并提供了相关焊接工艺。该固定导叶加工缺肉情况、焊接工艺及焊接过程未通知监造，监造审查了焊接工艺，发现工艺提供的焊接工艺FC-075-2-1-CN是座环环板与固定导叶焊缝焊接的工艺，未包括固定导叶材料补焊的相关工艺，见图8-23。

图8-23　固定导叶负压侧补焊

质量问题原因：粗铣加工时程序错误导致缺肉3mm，处理过程不符合质量管理流程。

质量问题处理及结果：监造签发了《不符合项检验报告》，要求制造厂：①查明固定导叶问题产生的原因，制定处理方案；②完善质量保证体系，加强质量控制。监造方向制造厂签发了《监造工作联系单》，不同意制造厂提出的补焊处理方案，建议对该固定导叶进行报废处理。制造厂收到监造方《监造工作联系单》后，书面回复监造方，决定接受监造方的要求与建议，对该固定导叶进行报废补制，《不符合项检验报告》关闭。

8.4.5 乌东德右岸电站 7 号机顶盖 +Y、-Y 瓣机加工把合孔加工错误

质量问题描述：7 号机顶盖 +Y、-Y 瓣单侧分瓣面加工后，上环板侧 5 个把合孔（ϕ120mm）加工错误，图纸标注孔距为 260mm，实测孔距为 280mm（见图 8-24）。

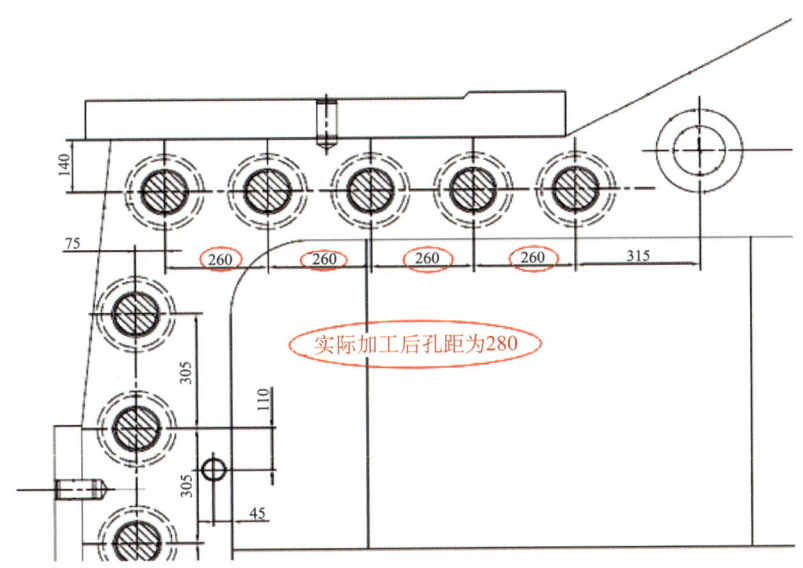

图 8-24 顶盖把合孔加工错误示意图

质量问题原因：机加工程序编辑错误。

质量问题处理及结果：监造签发了《不符合项检验报告》，制造厂向业主进行了报批，按照业主批复的返修方案，对把合孔进行封堵焊接，探伤检查合格，并重新加工把合孔完成，符合图纸要求，《不符合项检验报告》关闭。

8.4.6 乌东德右岸电站 9 号机定子机座下基础板螺孔乱扣

质量问题描述：监造对 9 号机定子机座下基础板 1 件 8×M48 螺孔加工后检查见证，发现其中 4 个螺孔螺纹乱扣。

质量问题原因：操作者加工失误。

质量问题处理及结果：监造向制造厂签发了《不符合项检验报告》。制造厂报废该件下基础板，重新补料，《不符合项检验报告》关闭。

8.4.7 乌东德左岸电站 1 号水轮机基础环 G1/2 寸管螺纹通止规检查不合格

质量问题描述：监造对 1 号机基础环完工验收检查见证，5 个 G1/2 寸管螺纹（测压孔）通止规检查不合格。

质量问题原因：螺纹孔焊接变形。

质量问题处理及结果：监造要求制造厂将不合格的测压孔全部返修处理。制造厂将不合格的测压孔全部去除，并改为焊接完成后再进行攻丝。监造对处理完成的螺纹孔进行了检查见证，处理结果合格，问题关闭。

8.4.8 乌东德左岸电站 3 号机座环底环基础板 M72 螺纹孔预钻孔位置开错问题

质量问题描述：监造现场见证发现 3 号机座环底环基础板 28 个 M72 螺纹孔预钻孔位置偏差，28 个 M72 螺纹孔预钻孔整体顺时针旋转了 5.1°（9°－3.8571°），即 +X 的起始孔应为 3.8571°，实际则达到 9°。

质量问题原因：加工错误。

质量问题处理及结果：监造签发了《不符合项检验报告》，制造厂对偏差预钻孔进行了封堵，然后表面封焊并打磨光滑，经 MT＋UT 探伤检查合格，监造对处理结果进行了见证，《不符合项检验报告》关闭。

8.4.9 乌东德左岸电站 2 号机座环底环基础板尺寸 P8 超差问题

质量问题描述：监造现场见证 2 号机座环出厂验收尺寸检查发现座环基础板底环放置面内圆直径超差：设计值 P8 为 ϕ10 154.2mm，公差 ±4mm，实际测量值为 ϕ10 113mm，超差 41.2mm。

质量问题原因：加工错误。

质量问题处理及结果：监造签发了《不符合项检验报告》，制造厂对超差位置进行补焊、打磨、探伤，然后进行尺寸复检。监造对 2 号机座环底环基础板 P8 尺寸超差返修后 MT 探伤检查见证，未发现缺陷，合格；监造对 2 号机座环底环基础板 P8 尺寸超差返修后尺寸检查见证合格，《不符合项检验报告》关闭。

8.4.10 乌东德左岸电站 6 号机镜板机加工问题

质量问题描述：监造现场见证发现 6 号机镜板加工 ϕ50mm×40mm 的通孔时，有 1 个孔误加工成 ϕ56mm×3mm 的沉孔（见图 8－25）。

质量问题原因：外协厂家质量意识不强。

质量问题处理及结果：监造签发了《不符合项检验报告》，制造厂出具处理方案：沉孔加工成 ϕ68mm×26.57° 的倒角，倒角尺寸示意图见图 8－26，监造见证返修后尺寸，符合要求，《不符合项检验报告》关闭。

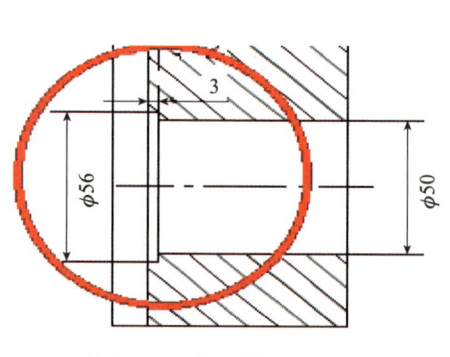

图 8－25　加工错误示意图

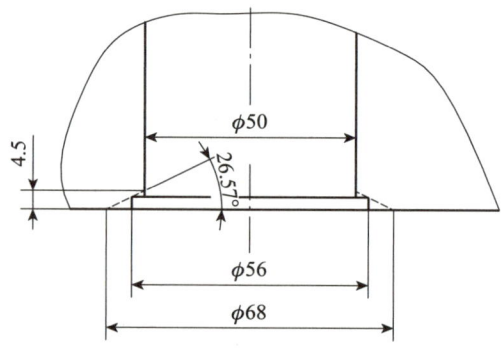

图 8－26　修改后孔的示意图

8.4.11 乌东德左岸电站 4 号机压力腔机加工问题

质量问题描述：监造对 1~6 号机推力轴承下压力腔、1~3 号机上压力腔机加工尺寸检查见证，发现 6 个 φ18.5 把合孔钻偏 1~1.5mm（3 号机上压力腔 1 个、3 号机下压力腔 1 个、2 号机上压力腔 2 个、4 号机下压力腔 1 个、6 号机下压力腔 1 个）、1 个孔钻偏一个孔位（1 号机下压力腔）。

质量问题原因：加工错误。

质量问题处理及结果：监造签发了《不符合项检验报告》，制造厂返修后，监造对尺寸复检检查见证，结果合格，《不符合项检验报告》关闭。

8.4.12 乌东德左岸电站 1 号机转轮下环机加工问题

质量问题描述：监造对 1 号机转轮下环机加工后尺寸检查见证，发现多处碰伤缺陷（最大宽 22mm，深 11mm），粗糙度实测 2.8~6.6μm（要求 1.6μm），不合格。

质量问题原因：机加工部件保护不到位，磕碰伤严重。

质量问题处理及结果：监造签发了《不符合项检验报告》，制造厂对碰伤部位进行返修，监造见证返修尺寸检查，合格，《不符合项检验报告》关闭。

8.4.13 乌东德左岸电站 3 号机推力头 M56 螺纹孔烂牙

质量问题描述：监造对 3 号机推力头与转子中心体下法兰 M56 连接螺栓检查见证，发现 18 个螺栓孔（共 24 个）出现不同程度烂牙及颤纹。

质量问题原因：工作人员责任心不强，螺栓孔加工后未及时进行检查。

质量问题处理及结果：监造签发了《不符合项检验报告》，制造厂出具方案：对 M56 螺纹孔进行封堵，旋转后重新加工螺纹孔，监造见证返修后尺寸检查，合格，《不符合项检验报告》关闭。

8.4.14 乌东德左岸电站 3 号机发电机主轴机加工质量问题

质量问题描述：监造现场巡检发现 3 号机发电机主轴 1 个 φ340H7 销孔出现一段螺旋状挤压痕，深约 0.1mm，粗糙度不合格，见图 8-27。

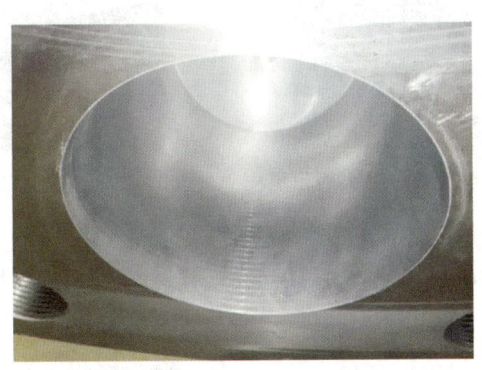

图 8-27 销孔内出现压痕

质量问题原因：首个孔机加工完成后退刀造成压痕。

质量问题处理及结果：监造签发了《不符合项检验报告》，要求制造厂出具处理方案，避免类似问题重复发生，制造厂对压痕进行抛光处理，监造见证返修后尺寸检查，合格，《不符合项检验报告》关闭。

8.4.15　白鹤滩右岸电站导叶臂精加工后尺寸和探伤检查不满足现场见证条件

质量问题描述：监造接制造厂通知，到外协厂对 14 号机导叶臂（1～12 号）精加工后尺寸和探伤检查进行了见证，发现下述问题：①厂家不能提供探伤和尺寸自检记录；②导叶臂标识不清楚；③导叶臂局部存在缺肉、磕碰伤等。

质量问题原因：上述导叶臂不满足见证条件。

质量问题处理及结果：针对以上问题，监造签发了《监造工作联系单》，要求制造厂加强对外协分包部件的质量控制，并督促外协厂及时整改；外协厂对上述 12 件导叶臂整改完成，监造到外协厂对其尺寸和探伤检查重新进行了见证，结果合格；制造厂向监造提交了外协厂家对上述问题的原因分析及整改措施报告。

8.4.16　白鹤滩右岸电站 9 号机座环第 2 瓣上环板加工后过流面有一处大面积黑皮

质量问题描述：监造现场巡检发现：9 号机座环第 2 瓣上环板加工后，过流面有一处大面积黑皮未加工到，黑皮长约 800mm，宽约 580mm，最大深度约 2mm（见图 8-28）。

质量问题原因：环板焊接后平面度不好。

质量问题处理及结果：针对上述问题，监造方签发了《不符合项检验报告》，要求制造厂进行处理。第 2 瓣上环板黑皮处长焊处理后，经制造厂与监造方共同检查，结果合格（见图 8-29），《不符合项检验报告》关闭。

 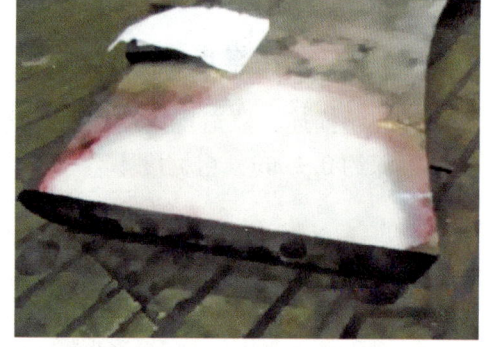

图 8-28　座环第 2 瓣上环板过流面有一处大面积黑皮　　图 8-29　座环第 2 瓣上环板过流面黑皮处理完成

8.4.17　白鹤滩右岸电站 13 号机座环第 2 瓣 4 号固定导叶进水边头部发现明显的棱

质量问题描述：监造方现场巡检发现：13 号机座环第 2 瓣 4 号固定导叶进水边头部有一条明显的棱，非圆弧过渡（见图 8-30、图 8-31）。

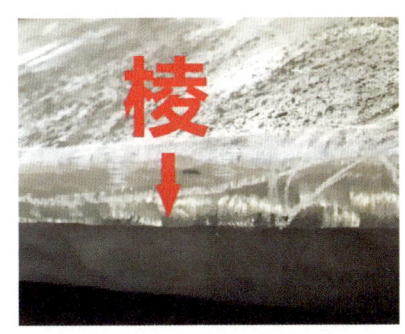 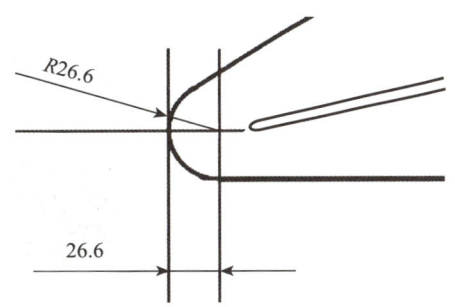

图 8-30　座环固定导叶进水边头部有棱　　　图 8-31　座环固定导叶图纸要求

质量问题原因：铲磨质量不合格。

质量问题处理及结果：针对上述问题，监造签发了《不符合项检验报告》，要求制造厂进行处理，并在处理合格后通知监造方见证，同时要求制造厂加强固定导叶铲磨质量控制，避免类似问题的再次发生。上述问题处理完成后，监造方现场进行了见证，结果合格，《不符合项检验报告》关闭。

8.4.18　白鹤滩右岸电站 14 号机导叶臂上端面有一处螺纹孔螺纹损坏

质量问题描述：监造现场巡检时发现：14 号机导水机构零部件中 7 号导叶臂上端面有一处螺纹孔（M36）螺纹损坏。

质量问题原因：加工失误。

质量问题处理及结果：针对以上情况，监造签发了《不符合项检验报告》，要求制造厂进行处理；制造厂对该螺孔进行了镶套处理，监造方现场见证合格，《不符合项检验报告》关闭。

8.4.19　白鹤滩右岸电站 14 号机发电机主轴非驱动端联轴螺孔（20-M140×6）的一个丝孔局部掉牙

质量问题描述：监造对 14 号发电机主轴非驱动端镗序加工尺寸检查进行了见证，发现非驱动端联轴螺孔（20-M140×6）的一个丝孔局部存在掉牙现象，不符合图纸要求。

质量问题原因：加工偏差，造成尺寸不满足图纸要求。

质量问题处理及结果：针对上述情况，监造签发了《不符合项检验报告》，要求制造厂进行处理；为解决该问题，制造厂设计部门联合工艺部门提出螺纹堵镶嵌处理方案；螺纹孔处理完成，监造进行了见证，结果合格；监造对制造厂提交的 14 号发电机主轴非驱动端螺纹缺陷处理方案及结果报告进行了审查，结果合格，《不符合项检验报告》关闭。

8.4.20　白鹤滩右岸电站 14 号机转子磁轭片螺栓孔部位存在凸点

质量问题描述：监造现场巡视发现：14 号机转子磁轭片螺栓孔部位激光切割完毕并经过打磨处理后，个别仍有凸点存在，见图 8-32。

质量问题原因：磁轭切割工艺不合理，造成表面质量不合格。

质量问题处理及结果：针对上述问题，监造签发《监造工作联系单》，要求制造厂：

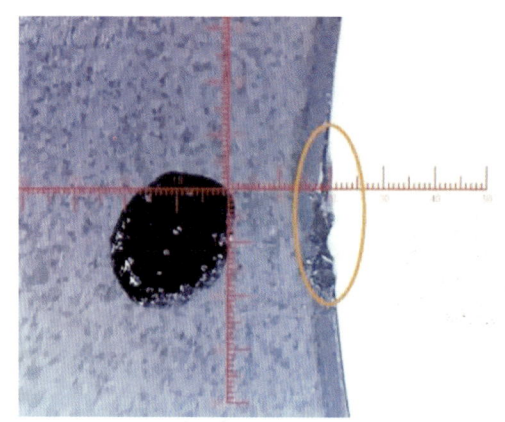

图 8-32 磁轭片螺栓孔附近凸点部位（10 倍放大图）

①分析凸点产生的原因；②制定切实的处理方案，保证所有磁轭片螺栓孔无凸点存在；③将原因分析和处理方案提供给监造。有凸点的磁轭片处理完成后，监造方检查见证，结果合格；制造厂对该磁轭片螺杆孔进行了优化改进：在螺杆孔切入点切割 1 个宽度 3mm、深度 0.2mm 的圆弧过渡区，并将原因分析和处理方案提交给了监造。

8.4.21 白鹤滩右岸电站 15 号机导水机构零件上套筒与止推压板同钻铰后，发现 4 件不合格

质量问题描述：监造现场巡检发现，15 号机导水机构零件上套筒与止推压板同钻铰后，其中 4 件不满足图纸要求：①1 件（编号：10 号）加工后 4 个定位销孔尺寸均超差，实测尺寸 $\phi30$（+0.12，+0.14）mm，图纸要求 $4\times\phi30$（0，+0.033）mm，同时该 4 个孔的粗糙度局部不满足图纸要求；②3 件（编号：13、18、22 号）加工后 4 个定位销孔（$4\times\phi30$）粗糙度局部不满足图纸要求。

质量问题原因：加工偏差，造成尺寸不满足图纸要求。

质量问题处理及结果：针对以上问题，监造签发《不符合项检验报告》，要求制造厂进行处理。针对监造问题处理要求，制造厂下发技术通知单要求如下：①销孔内周向挖刀和轴向挖刀部位钳工抛磨去除高点；②10 号上套筒、导叶止推压板销孔不做处理；③粗糙度不符合图纸要求的销孔，钳工抛磨孔内壁提高粗糙度至 $Ra3.2\sim Ra6.3$。上述问题处理完成后监造进行了见证，结果符合技术通知单的要求，《不符合项检验报告》关闭。

8.4.22 白鹤滩右岸电站磁极线圈备件端部散热翅均存在变形

质量问题描述：监造现场巡检时发现，白鹤滩磁极线圈备件（12 件）端部散热翅均存在不同程度的变形（见图 8-33），与图纸要求不符。

质量问题原因：加工固定工艺不当。

质量问题处理及结果：针对上述情况，监造签发《不符合项检验报告》，要求制造厂进行处理；制造厂对以上磁极线圈备品端部散热翅变形处进行了校直处理；监造方对处理后的磁极线圈备品（12 件）的匝间耐压试验进行了见证，结果合格；制造厂提交以上磁极线圈处理报告给监造，《不符合项检验报告》关闭。

图 8-33　磁极线圈端部散热翅弯曲

8.4.23　白鹤滩左岸电站首台机座环舌板机加工尺寸错误

质量问题描述：监造现场巡检白鹤滩水电站首台机座环舌板机加工现场，发现舌板尖点内侧斜面尺寸部位存在 1800mm×190mm 的区域加工错误，实测斜面长度 190mm（设计值 180mm）。

质量问题原因：加工程序编写错误。

质量问题处理及结果：监造签发《监造工程师通知单》：①要求制造厂认真查明产生机加工错误的原因，拿出详细的处理方案和后续的整改措施；②由于舌板是高强钢（SX780CF），焊接工艺要求非常严格且舌板已经卷板成型，制定处理方案应慎重选择；③座环舌板属于电站机组重要的受力部件，返修处理方案建议向业主报批。经制造厂设计、工艺评估，决定报废处理。问题关闭。

8.4.24　长龙山抽水蓄能电站 1 号机鸽尾筋表面压痕

质量问题描述：监造见证长龙山 1 号机 54 件鸽尾筋材料精拉尺寸（37 件鸽尾筋）检测，发现：平直度，直线度，扭斜及弯曲。1~37 号（外观质量见证）外观符合图纸要求（合格 37 件）；其余 17 件鸽尾筋（38~54 号）外观不符合图纸要求，工作表面有压痕缺陷，修磨后，压痕尺寸不等，最小约 30mm×15mm，最大约 65mm×25mm，深度约 0.10mm。

质量问题原因：质量意识不强。

质量问题处理及结果：监造签发《监造工程师通知单》，要求制造厂家：①拿出加强小部件外协厂家质量控制具体措施，避免后续出现类似问题；②针对鸽尾筋出现的质量问题拿出返修方案，处理合格。针对该问题，制造厂回复：①对该批 17 件不合格鸽尾筋进行报废处理；②后续对表面打磨工艺进行改进，提高表面打磨质量。问题关闭。

8.4.25　长龙山抽水蓄能电站 3 号机球阀机加工尺寸超差

质量问题描述：监造见证外协厂加工的 3 号机球阀加工序尺寸检查，发现球阀全关锁定销孔尺寸不符合图纸要求，实测值 $\phi210.16$mm，设计值 $\phi210$（0，+0.072）mm。

质量问题原因：加工错误。

质量问题处理及结果：监造签发《不符合项检验报告》，要求制造厂家拿出处理方案。制造厂处理意见：该尺寸超差不影响球阀性能，经设计工艺评审决定回用处理。《不符合项检验报告》关闭。

8.4.26　长龙山抽水蓄能电站 1 号机磁轭圈加工错误

质量问题描述：监造现场巡检外协厂的磁轭圈生产现场时，发现：磁轭圈第六段最上层带导磁块的磁轭环板在单件加工导磁块三角区域内部 24 - ϕ45 通孔时，其中 -X 方向的一个导磁块右侧沉孔因机加工程序出现问题，造成加工缺肉（见图 8 - 34）。

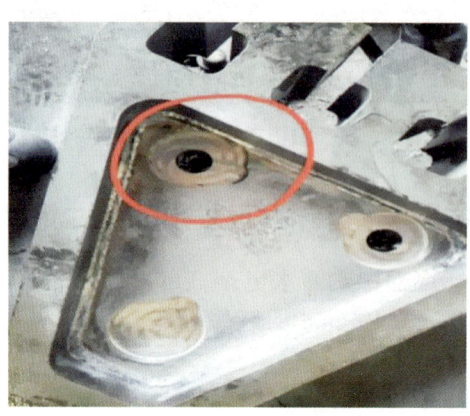

图 8 - 34　沉孔加工缺肉

质量问题原因：机床故障。

质量问题处理及结果：监造签发《不符合项检验报告》，要求制造厂家查明原因，给出处理方案。制造厂家回复：①产生导磁块垫片孔加工错误的原因是机床故障；②经设计工艺评审，采取圆滑打磨过渡。监造对处理结果进行了见证，合格，《不符合项检验报告》关闭。

8.4.27　卡洛特 1 号机座环螺纹孔不合格

质量问题描述：监造对 1 号机座环进行出厂前预验收，在用通止规对 72 - M80×6 顶盖把合螺孔进行检查时，发现沿 +Y 轴顺时针方向第 6、21、44、45、49、50、51、52、53、57、61、64、65、66 个共计 14 个螺孔止规能通过，不合格。

质量问题原因：镗孔镗杆强度不足、操作者精镗时对铁屑清理不仔细。

质量问题处理及结果：监造签发《不符合项检验报告》，要求制造厂家拿出处理方案。制造厂家下发技术通知单要求镶套处理，经处理后监造复检合格，《不符合项检验报告》关闭。

8.4.28　卡洛特 1 号机顶盖机加工尺寸超差

质量问题描述：监造见证卡洛特 1 号机顶盖精镗尺寸检查，发现两个导叶上轴孔处，与止推垫圈配合部位高度方向尺寸超差，图纸要求尺寸为 140（0 ~ +0.1）mm，实测第 13 号导叶孔处尺寸为 139.45mm，第 14 号导叶孔处尺寸为 139.50mm。

质量问题原因：工人操作失误。

质量问题处理及结果：监造签发《不符合项检验报告》，要求制造厂拿出处理方案。制造厂处理意见：与尺寸超差部位配合的止推垫圈留有 2mm 配车余量，尺寸超差部位配车余量仍有 1.35mm，制造厂决定回用处理。《不符合项检验报告》关闭。

8.5 装配试验类

8.5.1 乌东德右岸电站定子线棒检验、试验方法改进及供应商选择的问题

质量问题描述：监造对乌东德右岸电站首台定子线棒验收时发现如下问题：①定子线棒校验模检查方法错误，检查结果不能如实反映定子线棒模拟下线的真实数据；②定子线棒击穿试验的供应商（B 公司实验室）的试验设备鉴定证书过了有效期。

质量问题原因：制造厂检验方法存在不足，对供应商的资质审核存在疏漏。

质量问题处理及结果：监造向制造厂签发了《监造工程师通知单》，要求：①改进定子线棒校验模检查方法，形成规范性指导文件，对质检人员进行学习宣贯，对于验收前已经完成的定子线棒重新进行校验模检查；②重新审核定子线棒击穿试验的供应商资质、试验设备有效性，规范供应商审核的管理程序；③产品部件监造检查见证点的检查工作应由具备专业检验资质的检验员进行，不得由操作工人自检替代。制造厂针对《监造工程师通知单》进行了回复：①编制校验模检测的《标准检验指导书》，按照指导文件对全部检验人员进行培训，保证要求能够被准确执行；对于首件验收前完成检测的线棒，使用新的检测方法进行复检；②关于击穿试验，目前已经对 B 公司实验室仪器进行了鉴定，审核供应商资质以及相关试验设备的检定证书，完成审核后提交监造；③电机车间涉及监造检查见证点，均会由专职检验员完成检验并出具最终检测报告。问题关闭。

8.5.2 乌东德右岸电站 9 号发电机定子线棒电晕试验不合格

质量问题描述：监造对乌东德右岸电站 9 号机采用新批次材料（M3）生产的 28 根（上、下层各 14 根）定子线棒进行电气试验见证，其中下层 14 根定子线棒 NCS 端（非连接端）R 部位在 $1.5U_n$（33）电压下存在发光现象，不合格。

质量问题原因：防晕材料或制造工艺缺陷。

质量问题处理及结果：监造签发了《不符合项检验报告》。制造厂工艺对定子线棒防晕工艺进行了优化，试验合格，并向业主进行了汇报，按照优化后的方案生产了 9 号机定子线棒，并对前期工艺试验不合格的定子线棒进行了返修（拆除绝缘、防晕层，重新包带），全部进行了电气试验检查，合格。《不符合项检验报告》关闭。

8.5.3 白鹤滩右岸电站控制环侧瓦出现刮痕

质量问题描述：监造现场巡检时发现：14 号机控制环（其中 1 瓣）侧瓦由于导水预装时运动产生刮痕，且部分保护层已损坏。

质量问题原因：装配防护不到位。

质量问题处理及结果：监造方将该情况向制造厂反映，要求进行处理，制造厂决定对该侧瓦进行更换；侧瓦更换完成后，监造现场见证，结果符合要求。

8.5.4 白鹤滩右岸电站顶盖第 2 瓣减压管打压试验出现渗漏

质量问题描述：监造对 14 号机顶盖第 2 瓣退火后减压管打压试验进行了见证，发现局

部存在微渗漏（见图 8-35），且发现打压试验前减压管相关焊缝清理不彻底。

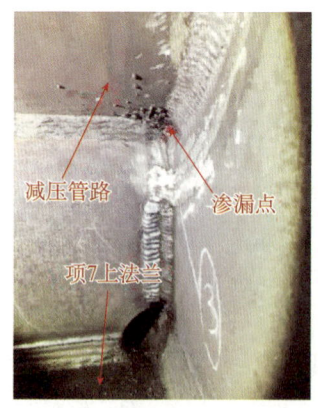

图 8-35　顶盖第 2 瓣减压管打压试验出现渗漏

质量问题原因：打压程序不符合工艺要求。

质量问题处理及结果：针对上述问题，监造要求减压管打压试验前需对焊缝处进行清理，并经 PT 探伤合格后再做打压试验；制造厂对渗漏处经重新补焊清理后，监造对第 2 瓣减压管相关焊缝 PT 探伤进行检查见证，未发现超标缺陷，结果合格；后续监造对第 2 瓣减压管打压试验重新进行了见证，结果合格。

8.5.5　白鹤滩右岸电站磁极装配交流耐压试验时，升压过程中出现放电现象

质量问题描述：监造对 14 号机磁极装配 28 件交流耐压试验进行了检查见证，三次升压过程中都产生了放电现象（放电磁极装配编号为 3 号、6 号、10 号），放电位置为支撑板与磁极线圈之间。

质量问题原因：铜排尖角与 L 型围带放电距离偏小。

质量问题处理及结果：针对上述情况，监造签发《不符合项检验报告》，要求制造厂认真处理。为解决该问题，制造厂工艺签发相关工艺通知单，采取在支撑板上包绕绝缘材料的方法；监造对处理后的 14 号机 28 件磁极装配交流耐压试验进行了检查见证，结果合格；后续监造方对处理后的 14 号机磁极装配（第 2 批，28 件）中级 3 件磁极装配交流耐压试验进行了检查见证，3 件磁极装配在试验过程中均产生了放电现象（放电磁极装配编号为 35、42、52 号），放电位置为支撑板与磁极线圈侧边间隙之间，不符合合同和图纸要求。针对上述情况，监造签发《监造工程师通知单》，要求制造厂：①深刻分析产生上述问题的原因；②针对分析的原因，制定切实可行的处理方案，保证磁极装配的质量；③在问题原因未分析之前，暂停第 1 批 28 件磁极装配的后续工作。为进一步解决以上问题，制造厂设计和工艺决定对磁极装配支撑板两侧磁极线圈豁口处加工去掉 8mm×8mm，并在支撑板及附近位置喷 9130 红瓷漆。监造对加工后的 4 件磁极装配（4、42、44、45 号）交流耐压试验进行了检查见证，结果合格；后续 52 件磁极装配按照处理方案和相关通知单的要求处理完成，监造对电气试验见证，结果符合要求。制造厂将原因分析和处理方案提交给监造，《不符合项检验报告》关闭。

8.6 涂漆外观和包装仓储类

8.6.1 乌东德右岸电站 12、7 号机座环喷漆转序不规范，防护处理不合格

质量问题描述：监造现场巡检发现，乌东德右岸电站 12、7 号机座环 A 瓣在喷漆后进行舌板预装，导致油漆表面多处损伤，车间对损伤部位进行了补漆。12、7 号机座环排水孔、灌浆孔、排气孔由于防锈不到位，部分孔已经产生表面锈蚀（见图 8-36）。

图 8-36 座环外观缺陷

质量问题原因：生产转序不规范，防护处理不到位。

质量问题处理及结果：监造签发了《不符合项检验报告》，要求制造厂：①涂装工艺拿出座环补漆方案，方案应考虑油漆损伤面的清理，补漆后油漆厚度、附着力的检查，补漆部位与周围油漆颜色的色差；②对座环排水孔、灌浆孔、排气孔进行除锈处理，并在以后加强机加工面、机加工孔、螺孔的防护。制造厂对油漆损伤部位进行重新喷涂，对孔锈蚀部位进行除锈并防护处理完成，监造见证合格。《不符合项检验报告》关闭。

8.6.2 乌东德右岸电站 7 号机磁极成品包装后露天存放

质量问题描述：监造现场巡检发现，乌东德水电站 7 号机部分包装完成的磁极存放于电机车间外的露天空地，虽然磁极进行了密封防水、防潮等措施，外包装木箱采取了覆盖防水措施，但由于雨天仍导致木箱局部淋湿受潮（见图 8-37）。根据厂内质量管理体系文件《HG-MB-3-G-I-001》关于存储的要求，磁极应存放于通风良好的干燥封闭场所，当前的磁极存放不符合制造厂质量体系文件要求。

图 8-37 磁极成品包装木箱露天存放淋雨

质量问题原因：仓库存储环节质量意识淡薄，违反厂内质量管理体系文件规定。

质量问题处理及结果：监造向制造厂签发《监造工作联系单》，要求制造厂：①将室外存放的磁极转移至符合要求的场所；②相关技术部门评估目前露天存放淋雨的磁极是否存在影响质量的风险，如有，应采取进一步措施，保证产品质量；③核查乌东德水电站项目其他部件是否存在类似存储不规范的情况，杜绝此类问题再次发生。制造厂对《监造工作联系单》进行了回复：①存放于露天的磁极已经转移至厂房内部；②拆箱检查一件木箱淋湿的磁极，内部保护有效，未见雨水渗入；③依据乌东德水电站设备的存储要求，协调资源，选择合适的场地存储，对于存储时间较长的电气部件，工艺和设计要求每 6 个月进行复验，以确保质量。

8.6.3 乌东德右岸电站 7 号发电机定子线棒氧化锈蚀

质量问题描述：监造现场巡检，发现定子线棒包装时两次发现存放在仓库的 4 包定子线棒共计 273 支端部连接铜板严重氧化，监造要求停止包装。

质量问题原因：线棒制造后在仓库存放时间较长使部分线棒受潮。

质量问题处理及结果：监造签发了《不符合项检验报告》，要求制造厂：①查明定子线棒端部连接铜板氧化的原因；②检查所有定子线棒，由技术部门制定方案对存在氧化现象的定子线棒进行处理，并对定子线棒重新进行电气性能试验。制造厂按技术部门制定的方案对存在氧化锈蚀的 273 支定子线棒进行了返修处理，处理后重新进行电气性能试验，共发现 38 支定子线棒起晕电压不合格，再次烘干处理后进行电气性能试验。监造见证 38 支定子线棒电气试验，发现 1 支定子线棒起晕电压不合格，已做报废处理，其余合格。制造厂向业主进行了报批，业主同意此部分定子线棒发运到工地，做好标识，作备品使用。《不符合项检验报告》关闭。

8.6.4 乌东德右岸电站 9 号水轮机底环包装破损，加工面擦伤

质量问题描述：监造现场巡检乌东德右岸电站 9 号水轮机底环起吊装车现场，发现包装多处破损，加工面裸露（见图 8-38），上环板外圆处有一处擦伤（见图 8-39）。

图 8-38　底环包装破损　　　　图 8-39　上环板外圆处擦伤

质量问题原因：起吊装车时对底环的保护措施不到位。

质量问题处理及结果：监造签发了《不符合项检验报告》。制造厂对擦伤部位钳修，满

足要求，对包装破损部位进行了修补加固。《不符合项检验报告》关闭。

8.6.5 乌东德右岸电站 9 号发电机定子线棒外观破损及划痕

质量问题描述：监造现场巡检乌东德右岸电站 9 号机定子线棒生产区域、包装区域，发现：①生产区域的个别定子线棒弯部高阻带区域有摩擦痕迹、划伤破损情况；②包装现场临时存放区域的个别定子线棒有表面较大面积摩擦痕迹、弯部高阻带部位破损情况。

质量问题原因：脱膜材料去除及搬运过程中损伤。

质量问题处理及结果：监造签发了《不符合项检验报告》。制造厂对定子线棒破损严重的按照返修工艺修复后重新进行电气试验，对表面有摩擦痕迹的进行外观修复，检查合格，并对后续定子线棒生产及转运加强管理，持续改进。《不符合项检验报告》关闭。

8.6.6 乌东德右岸电站 9 号发电机铜环引线包绝缘固化后外观质量较差

质量问题描述：监造现场巡检制造厂电机车间，发现乌东德右岸电站 9 号发电机铜环引线包绝缘固化后外观质量较差，部分铜环引线防晕层及主绝缘表面存在严重褶皱、沟痕现象（见图 8-40）。

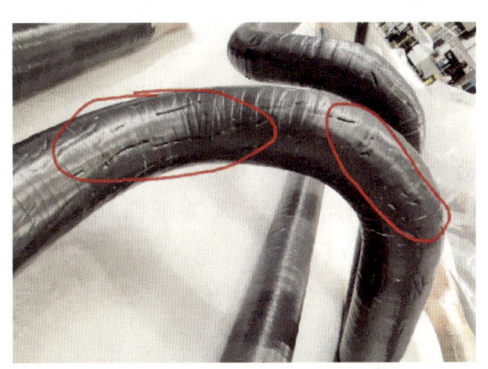

图 8-40 铜环引线防晕层及主绝缘表面褶皱、沟槽

质量问题原因：操作者包绝缘工艺执行不严格。

质量问题处理及结果：监造签发《不符合项检验报告》，制造厂工艺制定了返修方案，共返修 110 根铜环引线，返修后外观检查合格，耐压试验抽查合格，制造厂修订了《铜环引线外观目视检查标准》，增补了外观检验要求，《不符合项检验报告》关闭。

8.6.7 乌东德右岸电站 10 号发电机定子线棒外观质量不合格

质量问题描述：监造现场巡检乌东德右岸电站 10 号机定子线棒包装区域，发现：①部分定子线棒表面清理不干净，存在浸渍树脂黏附；②较多定子线棒高阻区端部收口位置封口较差，存在缝隙。

质量问题原因：操作者操作技能不熟练，车间质量意识薄弱。

质量问题处理及结果：监造签发了《不符合项检验报告》，制造厂按照工艺方案进行了外观清理及返修，监造现场见证，结果合格。制造厂在后续机组定子线棒生产前增加控制程序,加强人员技能培训,避免类似问题再次发生。《不符合项检验报告》关闭。

8.6.8　白鹤滩右岸电站 14 号机定子线棒端部外观质量较差

质量问题描述:监造现场巡检时发现,14 号机多根定子线棒端部存在较深横向褶皱、沟痕(见图 8-41),外观质量较差。

图 8-41　定子线棒端部横向褶皱、沟痕

质量问题原因:生产工艺原因造成外观质量不合格。

质量问题处理及结果:针对上述情况,监造签发《监造工程师通知单》,要求制造厂:①分析产生上述问题的原因;②对上述问题进行处理,并在处理后通知监造方进行见证;③制定切实可行的处理方案,避免类似问题的再次发生。制造厂针对监造通知单,制定了相关处理方案;制造厂实施该方案后,定子线棒端部外观有很大改进,但部分仍存在褶皱,个别较严重。对此,制造厂针对定子线棒外观下发关于白鹤滩定子线棒端部外观的技术通知单,该通知单对定子线棒端部外观检查进行了明确:①针对线棒表面,尤其是端部褶皱,需逐根进行外观检查;②针对局部褶皱,以参考示例(见图 8-42、图 8-43)和相应经验为判断依据。问题关闭。

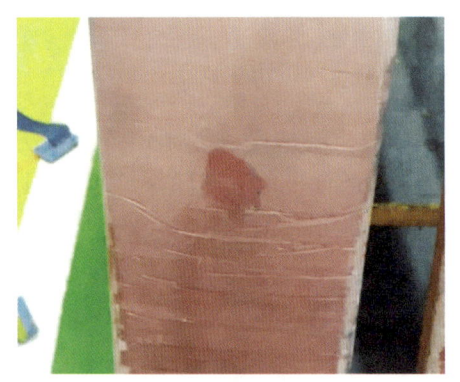

图 8-42　可接受外观示例

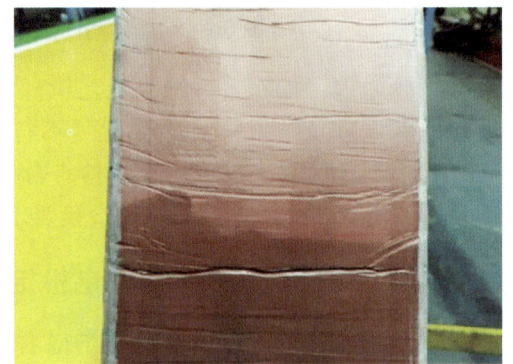

图 8-43　不可接受外观示例

8.6.9　白鹤滩右岸电站 11 号机座环涂漆质量不满足要求

质量问题描述:监造接制造厂通知对 11 号机座环涂漆质量检查进行现场见证,发现如

下问题：①涂漆表面有多处磕碰划伤；②表面局部存在未涂漆之处；③涂漆表面多处存在凹坑（点状）及涂漆中有油漆流淌的局部凸状；④座环本体不够光顺，涂漆后外观明显不美观。

质量问题原因：涂漆工操作不认真，造成涂漆质量不合格。

质量问题处理及结果：针对上述情况，监造方签发《监造工程师通知单》，要求制造厂认真处理，并制定切实整改方案。上述问题处理完成，监造对 11 号机座环涂漆质量重新进行了检查见证，结果合格。制造厂提交了整改方案给监造，问题关闭。

8.6.10 卡洛特水电站 3 号机尾水肘管未涂面漆发运

质量问题描述：监造现场巡检肘管装车发运现场，发现 4 号机第 13、14 节未喷面漆便装车（部分瓦片已经发走）。

质量问题原因：外协厂未严格执行管理要求。

质量问题处理及结果：监造签发《监造工程师通知单》，要求：①制造厂家对该厂涂装发运车间进行整改；②未涂面漆的第 13、14 节瓦片重新进行涂装工序（含已发运部分）。制造厂家回复：①要求外协厂将违规发运的管节追回，补做处理；②跳序发运须有相关书面通知方可发货。问题关闭。

8.6.11 卡洛特水电站 2 号机新增肘管、3 号机中墩护头涂漆

质量问题描述：监造见证 2 号机新增肘管、3 号机中墩护头涂漆质量检查，发现工件与混凝土接触面存在流挂和油漆污染问题，且多次出现表面涂漆质量不合格。

质量问题原因：防护过程控制不严。

质量问题处理及结果：监造签发《监造工程师通知单》，制造厂家回复：①工艺规定肘管表面加强筋板与主体间支撑拉筋每段不超过 3 个；②对于后续底漆出现大面积（面积≥30%）凹凸不平，采取重新喷砂或整体平整油漆表面的方式打磨过渡；③安排专业铲磨人员进行打磨处理，处理过程由专检负责质量控制。监造再次见证 2 号机新增肘管、3 号机中墩护头涂漆表面质量检查，结果合格。问题关闭。

附　录

附录A　水轮发电机组设备监造规划模板

监造 单位 图标	监造单位名称	文件编号
	监造规划	共　　页

×××项目

监 造 规 划

编制单位：
编写时间：

1　监造项目概况
2　监造工作范围
3　监造工作内容
4　监造工作目标
5　监造工作依据
6　监造组织机构
7　监造人员配备计划
8　监造机构人员岗位职责
9　监造工作程序
10　监造工作方法及措施
11　监造报告
12　联络与协调
13　监造工作制度
14　监造工作服务质量标准
15　附件：监造报告表样

附录 B 水轮发电机组设备监造协议模板

×××项目

设备监造协议

买　　方：
卖　　方：
监造方：

签订时间：　　年 月 日

×××项目设备监造协议

×××公司（以下简称业主）委托×××公司（以下简称甲方）对×××公司（以下简称乙方）生产的×××项目制造质量及生产交货进度进行监造，根据供货合同中有关条款规定，经甲乙双方协商达成如下监造协议。

一、监造目的

质量及生产交货进度监造是甲方配合乙方保证产品质量及进度的手段，目的是将可能出现的质量或进度问题尽可能控制在产品的生产制造过程中，而不是代替乙方的质量检验及进度控制，按合同文件规定，乙方对所生产的产品制造质量及生产交货进度全面负责。

二、监造依据

1. 国家颁发的有关设备质量的法律、法规和条例。
2. 以国家或行业颁发的相关标准为原则并参照乙方的厂内标准。
3. 设备采购合同及业主与乙方的往来文件。
4. 业主与乙方各次协调会或联络会会议纪要。
5. 甲方与乙方共同签署的其他协议。
6. 经业主确认的设备制造图纸及技术修改通知单。

三、监造方法

监造代表一般采用文件见证、现场巡检、现场见证、停工待检等方法，对设备质量和进度执行情况进行检查确认，从而保证业主获得质量优良和满足交货进度的产品。

文件见证是指由乙方出具设备原材料、元器件、外购外协件及制造过程中的检验、试验等的质量证明文件，监造人员对文件进行审查；现场巡检指监造人员对乙方的设备制造现场进行定期或不定期的检查活动；现场见证是指监造人员现场对设备制造过程中的某些节点进行检查见证；停工待检是指监造人员（或业主代表）对设备重要的工序节点、隐蔽工程、关键的试验验收点或不可重复试验验收点的检查见证。

四、监造内容

参照 DL/T 586《电力设备监造技术导则》和设备供货合同中规定的工厂检查试验监造项目（按本协议附件《设备监造质量见证点设置表》）执行。设备制造过程中，监造代表有权对监造质量见证表中有关见证项目进行补充或删减，对质量见证点进行动态调整，乙方应相应进行补充或删减，并按补充或删减后的监造质量见证表执行。

五、甲方职责

1. 甲方派监造代表常驻乙方，对产品生产制造进度全过程进行监造，负责检查、督促制造厂的设备质量及生产进度。

2. 监造代表对主要零部件的原材料、外协件、外购件进行质量监督，按工程进度需要，了解工艺规程并监督车间执行，在生产过程中进行现场质量监督，对主要零部件参加见证并了解组装情况。发现问题及时通知乙方，对于重大质量和进度问题，及时向业主汇报。

3. 监造代表参加乙方的关于被监造设备的制造、生产及进度的有关会议。

4. 甲方保护乙方的知识产权，对在厂内所查阅和审查的乙方图纸、文件、工艺等方面的资料，仅限于厂内使用，不得外传。

5. 业主及委托的甲方代表应遵守乙方的安全管理规定并接受乙方的安全培训。

六、乙方职责

1. 乙方应支持和配合监造代表的工作。乙方应向监造代表提供设备的生产制造计划；乙方应向监造代表提供设备的外协外购计划并定期（每月）提供主要原材料、外协外购件的实际进展情况；乙方应向监造代表提供设备监造所需的图纸、工艺文件、试验检验标准等相关资料。

2. 对设备的文件见证点，乙方应及时提供相关见证文件供监造代表审查；乙方应允许监造人员到所监造设备的制造现场进行检查。

3. 对设备的现场见证点，乙方应提前 3 天通知监造代表；对设备的停工待检点，乙方应提前 7 天通知监造代表；对业主需派代表见证的项目，乙方应提前 30 天通知业主，同时通知监造代表。若乙方逾期未通知，监造代表有要求重新见证的权利；如通知后，监造代表未能按期到达现场，该项目自动转为文件见证。

4. 乙方应协助监造代表到达有见证项目要求的外协厂，以便开展监造工作；对本厂以外地区（本市）的项目见证，乙方应提供交通方便。

5. 对设备制造过程中出现的质量问题，乙方及时如实报告监造代表，不得隐瞒不报；对于较大或重大质量问题或缺陷，在监造代表不知情的情况下，乙方不得擅自处理。

6. 对设备见证过程中发现的质量偏差，乙方负责处理合格，并在处理完成后再次通知监造代表进行现场见证。

7. 对设备制造过程中产生的进度或质量偏差，监造代表一般会向乙方签发相应的报告，乙方应及时响应和处理监造代表的报告。

8. 乙方根据自己的实际情况为甲方监造代表提供办公方便。

9. 对业主方检测（如有），乙方应通知监造方进行取样见证并配合监造方完成试样的出厂送检。

10. 设备出厂前，乙方应提供《设备出厂签证单》（如有）由监造代表签认，监造代表签认后，设备才能发运出厂。

11. 乙方向业主方报送质量或进度方面的函件或报告，应同时抄送监造代表。

七、其他

1. 监造过程中如双方人员意见不一致时，各方应本着实事求是、质量第一的原则，以标准、规程、规范为依据，组织专题会议或以其他形式友好磋商解决。如仍有分歧，可提请仲裁机关裁决。

2. 监造并不免除乙方的合同责任。

3. 其他未尽事宜按合同文件的有关条款规定执行。

4. 本协议经双方代表加盖公章后生效。

5. 本协议一式　　份，正本　　份，副本　　份，甲乙双方各执正本　　份、副本　　份。

八、附件

《设备监造质量见证点设置表》

签字页：

甲　方：	乙　方：
签　字：	签　字：
地　址：	地　址：
电　话：	电　话：
联系人：	联系人：

业主方：
签　字：
地　址：
电　话：
联系人：

附录 C 水轮发电机组设备监造细则模板

监造单位图标	监造单位名称	文件编号
	监造细则	共　　　页

×××项目

监造细则

编号：

采购合同编号：

买方单位：

制造单位：

监造单位：

编制单位：

签　发		年　月　日
校　核		年　月　日
编　制		年　月　日

1　总则

1.1　编制依据

1.2　监造范围

1.3　适用标准

2　监造组织机构及职责分工

3　监造工作程序

4　监造设备结构工艺特点和质量控制要点

4.1　×××设备

（1）结构工艺特点

（2）质量控制要点

5　监造工作方法和措施

附录 D 水轮发电机组设备监造相关报告模板

D1 监造周报

监造单位图标	监造单位名称	文件编号
	监造周报	共　　页

监造周报

工程名称：
合同编号：

业主单位：　　　　　　　　　制造单位：
监检方式：□ 文件见证　　□ 现场见证　　□ 停工待检　　□ 巡视检查
监检日期：　　年　月　日至　　年　月　日
本周加工制造的主要部件：
本周各主要部件生产活动及进度情况：
本周主要监检工作和制造质量情况：
本周进行的原材料业主方检测情况：

245

续表

本周进行的文件见证清单：

文件名称	编号	批准单位	见证日期

主要原材料采购进度检查（根据实际情况选择是否填报）：

原材料牌号及所对应的机组号、部件、部位	供货厂家	目前进展情况描述	预计进场期

制造进度检查：

部件名称	交货期	投入时间	目前进展情况描述	完成百分比	预计交货期

分包、外协件进度检查：

分包、外协件名称	交货期	分包、外协厂家	目前进展情况描述	预计交货期

进度滞后部件原因分析：

续表

附件：	
填报（签名）：	审查（签名）：
日期： 年 月 日	日期： 年 月 日

D2 监造月报

××设备

监造月报

年 月

月报编号：

监造合同编号：

采购合同编号：

买方单位：

制造单位：

编制单位：

签　发		年 月 日
校　核		年 月 日
编　制		年 月 日

监造单位图标	监造单位名称	文件编号
	监造月报	共　页

1　本月主要监造工作及特点概述

2　进度检查

2.1　本月各部件主要生产活动及进展情况概述

2.2　本月各主要部件制造与交货进度检查

见"附表一　进度检查对照表"。

2.3　主要原材料采购情况（根据实际情况选择是否填报）

见"附表二　主要原材料采购情况表"。

2.4　制造与交货进度异常的零部件

2.4.1　制造与交货进度异常的Ⅰ类部件（正常工期在一年及以上）

机组号	零部件名称	合同交货期	协商交货期	目前进展	可能延迟的时间

2.4.2　制造与交货进度异常的Ⅱ类部件（正常工期半年至一年）

机组号	零部件名称	合同交货期	协商交货期	目前进展	可能延迟的时间

2.4.3　制造与交货进度异常的Ⅲ类部件（正常工期三个月至半年）

机组号	零部件名称	合同交货期	协商交货期	目前进展	可能延迟的时间

2.4.4　制造与交货进度异常的Ⅳ类部件（正常工期一个月至三个月）

机组号	零部件名称	合同交货期	协商交货期	目前进展	可能延迟的时间

续表

机组号	零部件名称	合同交货期	协商交货期	目前进展	可能延迟的时间

2.5 设备制造与交货进度异常的详细分析

2.5.1 ×××（进度异常的零部件名称）

（1）对进度异常零部件生产所涉及资源的分析（包括材料、采购件、设备、人力等）。

（2）工厂已经或即将采取的措施。

（3）对买方需要采取手段的建议。

2.5.2 ×××（进度异常的零部件名称）

（1）对进度异常零部件生产所涉及资源的分析（包括材料、采购件、设备、人力等）。

（2）工厂已经或即将采取的措施。

（3）对买方需要采取手段的建议。

3 制造质量检验

3.1 监造站驻厂检验活动列表及说明

机组号	部件名称	检验活动	备注

3.2 本月进行的文件见证清单

文件名称	编号	批准单位	见证日期

3.3 主要原材料业主方检测情况（根据实际情况选择是否填报）

见"附表三 主要原材料业主方检测情况表"。

3.4 本月主要制造质量问题及处理情况

4 本月进行的其他工作

5 下阶段主要监造工作安排

6 附件

6.1 附表一 进度检查对照表

6.2 附表二 主要原材料采购情况表

6.3 附表三 主要原材料业主方检测情况表（根据实际情况选择是否填报）

6.4 截至本月发出的《不符合项检验报告》汇总清单

6.5 本月向买方发出的其他报告清单

6.6 本月发出的《监造周报》

D3 监造年报

××设备

监造年报

年
年报编号：

监造合同编号：

采购合同编号：

买方单位：

制造单位：

编制单位：

签 发		年 月 日
校 核		年 月 日
编 制		年 月 日

监造单位图标	监造单位名称	文件编号
	监造年报	共 页

1 概述

2 监造机构内部管理

3 全年监造检验活动汇总

3.1 全年完成的检验活动

机组号	部件	完成检验的工序

3.2 全年发出的报告清单

序号	报告种类	总份数
1	监造报告	
2	监造月报	
3	监造年报	
4	不符合项报告	
5	紧急报告	
6	监造工作联系单	
7	专题报告	

3.3 全年进行的文件审查

序号	审查文件名称

3.4 全年发出的不符合项报告和其他重要报告清单

4 全年主要质量问题及案例分析

5 全年制造进度方面存在的主要问题

6 小结

7 附件

截至年底发出的不符合项报告汇总清单

D4 监造工作总结

××设备

监造工作总结

编号：

监造合同编号：

采购合同编号：

买方单位：

卖方单位：

制造单位：

编制单位：

批 准		年 月 日
校 核		年 月 日
编 制		年 月 日

监造 单位 图标	监造单位名称	文件编号
	监造工作总结	共　　页

××设备监造工作总结

1　项目概况
1.1　监造设备及采购合同简要介绍
1.2　设备制造、交货情况简要介绍
1.3　监造工作简要介绍
2　监造组织机构与人员
3　监造合同履行情况
4　监造工作成效
4.1　制造质量控制成效
4.2　制造进度控制成效
5　设备制造过程中的主要问题及处理情况
5.1　××××设备及部件质量问题
（1）质量问题描述
（2）质量问题原因
（3）质量问题处理
（4）质量问题处理结果
5.2　××××设备及部件质量问题
（1）质量问题描述
（2）质量问题原因
（3）质量问题处理
（4）质量问题处理结果
6　设备制造图片
7　大事记

D5　不符合项检验报告

监造 单位 图标	监造单位名称	文件编号
	不符合项检验报告	共　　页

不符合项检验报告

工程名称:
合同编号:

业主单位:	制造单位:
监检方式:□ 文件见证　　□ 现场见证　　□ 停工待检　　□ 巡视检查	
不符合项情况描述:	
本报告发出人签名: 　　　　　　　　　日期:　　年 月 日	制造方签收: 　　　　　　　　　日期:　　年 月 日
制造方采取的纠正措施和处理结果: 　　　　　　　　　签名:　　　日期:　　年 月 日	
监造方对处理结果的意见: □接受,本报告可以关闭。　　　　□拒绝,本报告继续打开。 　　　　　　　　　签名:　　　日期:　　年 月 日	

D6　监造工作联系单

监造单位图标	监造单位名称	文件编号
^	监造工作联系单	共　　页

监造工作联系单

工程名称：
合同编号：

致：
　　事由：

　　内容：

　　　　　　　　　　　　　　　　　　　　　监 造 机 构_____
　　　　　　　　　　　　　　　　　　　　　监造工程师_____
　　　　　　　　　　　　　　　　　　　　　日　　　　期_____

D7　监造工程师通知单

监造单位图标	监造单位名称	文件编号
	监造工程师通知单	共　　页

监造工程师通知单

工程名称：
合同编号：

致：
　　事由：

　　通知内容：

附件共_____页，请于_____年___月___日前回复本通知要求。

　　　　　　　　　　　　　　　　　　　　　监 造 机 构_____
　　　　　　　　　　　　　　　　　　　　　监造工程师_____
　　　　　　　　　　　　　　　　　　　　　日　　　　期_____

抄送：

D8 特殊项检验报告

监造单位图标	监造单位名称	文件编号
	特殊项目检验报告	共　　页

特殊项目检验报告

工程名称：
合同编号：

业主单位：　　　　　　　　　　　　制造单位：
监检方式：□ 文件见证　　□ 现场见证　　□ 停工待检　　□ 巡视检查
特殊项目名称：
特殊项目检验报告详细内容：
附件：
填报（签名）：　　　　　　　　　　　　审查（签名）： 日期：　　年 月 日　　　　　　　　　日期：　　年 月 日

D9　专题报告

监造单位图标	监造单位名称	文件编号
	专题报告	共　　页

专题报告

工程名称：
合同编号：

业主单位：　　　　　　　　　　制造单位：
监检方式：□ 文件见证　　□ 现场见证　　□ 停工待检　　□ 巡视检查
专题报告标题：
专题报告详细内容：
附件：
填报（签名）：　　　　　　　　　　　审查（签名）： 日期：　　年　月　日　　　　　　　　日期：　　年　月　日

D10 紧急报告

监造单位图标	监造单位名称	文件编号
	紧急报告	共　　页

紧急报告

工程名称：
合同编号：

业主单位：　　　　　　　　　　制造单位：
监检方式：□ 文件见证　　□ 现场见证　　□ 停工待检　　□ 巡视检查
紧急报告标题：
紧急报告涉及事件主要内容的描述：
监造机构的意见和建议：
附件：
填报（签名）：　　　　　　　　　　　审查（签名）： 日期：　　年　月　日　　　　　　　　日期：　　年　月　日

注：本报告主要针对影响设备质量和进度的主要事件。

D11　出厂设备签证单

出厂设备签证单		监造单位图标	监造单位名称
编　号		第　页/共　页	
项目名称		合同编号	
买方		卖方	
检验方式：	□ 文件审查　　　□ 首件见证　　　□ 车间见证		
出厂设备 机组号： 名称： 批次： 装运号： 箱号：			
经文件审查和现场检验，该批出厂设备： 　1. 产品质量符合合同规定；质量检验文件全面完整，符合要求。 　2. 制造过程中出现的质量问题（若有）已做处理，处理结果符合合同要求，不符合项报告已关闭。 　3. 包装符合合同要求（包括名称、规格、数量）。			
签证意见：			
专业监造工程师（签章）：　　　　　　　　监造站站长（签章）： 日期：　　年　　月　　日　　　　　　　日期：　　年　　月　　日			

本证书的签署并不减轻卖方的责任。

附录 E 水轮发电机组设备监造所需相关标准

序号	标准号	标准名称	备注
一、监造体系类			
1	DL/T 586	电力设备监造技术导则	
2	GB/T 26429	设备工程监理规范	
3	GB/T 50319	建设工程监理规范	
4	Q/CTG 107	水电站机电设备监造技术导则 总则	企标
5	Q/CTG 108	水电站机电设备监造技术导则 混流式水轮机	企标
6	Q/CTG 109	水电站机电设备监造技术导则 水轮发电机	企标
7	Q/CTG 231	水电站机电设备监造技术导则 混流式水泵水轮机	企标
8	Q/CTG 232	水电站机电设备监造技术导则 发电电动机	企标
9	Q/CTG 233	水电站机电设备监造技术导则 进水球阀	企标
10	GB/T 19000	质量管理体系 基础和术语	
11	GB/T 19001	质量管理体系 要求	
12	GB/T 19004	追求组织的持续成功 质量管理方法	
13	GB/T 19011	管理体系审核指南	
二、水轮发电机组类			
1	DL/T 443	水轮发电机组及其辅助设备出厂检验导则	
2	DL/T 5071	混流式水轮机转轮现场制造工艺守则	
3	JB/T 6752	中小型水轮机转轮静平衡试验规程	
4	GB/T 15468	水轮机基本技术条件	
5	GB/T 7894	水轮发电机基本技术条件	
6	GB/T 10969	水轮机、蓄能泵和水泵水轮机通流部件技术条件	
7	GB/T 14478	大中型水轮机进水阀门基本技术条件	
8	DL/T 298	发电机定子绕组端部电晕检测与评定导则	
9	GB/T 755	旋转电机 定额和性能	
10	GB/T 8564	水轮发电机组安装技术规范	
11	GB/T 20833	旋转电机 旋转电机定子绕组绝缘	
12	GB/T 12221	金属阀门结构长度	
13	GB 50150	电气装置安装工程 电气设备交接试验标准	
14	GB/T 22717	电机磁极线圈及磁场绕组匝间绝缘试验规范	
15	JB/T 3334	水轮发电机用制动器	

续表

序号	标准号	标准名称	备注
16	GB/T 7354	局部放电测量	
17	GB/Z 32519	1000MW级水轮发电机	
18	JB/T 6204	高压交流电机定子线圈及绕组绝缘耐电压试验规范	
19	NB/T 35035	水力发电厂水力机械辅助设备系统设计技术规定	
三、材料类			
1	GB/T 13304	钢分类	
2	GB/T 222	钢的成品化学成分允许偏差	
3	GB/T 17505	钢及钢产品交货一般技术要求	
4	GB/T 2975	钢及钢产品力学性能试验取样位置及试样制备	
5	GB/T 228	金属材料 拉伸试验	
6	GB/T 229	金属材料 夏比摆锤冲击试验方法	
7	GB/T 4160	钢的应变时效敏感性试验方法（夏比冲击法）	
8	GB/T 231.1	金属材料 布氏硬度试验 第1部分：试验方法	
9	GB/T 232	金属材料 弯曲试验方法	
10	GB/T 13683	销剪切试验方法	
11	GB/T 4336	碳素钢和中低合金钢 火花源原子发射光谱分析方法（常规法）	
12	GB/T 223.82	钢铁 氢含量的测定 惰气脉冲熔融热导法	
13	GB/T 11261	钢铁 氧含量的测定 脉冲加热惰气熔融——红外线吸收法	
14	GB/T 20124	钢铁 氮含量的测定 惰性气体熔融热导法（常规方法）	
15	GB/T 699	优质碳素结构钢	
16	GB/T 700	碳素结构钢	
17	GB/T 3077	合金结构钢	
18	GB/T 1591	低合金高强度结构钢	
19	GB/T 3274	碳素结构钢和低合金结构钢热轧厚钢板和钢带	
20	GB/T 5313	厚度方向性能钢板	
21	GB/T 14977	热轧钢板表面质量的一般要求	
22	GB/T 2521	冷轧取向和无取向电工钢带（片）	
23	GB/T 19289	电工钢片（带）的密度、电阻率和叠装系数的测量方法	
24	GB/T 16270	高强度结构用调质钢板	
25	GB/T 19189	压力容器用调质高强度钢板	
26	JB/T 4733	压力容器用爆炸焊接复合板	

续表

序号	标准号	标准名称	备注
27	GB/T 4237	不锈钢热轧钢板和钢带	
28	GB/T 4238	耐热钢钢板和钢带	
29	GB/T 3078	优质结构钢冷拉钢材	
30	GB/T 3280	不锈钢冷轧钢板和钢带	
31	GB/T 1220	不锈钢棒	
32	JB/T 7349	混流式水轮机焊接转轮不锈钢叶片铸件	铸件
33	GB/T 1348	球墨铸铁件	铸件
34	GB/T 6967	工程结构用中、高强度不锈钢铸件	铸件
35	GB/T 6414	铸件 尺寸公差与机械加工余量	铸件
36	JB/T 6402	大型低合金钢铸件	铸件
37	GB/T 17107	锻件用结构钢牌号和力学性能	锻件
38	JB/T 6396	大型合金钢锻件技术条件	锻件
39	JB/T 6397	大型碳素结构钢锻件技术条件	锻件
40	JB/T 7023	水轮发电机镜板锻件技术条件	锻件
41	JB/T 1270	水轮机、水轮发电机大轴锻件技术条件	锻件
42	JB/T 1271	交直流电机轴锻件技术条件	锻件
43	JB/T 10265	水轮发电机用上下圆盘锻件技术条件	锻件
44	JB/T 10484	大型水轮机主轴技术规范	锻件
45	GB/T 2040	铜及铜合金板材	
46	YS/T 662	铜及铜合金挤制管	
47	GB/T 6892	工业用铝及铝合金热挤压型材	
48	GB/T 8162	结构用无缝钢管	
49	BS EN 10293	一般工程用钢铸件	欧标（英标）
50	BS EN 10025-1	结构钢热轧制品 一般交货技术条件	欧标（英标）
51	BS EN 10025-2	非合金结构钢热轧制品 扁平材交货技术条件	欧标（英标）
52	BS EN 10025-3	非合金结构钢热轧制品 长形产品的交货技术条件	欧标（英标）
53	BS EN 10025-4	结构钢热轧制品 热机轧制的可焊接细粒钢的交货技术条件	欧标（英标）
54	BS EN 10025-5	结构钢热轧制品 改进的耐大气腐蚀结构钢的交货技术条件	欧标（英标）
55	Q/CTG 1	大型混流式水轮机转轮马氏体不锈钢铸件技术条件	企标
56	Q/CTG 2	大型水轮机电渣熔铸马氏体不锈钢导叶铸件技术条件	企标
57	Q/CTG 3	大型水轮发电机组主轴锻件技术条件	企标

续表

序号	标准号	标准名称	备注
58	Q/CTG 4	大型水轮发电机镜板锻件技术条件	企标
59	Q/CTG 5	大型水轮发电机无取向电工钢带技术条件	企标
60	Q/CTG 6	大型变压器电工钢带技术条件	企标
61	Q/CTG 24	大型水电工程高强度低焊接裂纹敏感性钢板技术条件	企标
62	Q/CTG 26	大型水轮发电机高强度热轧磁轭钢板技术条件	企标
63	Q/CTG 25	大型水轮发电机组特厚钢板技术条件	企标
四、焊接类			
1	SL 36	水工金属结构焊接通用技术条件	
2	DL/T 5070	水轮机金属蜗壳安装焊接工艺导则	
3	GB/T 324	焊缝符号表示法	
4	GB/T 985.1	气焊、焊条电弧焊、气体保护焊和高能束焊的推荐坡口	
5	GB/T 985.2	埋弧焊的推荐坡口	
6	GB/T 8110	气体保护电弧焊用碳钢、低合金钢焊丝	
7	GB/T 18591	焊接预热温度、道间温度及预热维持温度的测量指南	
8	JB/T 3223	焊接材料质量管理规程	
9	GB/T 17493	低合金钢药芯焊丝	
10	JB/T 4735	钢制焊接常压容器	
11	GB/T 150	压力容器	
五、加工类			
1	GB/T 192	普通螺纹　基本牙型	
2	GB/T 193	普通螺纹　直径与螺距系列	
3	GB/T 196	普通螺纹　基本尺寸	
4	GB/T 197	普通螺纹　公差	
5	GB/T 2516	普通螺纹　极限偏差	
6	GB/T 3098.1	紧固件机械性能螺栓、螺钉和螺柱	
7	GB/T 1182	产品几何技术规范（GPS）几何公差 形状、方向、位置和跳动公差标注	
8	GB/T 3098.2	紧固件机械性能　螺母　粗牙螺纹	
六、探伤类			
1	NB/T 47013.7	承压设备无损检测 第7部分：目视检测	
2	NB/T 47013.8	承压设备无损检测 第8部分：泄漏检测	
3	NB/T 47013.9	承压设备无损检测 第9部分：声发射检测	

续表

序号	标准号	标准名称	备注
4	NB/T 47013.10	承压设备无损检测 第10部分：衍射时差法超声检测	
5	NB/T 47013.11	承压设备无损检测 第11部分：X射线数字成像检测	
6	NB/T 47013.12	承压设备无损检测 第12部分：漏磁检测	
7	NB/T 47013.13	承压设备无损检测 第13部分：脉冲涡流检测	
8	GB/T 2970	厚钢板超声检测方法	
9	GB/T 3323	金属熔化焊焊接接头射线照相	
10	GB/T 4162	锻轧钢棒超声检测方法	
11	GB/T 7233	铸钢件 超声检测	
12	GB/T 11345	焊缝无损检测 超声检测 技术、检测等级和评定	
13	GB/T 12470	埋弧焊用低合金钢焊丝和焊剂	
14	GB/T 15822.1	无损检测 磁粉检测 第1部分：总则	
15	GB/T 15822.2	无损检测 磁粉检测 第2部分：检测介质	
16	GB/T 15822.3	无损检测 磁粉检测 第3部分：设备	
17	CCH 70-3	水力机械铸钢件检验规范	
18	ASME 第Ⅷ卷 第1册 附录4	用射线透照法测定焊缝中圆形显示的圆形显示图的标准	
19	ASME 第Ⅷ卷 第1册 附录6	磁粉检测法（MT）部分	
20	ASME 第Ⅷ卷 第1册 附录8	液体渗透检测法（PT）部分	
21	ASME 第Ⅷ卷 第1册 附录12	超声波检测（UT）部分	
七、涂漆包装类			
1	GB/T 28546	大中型水电机组包装、运输和保管规范	
2	GB/T 2522	电工钢带（片）涂层绝缘电阻和附着性测试方法	
3	SL 105	水工金属结构防腐蚀规范	
4	GB/T 3181	漆膜颜色标准	
5	GB/T 5210	色漆和清漆 拉开法附着力试验	

附录 F 水轮发电机组主要设备材料使用情况

表 F1 白鹤滩水电站（单机 1000MW）主要设备材料使用情况

序号	设备名称	主要使用材料牌号 白鹤滩左岸电站	材料性质	主要使用材料牌号 白鹤滩右岸电站	材料性质	备注
		水轮机				
1	尾水肘管	Q345B 等	钢板	Q345B 等	钢板	
2	尾水锥管	Q345B 等	钢板	0Cr13Ni5Mo 等	钢板	
3	蜗壳	SX780CF	钢板	SX780CF	钢板	
4	机坑里衬	Q235B 等	钢板	Q253B 等	钢板	
5	基础环	Q345B、0Cr13Ni5Mo 等	钢板	Q345B、0Cr13Ni5Mo 等	钢板	
6	座环	SXQ500D-Z35（环板） SX780CF（过渡段） SXQ500D（固定导叶）	钢板 钢板 钢板	SXQ500D-Z35（环板） SX610CF（过渡段） A668E（固定导叶）	钢板 钢板 锻件	
7	顶盖	Q345B、SXQ345C-Z35、0Cr13Ni5Mo 等（除轴套外） ZG20MnSi（轴套）	钢板 铸件	Q345B、SXQ500D-Z35、0Cr13Ni5Mo 等（除轴套外） ZG20MnSi（轴套）	钢板 铸件	
8	底环	Q235B、0Cr13Ni5Mo 等（除轴套外） ZG20MnSi（轴套）	钢板 铸件	Q235B、0Cr13Ni5Mo 等（除轴套外） ZG20MnSi（轴套）	钢板 铸件	
9	控制环	Q235B、1Cr13	钢板	Q235B、0Cr13Ni5Mo	钢板	
10	活动导叶	ZG04Cr13Ni5Mo	铸件	ZG04Cr13Ni5Mo	铸件	
11	水轮机主轴	25MnSX	锻件	25MnSX	锻件	
12	转轮	ZG04Cr13Ni4Mo	铸件	ZG04Cr13Ni5Mo	铸件	

续表

序号	设备名称	主要使用材料牌号（白鹤滩左岸电站）	材料性质	主要使用材料牌号（白鹤滩右岸电站）	材料性质	备注
		发电机				
1	定子机座	Q345B、Q235B、0Cr18Ni12 等	钢板	S355J2、Q345B、Q235B、0Cr18Ni12 等	钢板	
2	定子冲片	50W250	无取向硅钢片	50W250	无取向硅钢片	
3	定子线棒	DSBEB-20/155 Samicapor 366.55-30	裸扁铜线 云母带	ECU57（导线） H EC5440-1S（主绝缘） HEC5440-1H（主绝缘）	裸扁铜线 云母带	
4	转子支架	Q345B 等（除中心体圆盘外） 20SiMn（中心体圆盘）	钢板 锻件	Q345B 等（除中心体圆盘外） 20MnSX（中心体圆盘）	钢板 锻件	
5	转子磁轭	SXRE750（磁轭钢板） 42CrMo（拉杆）	钢板 高强螺栓	SXRE750（磁轭钢板） 42CrMo（拉杆）	钢板 高强螺栓	
6	转子磁极	DCI450（冲片） TMY2（线圈） 42CrMo（拉杆）	薄板 铜排 高强螺栓	B550TF179（冲片） TMY2（线圈） 42CrMo（拉杆）	薄板 铜排 高强螺栓	
7	上机架	Q235B、06Cr19Ni10 等	钢板	Q345B、Q235B、06Cr19Ni10 等	钢板	
8	上端轴	20MnSX	锻件	20MnSX	锻件	
9	下机架	Q345B、Q345B-Z35、SXQ345B	钢板	Q235B	钢板	
10	推力头	20SiMn	锻件	ZG20SiMn	铸件	
11	镜板	55 号	锻件	55 号	锻件	
12	发电机主轴	25MnSX	锻件	20MnSX	锻件	

表 F2　乌东德水电站（单机 850MW）主要设备材料使用情况

序号	设备名称	乌东德左岸电站 主要使用材料牌号	材料性质	乌东德右岸电站 主要使用材料牌号	材料性质	备注
		水轮机				
1	尾水肘管	Q235B	钢板	Q235B	钢板	
2	尾水锥管	Q235B、06Cr19Ni10	钢板	Q235B、06Cr19Ni10	钢板	
3	蜗壳	SX780CF	钢板	SX780CF	钢板	
4	机坑里衬	Q235B、06Cr19Ni10 等	钢板	Q253B 等	钢板	
5	基础环	Q345B、06Cr19Ni10 等	钢板	Q235B、Q235C 等	钢板	
6	座环	S355J2N-Z35（环板） SX610CF（过渡段） S550Q（固定导叶）	钢板 钢板 钢板	S355J2N-Z35（环板） SX610CF（过渡段） 25MnSX（固定导叶）	钢板 钢板 锻件	
7	顶盖	SXQ345C-Z35、SXQ345B、Q345B、06Cr19Ni10、06Cr18Ni1Ti 等（除轴套外） ZG20SiMn（轴套）	钢板 铸件	Q345B、Q235B、S355J2N-Z35、06Cr19Ni10、00Cr13Ni5Mo 等（除轴套外） ZG20Mn（轴套）	钢板 铸件	
8	底环	Q235B、X3-CrNiMo13-4、06Cr18Ni1Ti 等（除轴套外） ZG20SiMn（轴套）	钢板 铸件	Q235C、Q235B、0Cr13Ni5Mo 等（除轴套外） ZG20Mn（轴套）	钢板 铸件	
9	控制环	Q235B、X12Cr13 + QT550	钢板	Q235C、SXQ500D	钢板	
10	活动导叶	ZG04Cr13Ni4Mo	铸件	ZG04Cr13Ni4Mo	铸件	
11	水轮机主轴	25MnSX（上下法兰、轴领） 25MnSX（圆筒）	锻件 钢板	25MnSX（上下法兰、轴领） S355J2N-Z35（圆筒）	锻件 钢板	
12	转轮	ZG04Cr13Ni4Mo	铸件	ZG04Cr13Ni4Mo	铸件	

续表

序号	设备名称	主要使用材料牌号（乌东德左岸电站）	材料性质	主要使用材料牌号（乌东德右岸电站）	材料性质	备注
		发电机				
1	定子机座	Q235B、Q345D 等	钢板	Q235B、0Cr18Ni9 等	钢板	
2	定子冲片	50W250	无取向硅钢片	B50A250	无取向硅钢片	
3	定子线棒	E-CuAg0.10R250（CW013A） H-FGG-1003.04	铜线 云母带	Cu-ETP CW004A（导线） MI_GLGWB4.5	铜线 云母带	
4	转子支架	Q345B、Q345D-Z35/S355 J0 + N-Z35	钢板	Q345B、S460NL、S355J2G3-等（除中心体下圆盘外）	钢板	
				20SiMn（下圆盘）	锻件	
5	转子磁轭	SXRE750（磁轭钢板） 34CrNiMo	钢板 高强螺栓	SXRE750（磁轭钢板） 40CrNiMo（拉杆）	钢板 高强螺栓	
6	转子磁极	350-100-TF181（冲片） CU-ETP-R230（线圈） 42CrMo（拉杆）	薄板 铜排 高强螺栓	R550（冲片） T2（线圈） 35CrMo（拉杆）	薄板 铜排 高强螺栓	
7	上机架	Q345C、Q235B	钢板	Q345B、Q235B	钢板	
8	上端轴	20MnSX	锻件	20MnSX	锻件	
9	下机架	Q345C、Q345B 等	钢板	Q345B、Q235B 等	钢板	
10	推力头	20MnSX	锻件	20MnSX	锻件	
11	镜板	55#	锻件	GS-20Mn5V	铸件	
12	发电机主轴	20MnSX	锻件	55#	锻件	
				25MnSX	锻件	

表 F3　巴基斯坦卡洛特水电站（单机 180MW）主要设备材料使用情况

序号	设备名称	主要使用材料牌号	材料性质	备注
水轮机				
1	尾水肘管	Q235B 等	钢板	
2	尾水锥管	Q235B 等	钢板	
3	蜗壳	610CF	钢板	
4	机坑里衬	Q235B 等	钢板	
5	基础环	Q235B	钢板	
6	座环	Q345B-Z25（环板）	钢板	
		Q345B（固定导叶）	钢板	
7	顶盖	Q235B、06Cr19Ni10	钢板	
8	底环	Q235B、04Cr13Ni5Mo	钢板	
9	控制环	Q235B	钢板	
10	活动导叶	ZG04Cr13Ni5Mo	铸件	
11	水轮机主轴	20MnSX	锻件	
12	转轮	ZG04Cr13Ni5Mo	铸件	
发电机				
1	定子机座	Q345B 等	钢板	
2	定子冲片	50W250	钢板	
3	定子线棒	DSBEB-20/155	裸扁铜线	
		Samicapor 366.55-30	云母带	
4	转子支架	20MnSX（圆盘）	锻件	
		Q345B 等	钢板	
5	转子磁轭	DCR550（磁轭冲片）	钢板	
		42CrMo（拉紧螺杆）	高强螺栓	
6	转子磁极	DCL450（冲片）	薄板	
		42CrMo（拉杆）	高强螺栓	
		TMY2（线圈）	铜排	
7	上机架	Q235B 等	钢板	
8	上端轴	20MnSX	锻件	
9	下机架	Q235B 等	钢板	
10	推力头	20MnSX	锻件	
11	镜板	55 号	锻件	
12	发电机主轴	20MnSX	锻件	

表 F4 长龙山抽水蓄能电站（单机 350MW）主要设备材料使用情况

序号	设备名称	主要使用材料牌号 长龙山 A 厂 4 台	材料性质	主要使用材料牌号 长龙山 B 厂 2 台	材料性质	备注
		水轮机				
1	尾水肘管	Q345B 等	钢板	Q345R, Q235B, Q235A 等	钢板	
2	尾水锥管	Q345B 等	钢板	06Cr19Ni10, Q345R, Q235B 等	钢板	
3	机坑里衬	Q345B 等	钢板	Q235B, 06Cr19Ni10	钢板	
4	蜗壳座环	SX780CF（蜗壳） SXQ550D（固定导叶） SXQ500D-Z35（环板）	钢板 钢板 钢板	SX610CF（蜗壳） SXQ550D/ SXQ550D-Z35（固定导叶） S460N-Z35（环板）	钢板	
5	顶盖	SXQ345C, 04Cr13Ni5Mo, Q345C	钢板	SXQ345C/ SXQ345C-Z35, Q345C, S460N, X3CrNiMo13-4 等	钢板	
6	底环	04Cr13Ni5Mo, Q235B	钢板	Q235B, GZCuAl10Fe5Ni5-C	钢板	
7	控制环	Q235B	钢板	Q235B	钢板	
8	活动导叶	ZG04Cr13Ni5Mo	铸件	ZG04Cr13Ni4Mo	铸件	
9	转轮	ZG04Cr13Ni5Mo	铸件	ZG04Cr13Ni4Mo	铸件	
10	水泵水轮机轴	20MnSX	锻件	20MnSX	锻件	
		进水球阀				
1	阀体	ZG20Mn	铸件	A216 Gr. WCC	铸件	
2	活门	ZG20Mn	铸件	A216 Gr. WCC	铸件	
3	阀轴	ASTM A668E	锻件	20MnMoNi 4-5	锻件	

续表

序号	设备名称	主要使用材料牌号（长龙山A厂4台）	材料性质	主要使用材料牌号（长龙山B厂2台）	材料性质	备注
		发电机				
1	定子机座	Q345B、Q235B 等	钢板	Q235B、Q345D 等	钢板	
2	定子冲片	50W250	薄板	M250-50A	薄板	
3	定子线棒	DSBEB-20/155 Samicapor 366.55-30	裸扁铜线 云母带	Cu-ETP（CW004A） H-FGG-1003.04	铜线 云母带	
4	发电动机轴	20MnSX	锻件	24NiCrMoV10-10（上端轴、下端轴）	锻件	
5	转子磁轭	780CF（磁轭圈）	钢板	27CrNiMoV15-6（磁轭与转子支架一体整锻）	锻件	
6	转子磁极	42CrMo 拉紧螺杆 DCL450（冲片） 42CrMo（拉杆） TMY2（线圈）	高强螺栓 薄板 高强螺栓 铜排	42CrMo（拉紧螺杆） 600-200-TG178（冲片） 42CrMo（拉杆） Cu-ETP（线圈）	高强螺栓 薄板 高强螺栓 铜排	
7	上机架	Q235B 等	钢板	Q235B、Q345D 等	钢板	
8	下机架	Q235B 等	钢板	Q235B、Q345D 等	钢板	
9	推力头	20SiMn	锻件	42CrMoSX	锻件	
10	镜板	25CrMoSX	锻件	42CrMoSX	锻件	

附录 G 水轮发电机组主要设备规格

表 G1 白鹤滩水电站（单机 1000MW）主要设备规格

序号	设备名称	白鹤滩左岸电站 外形尺寸（mm）	白鹤滩左岸电站 分瓣/数量	白鹤滩左岸电站 重量（kg）	白鹤滩右岸电站 外形尺寸（mm）	白鹤滩右岸电站 分瓣/数量	白鹤滩右岸电站 重量（kg）
水轮机							
1	尾水肘管	φ9400（肘管最大直径）	13 节	262 420	φ9750（肘管最大直径）	13 节	337 500
2	尾水锥管	φ9400（锥管最大直径）	5 节	119 520	φ9750（锥管最大直径）	6 节	151 000
3	蜗壳	φ8600（蜗壳进口最大直径）	34 节	652 000	φ8600（蜗壳进口最大直径）	30 节	692 200
4	机坑里衬	φ13 400×7186	3 节	108 350	φ12 400×7741	4 节	94 000
5	基础环	φ11 570×1607	2 瓣	89 340	φ7950×1110	4 瓣	27 000
6	座环	13 900×11 100×3468	4 瓣	467 100	14 540×7850×4300	4 瓣	500 005
7	顶盖	φ11 660×2409	4 瓣	370 550	φ11 970×2480	4 瓣	386 000
8	底环	φ11 020×650	2 瓣	103 075	φ11 070×635	4 瓣	96 000
9	控制环	φ9000×1890	2 瓣	66 902	φ9670×1825	2 瓣	55 600
10	活动导叶	4433×1385×450	24 件	5 685/件	5075×1398×558	24 件	8032/件
11	水轮机主轴	φ4260×6240	1 根	118 150	φ3980×6550	1 根	139 000
12	转轮	φ8620×3920	1 个	346 500	φ8870×3795	1 个	325 000
发电机							
1	定子机座	φ20 121×7295	9 瓣	213 000	φ2050×6895	5 瓣	198 255
2	定子冲片	679×600×0.5	471 640 片	1.24/片	964×610×0.5	约 35 万片	1.8/片
3	定子线棒	上层：5545（总长） 下层：5545（总长）	810 支 810 支	约 74/支 约 68/支	5108（总长）	1392 支	约 86～90/支

续表

序号	设备名称	白鹤滩左岸电站			白鹤滩右岸电站		
		外形尺寸（mm）	分瓣/数量	重量（kg）	外形尺寸（mm）	分瓣/数量	重量（kg）
		发电机					
4	转子支架	φ13 744×3910	1个中心体+6瓣支臂	397 600	φ13 520×3900	1个中心体+7瓣支臂	416 120
5	转子磁轭	2374×954×4（磁轭片）	16 300 片	58.59/片	2629×1188×3（磁轭片）	22 420 片	53.47/片
6	转子磁极	3980×880×488（磁极装配）	54 件	8 804/件	3933×890×530（磁极装配）	56 件	9788/件
7	上机架	φ21 318×1716	1个中心体+18件支臂	91 325	φ20 500×1950	1个中心体+20件支臂	106 600
8	上端轴	φ2706×3134	1 根	33 975	φ2690×2925	1 根	34 000
9	下机架	φ13 670×4010	1个中心体+12件支臂	446 062	φ15 600×4000	1个中心体+12件支臂	360 000
10	推力头	φ5045×1200	1 件	58 120	φ5200×1195	1 件	68 500
11	镜板	φ5045×220	1 件	17 418	φ5200×240	1 件	27 880
12	发电机主轴	φ4260×6231	1 根	113 400	φ3980×6120	1 根	133 200

表 G2　乌东德水电站（单机 850MW）主要设备规格

序号	设备名称	外形尺寸（mm）乌东德左岸电站	分瓣/数量 乌东德左岸电站	重量（kg）乌东德左岸电站	外形尺寸（mm）乌东德右岸电站	分瓣/数量 乌东德右岸电站	重量（kg）乌东德右岸电站
				水轮机			
1	尾水肘管	φ10 360（肘管最大直径）	12 节	249 323	φ11 210（肘管最大直径）	11 节	212 164
2	尾水锥管	φ10 360（锥管最大直径）	3 节	69 000	φ11 210（锥管最大直径）	12 节	137 249
3	蜗壳	φ11 500（蜗壳进口最大直径）	32 节	714 766	φ11 500（蜗壳进口最大直径）	30 节	684 040
4	机坑里衬	φ12 700×6700	3 段	59 956	φ12 700×8850.5	3 段	96 293
5	基础环	φ9425×3100	2 瓣	49 370	φ12 060×1300	2 瓣	66 800
6	座环	14 620×16 040×4670	4 瓣	446 000	14 528×14 300×4245	4 瓣	420 820
7	顶盖	φ12 630×2720	4 瓣	301 200	φ12 150×2400	4 瓣	288 500
8	底环	φ11 990×510	4 瓣	65 528	φ11 720×758.5	2 瓣	92 335
9	控制环	9850×9000×1700	2 瓣	44 786	φ8500×1731	2 瓣	52 347
10	活动导叶	4903×1300×470	28 件	6 325/件	4745×1470.2×548.6	24 件	7 975/件
11	水轮机主轴	φ3660×5650	1 根	112 579	φ4000×5900	1 根	123 343
12	转轮	φ9900×4975	1 个	428 123	φ9397×4255	1 个	358 705
				发电机			
1	定子机座	φ21 040×5760	6 瓣	195 500	φ20 200×6376	6 瓣	195 425
2	定子冲片	975×586.67×0.5	357 722 片	1.836/片	925.308×525×0.5	357 515 片	1.5389/片
3	定子线棒	5187（总长）	1782 支	52.7/支	4831.4（总长）	1536 支	71.21～71.94/支
4	转子支架	φ15 300×3960	1 个中心体+6 瓣扇形体	389 950	φ15 366×3558	1 个中心体+8 瓣扇形体	401 835
5	转子磁轭	1871.22×750.52×3.5 2655.97×785.06×3.5（磁轭片）	22 880 片	33.125～47.353/片	1420×835×4 1659.79×862.88×4（磁轭片）	26190 片	32.563～37.995/片

续表

序号	设备名称	乌东德左岸电站			乌东德右岸电站		
		外形尺寸（mm）	分瓣/数量	重量（kg）	外形尺寸（mm）	分瓣/数量	重量（kg）
				发电机			
6	转子磁极	3739.11×769.2×453.5（磁极装配）	66件	7 822/件	3520×776×395（磁极装配）	64件	6 040/件
7	上机架	φ23 540×1150	1中心体+12件支臂	74 000	φ26 780×1946	1中心体+18件支臂	93 000
8	上端轴	φ2300×3160	1根	17 210.2	φ2638×2337	1根	29 510
9	下机架	φ14 030×4250	1中心体+12件支臂	348 000	φ15 180×4480	1中心体+16件支臂	312 500
10	推力头	φ4400×1050	1件	55 000	φ5200×960	1件	53 800
11	镜板	φ5200×400	1件	42 000	φ5200×140	1件	12 850
12	发电机主轴	φ3660×6675	1根	155 000	φ4000×7210	1根	115 845

表 G3 卡洛特水电站（单机180MW）主要设备规格

序号	设备名称	外形尺寸（mm）	分瓣/数量	重量（kg）
水轮机				
1	尾水肘管	φ7650（肘管最大直径）	14	131 835
2	尾水锥管	φ7650（锥管最大直径）	5	42 633
3	蜗壳	φ7900（蜗壳进口最大直径）	31 节	242 927
4	机坑里衬	φ10 810×7206	4 节	61 840
5	基础环	φ8107×1400	2 瓣	19 408
6	座环	11 739×9550×3209	2 瓣	108 072
7	顶盖	φ8410×1770	2 瓣	125 000
8	底环	φ7867×305	2 瓣	19 746
9	控制环	φ3265×1330	1 台	19 655
10	活动导叶	1015×3716×320	24 件	2 460/件
11	水轮机主轴	φ2300×6250	1 根	53 840
12	转轮	φ6344×3316	1 台	126 000
发电机				
1	定子机座	φ15 150×2505	4 瓣	68 500
2	定子冲片	0.5×725×135	157 000 片	0.857/片
3	定子线棒	上层：3030（总长）	720 支	24.4/支
		下层：3030（总长）	720 支	22.8/支
4	转子支架	φ11 180×2100	1 个中心体+4 瓣支臂	97 980
5	转子磁轭	2469×745×4（磁轭片）	6420 片	44.42/片
6	转子磁极	2019×620×405	60 件	2 540/件
7	上机架	φ16 900×930	1 个中心体+8 件支臂	48 000
8	上端轴	φ1880×2533	1 根	14 090
9	下机架	φ11 280×3130	1 个中心体+8 件支臂	88 610
10	推力头	φ3570×900	1 件	26 750
11	镜板	φ3570×200	1 件	8825
12	发电机主轴	φ2300×5125	1 根	43 140

表 G4　长龙山抽水蓄能电站（单机 350MW）主要设备规格

序号	设备名称	外形尺寸（mm）	长龙山 A 厂 4 台 分瓣/数量	重量（kg）	外形尺寸（mm）	长龙山 B 厂 2 台 分瓣/数量	重量（kg）
		水轮机					
1	尾水肘管	φ4500（肘管最大直径）	6 节	85 697	φ4500（肘管最大直径）	8 节	73 900
2	尾水锥管	φ2775（锥管最大直径）	1 节	9323	φ2100（锥管最大直径）	1 节	16 260
3	机坑里衬	φ7884×7996.5	4 节	39 923	φ7000×7950	1 台	20 737
4	蜗壳座环	11 156×10 138×2036	2 瓣	155 900	12 942×6530×1860	2 瓣	106 800
5	顶盖	φ6868×1666.2	2 瓣	157 950	φ5530×1900	2 瓣	101 575
6	底环	φ6109×1009.7	1 台	65 628	φ5700×1374	1 台	65 073
7	控制环	φ4900×1166.3	1 台	16 410	φ4025×965	1 台	7742
8	活动导叶	2851.3×1148.98×430	16 件	2042/件	2540×693×323	20 件	950/件
9	转轮	φ4352×1312.7	1 台	36 658	φ3740×1174	1 台	18 326
10	水泵水轮机轴	φ1790×6580	1 根	57 985	φ1410×6482	1 根	38 376
		进水球阀					
1	球阀	5290×4077×4250.5	1 台	153 312	5000×2980×4080	1 台	128 000
		发电机					
1	定子机座	φ8070×5490	2 瓣	78 248	φ7180×3910	2 瓣	55 200
2	定子冲片	1068×675×0.5	94 464 片	2.2/片	151.83×755.02×0.5	89 600 片	2.5/片
3	定子线棒	上层：4930 下层：4930（总长）	216 支 216 支	73.4/支 74.1/支	上层：5301 下层：5301（总长）	210 支 210 支	53.8/支 54.2/支
4	发电电动机轴	φ2460×10925（转子支架与轴一体）	1 根	92 340	φ3080×3060（上端轴） φ2660×4325（下端轴）	各 1 根	30 800
5	转子磁轭	φ3836×3666	1 件	165 833	φ3210×4030（与转子支架一体整锻）	1 件	114 800
6	转子磁极	3618×1131×601	12 件	11 635/件	4082×1184×591	10 件	13 890/件
7	上机架	φ9940×3030	1 个中心体 + 8 件支臂	88 300	φ9060×2283.5	1 个中心体 + 6 件支臂	46 490
8	下机架	φ5780×1057	1 个中心体 + 8 件组合块	20 687	φ4980×1270	1 个中心体 + 6 件支臂	16 814
9	推力头	φ2250×810	1 件	10 986	φ2285×935	1 件	11 051
10	镜板	φ2300×180	1 件	4615	与推力头一体	—	—

附录 H 水轮发电机组设备见证点设置参考

本书水轮机以混流式水轮机为主，其他类型水轮机见证点设置请参照 DL/T 586；混流式水轮机、发电机、进水球阀设备见证点设置分别见表 H1～表 H3；混流式水泵水轮机可参考表 H1；发电电动机可参考表 H2。

表 H1 混流式水轮机主要部件制造质量见证项目表

序号	监造部件	见证项目	见证方式 H	见证方式 W	见证方式 R	备注
1	尾水管（锥管、肘管）	主要材料检查（材质证明书）			√	
		管节焊前尺寸检查		√		
		焊缝尺寸、外观检查		√		
		无损检测		√	√	
		管节焊后尺寸检查		√		
		相邻管节预拼装尺寸检查		√	√	一般首台套
		进人门尺寸检查		√	√	
		进人门装配检查及开、关动作试验		√		
		防腐检查		√		
2	机坑里衬	主要材料检查（材质证明书）			√	
		管节焊前尺寸检查		√		
		焊缝尺寸、外观检查		√		
		无损检测		√	√	
		尺寸检查		√	√	
		防腐检查		√		
3	蜗壳	主要材料检查（材质证明书）			√	
		管节焊前尺寸检查		√		
		焊缝尺寸、外观检查		√		
		无损检测		√	√	
		管节焊后尺寸检查		√		
		相邻管节预拼装尺寸检查		√	√	一般首台套
		进人门加工尺寸检查		√	√	
		进人门装配检查及开、关动作试验		√		
		防腐检查		√		
4	座环	主要材料检查（材质证明书）			√	
		上、下环板焊缝无损检测		√	√	
		固定导叶无损检测		√	√	

续表

序号	监造部件	见证项目	见证方式			备注
			H	W	R	
4	座环	固定导叶型线检查		√	√	
		焊接前装配尺寸检查		√		
		焊接后（热处理前）焊缝尺寸及外观检查		√		
		焊接后（热处理前）焊缝无损检测		√	√	
		焊接后（热处理前）尺寸检查		√	√	
		消除应力热处理			√	
		热处理后焊缝无损检测		√	√	
		热处理后焊接尺寸检查		√		
		加工尺寸检查		√		
		整体预装检查	√	√	√	
		防腐检查		√		
5	基础环	主要材料检查（材质证明书）			√	
		焊缝尺寸及外观检查		√		
		无损检测		√	√	
		尺寸检查		√		
		防腐检查		√		
6	蜗壳排水阀、尾水管排水阀	主要材料检查（材质证明书）			√	
		无损检测			√	
		尺寸检查			√	
		动作试验、耐压试验及渗漏检查		√	√	
7	转轮	材料检查（材质证明书）			√	
		上冠、下环、叶片无损检测		√	√	
		叶片加工型线尺寸及粗糙度检查		√	√	
		叶片表面波浪度检查		√		
		上冠、下环加工尺寸检查		√	√	
		转轮焊接前装配尺寸检查		√	√	
		焊接后（热处理前）焊缝尺寸及外观检查		√		
		转轮焊接后（热处理前）无损检测		√	√	
		转轮焊接后（热处理前）尺寸检查		√	√	
		转轮消除应力热处理			√	
		热处理后焊缝尺寸及外观检查		√		

续表

序号	监造部件	见证项目	H	W	R	备注
7	转轮	转轮热处理后无损检测		√	√	
		转轮热处理后尺寸检查	√	√	√	
		转轮与主轴镗模本体加工尺寸、粗糙度、形位公差检查		√	√	如果主轴与转轮不在同一地点制造
		转轮加工尺寸、形位公差、粗糙度检查	√	√	√	
		转轮静平衡试验	√	√	√	
		泄水锥焊接后无损检测		√	√	
		防腐检查		√		
8	水轮机主轴	材料检查（材质证明书）			√	
		焊接后（热处理前）焊缝尺寸及外观检查		√		分段主轴
		焊接后（热处理前）无损检测		√	√	分段主轴
		焊接后（热处理前）尺寸检查		√		分段主轴
		消除应力热处理			√	分段主轴
		热处理后无损检测		√	√	分段主轴
		热处理后焊接尺寸检查		√		分段主轴
		加工尺寸、形位公差及粗糙度检查	√	√	√	
		水轮机主轴与发电机主轴联轴找摆度	√	√	√	如果有
		水轮机主轴与发电机主轴同镗尺寸检查	√	√	√	如果有
		防腐检查		√		
9	联轴螺栓	材料检查（材质证明书）			√	
		无损检测		√	√	
		加工尺寸及形位公差、粗糙度检查		√	√	
10	底环	主要材料检查（材质证明书）			√	
		焊接后（热处理前）焊缝尺寸及外观检查		√		
		焊接后（热处理前）无损检测		√	√	
		焊接后（热处理前）尺寸检查		√	√	
		消除应力热处理			√	
		热处理后无损检测		√	√	

续表

序号	监造部件	见证项目	见证方式			备注
			H	W	R	
10	底环	热处理后焊接尺寸检查		√	√	
		底环加工尺寸、形位公差、粗糙度检查		√	√	
		导叶轴套装配后尺寸检查		√	√	
		防腐检查		√		
11	顶盖	主要材料检查(材质证明书)			√	
		焊接后(热处理前)焊缝尺寸及外观检查		√		
		焊接后(热处理前)无损检测		√	√	
		焊接后(热处理前)尺寸检查		√	√	
		消除应力热处理			√	
		热处理后无损检测		√	√	
		热处理后焊接尺寸检查		√	√	
		平压管打压试验		√	√	如果有
		止漏环加工尺寸检查			√	
		顶盖加工尺寸检查		√	√	
		导叶轴套装配后尺寸检查		√	√	
		防腐检查		√		
12	活动导叶	材料检查(材质证明书)			√	
		无损检测		√	√	
		导叶瓣体加工型线尺寸、粗糙度检查		√	√	
		导叶瓣体表面波浪度检查		√		
		导叶加工尺寸检查		√	√	
		防腐检查		√		
13	控制环	主要材料检查(材质证明书)			√	
		焊接后(热处理前)焊缝尺寸及外观检查		√		
		焊接后(热处理前)无损检测		√	√	
		焊接后(热处理前)尺寸检查		√	√	
		消除应力热处理			√	
		热处理后无损检测		√	√	
		热处理后焊接尺寸检查		√	√	

续表

序号	监造部件	见证项目	见证方式 H	见证方式 W	见证方式 R	备注
13	控制环	加工尺寸检查		√	√	
		轴套装配尺寸检查		√	√	
		防腐检查		√		
14	圆筒阀（阀体）	材料检查（材质证明书）			√	如果有
		焊接后（热处理前）焊缝尺寸及外观检查		√		如果有
		焊接后（热处理前）无损检测		√	√	如果有
		焊接后（热处理前）尺寸检查		√	√	如果有
		消除应力热处理			√	如果有
		热处理后焊缝无损检测		√	√	如果有
		热处理后焊接尺寸检查		√	√	如果有
		加工尺寸检查		√	√	如果有
		防腐检查		√		如果有
15	剪断销	材料检查（材质证明书）			√	
		剪断性能试验		√	√	
		加工尺寸检查			√	
16	导水机构装配	顶盖、底环配合尺寸、同心度检查	√	√	√	一般首台套
		导叶端面、立面间隙检查	√	√	√	一般首台套
		动作试验、开度检查	√	√	√	一般首台套
17	接力器	主要材料检查（材质证明书）			√	
		无损检测		√	√	
		活塞、活塞杆、接力器缸加工尺寸及外观检查		√	√	
		动作试验、耐压试验及渗漏检查	√	√		
18	主轴密封	主要材料检查（材质证明书）			√	
		主要焊缝无损检测			√	
		主要尺寸检查			√	
		预装检查		√		
		空气围带试验		√		
19	水导轴承装配	主要材料检查（材质证明书）			√	
		水导瓦无损检测		√	√	
		轴承体焊缝无损检测			√	
		加工尺寸检查		√	√	

续表

序号	监造部件	见证项目	见证方式 H	见证方式 W	见证方式 R	备注
19	水导轴承装配	预装检查		√		
		油箱渗漏试验		√		
20	油冷却器	主要材料检查（材质证明书）			√	
		尺寸检查		√	√	
		相关试验		√	√	
21	主轴中心补气装置	主要材料检查（材质证明书）			√	
		无损检测		√		
		工厂内组装检查	√			
		相关试验		√		
22	测量、控制元件及动力柜、控制柜、电气盘柜	主要材料检查（材质证明书）			√	
		主要元器件合格证检查			√	
		盘柜尺寸检查			√	
		相关试验			√	

表 H2　水轮发电机主要部件制造质量见证项目表

序号	监造部件	见证项目	见证方式 H	见证方式 W	见证方式 R	备注
1	定子机座	主要材料检查（材质证明书）			√	
		焊缝尺寸、外观检查		√	√	
		无损检测		√	√	
		尺寸检查		√	√	
		防腐检查		√		
2	定子铁心	1 定子冲片				
		1.1 材料检查（材质证明书）			√	
		1.2 尺寸检查		√	√	首件
		1.3 叠检		√	√	首台，如果有
		1.4 漆膜厚度及外观检查		√	√	抽检
		1.5 漆膜绝缘电阻		√	√	抽检
		2 齿压板				
		2.1 材料检查（材质证明书）			√	
		2.2 尺寸检查			√	
		3 鸽尾筋				
		3.1 材料检查（材质证明书）			√	

续表

序号	监造部件	见证项目	见证方式			备注
			H	W	R	
2	定子铁心	3.2 尺寸检查		√	√	
		4 定子铁心拉紧螺杆				
		4.1 材料检查（材质证明书）			√	
		4.2 尺寸检查			√	
3	绝缘盒	材料检查（材质证明书）			√	
		耐压试验		√	√	
4	定子线棒	导线与主要绝缘材料检查（材质证明书）			√	
		（水内冷、蒸发冷却）单根空心导线超声波和高频涡流探伤检查		√	√	采取巡视、查看记录方式
		（水内冷、蒸发冷却）单根空心导线超声波和高频涡流探伤检查		√	√	采取巡视、查看记录方式
		（水内冷、蒸发冷却）单根空心导线水压或气密试验		√	√	
		（水内冷、蒸发冷却）线棒水压试验、流量试验、检漏试验	√	√	√	一般首批为H点，其他采取巡视、查看记录方式
		线棒尺寸检查	√	√	√	
		线棒股间绝缘试验	√	√	√	
		线棒表面电阻测量	√	√	√	
		线棒介质损耗角试验	√	√	√	
		线棒电晕、耐压试验	√	√	√	
		线棒击穿试验	√	√	√	
5	定子线棒蒸发冷却配套设备	冷凝器材料检查（材质证明书）			√	
		冷凝器冷却管探伤检查			√	
		冷凝器焊缝探伤检查		√		
		冷凝器水压和气压试验		√		
		管路主要材料检查（材质证明书）			√	
		管路密封接头尺寸检查		√		
		引流管和密封卡套材质和试验检查		√	√	
		管路焊缝探伤检查		√		如果有
		管路水压和气压试验		√		如果有
		监控系统主要元器件出厂合格证检查			√	
		蒸发冷却供排液及回收装置气密性试验		√	√	
		阀门气密性试验		√	√	

续表

序号	监造部件	见证项目	见证方式 H	见证方式 W	见证方式 R	备注
5	定子线棒蒸发冷却配套设备	蒸发冷却监控系统控制柜功能检查及验收		√		
		冷却介质供排液和回收装置成套后功能调试及产品考核指标验收		√		
		蒸发冷却监控系统功能联调		√		
		冷却介质出厂合格证书			√	
		冷却介质电气性能试验		√	√	
6	定子线棒水内冷配套设备	纯水处理系统主要原材料、零部件、元器件、装置等的检查与核实		√		
		水-水热交换器水压试验		√	√	
		管路主要材料检查（材质证明书）			√	
		管路焊缝探伤检查		√		如果有
		绝缘引水管材料检查（材质证明书）			√	
		管路和绝缘引水管尺寸检查		√	√	
		控制柜功能检查及验收		√		
		纯水处理系统出厂前的相关试验		√		如果有
7	铜环引线	材料检查（材质证明书）			√	
		放样检查		√	√	如果有
8	转子支架	1 中心体				
		1.1 主要材料检查（材质证明书）			√	
		1.2 上下圆盘无损检测		√	√	
		1.3 焊接后（热处理前）焊缝尺寸及外观检查		√		
		1.4 焊接后（热处理前）无损检测		√	√	
		1.5 焊接后（热处理前）尺寸检查		√	√	
		1.6 消除应力热处理			√	
		1.7 热处理后无损检测		√	√	
		1.8 热处理后焊接尺寸检查		√	√	
		1.9 加工尺寸检查		√	√	
		2 外环组件（支臂）				
		2.1 主要材料检查（材质证明书）			√	
		2.2 焊接后（热处理前）焊缝尺寸及外观检查		√		

续表

序号	监造部件	见证项目	H	W	R	备注
8	转子支架	2.3 焊接后（热处理前）无损检测			√	
		2.4 焊接后（热处理前）尺寸检查		√	√	
		2.5 消除应力热处理			√	
		2.6 热处理后无损检测		√	√	
		2.7 热处理后焊接尺寸检查		√	√	
		3 转子中心体与外环组件（支臂）预装检查	√	√	√	
		4 防腐检查		√		
9	磁轭	1 磁轭冲片				
		1.1 材料检查（材质证明书）			√	
		1.2 尺寸检查		√	√	首件
		1.3 叠检		√	√	首台，如果有
		2 磁轭拉紧螺杆				
		2.1 材料检查（材质证明书）			√	
		2.2 尺寸检查			√	
10	磁极	1 磁极铁心				
		1.1 材料检查（材质证明书）			√	
		1.2 冲片尺寸检查		√	√	首件
		1.3 铁心装压后尺寸检查		√	√	
		2 磁极线圈				
		2.1 材料检查（材质证明书）			√	
10	磁极	2.2 热压后尺寸检查		√	√	
		2.3 相关试验		√	√	
		3 磁极装配后电气试验		√	√	
		4 磁极称重			√	
11	集电环装配	材料检查（材质证明书）			√	
		加工尺寸检查		√	√	
		绝缘电阻和耐压试验		√	√	
12	制动环	材料检查（材质证明书）			√	
		尺寸检查			√	
13	上、下机架	1 中心体				
		1.1 主要材料检查（材质证明书）			√	

续表

序号	监造部件	见证项目	见证方式 H	见证方式 W	见证方式 R	备注
13	上、下机架	1.2 焊接后（热处理前）焊缝尺寸及外观检查		√		
		1.3 焊接后（热处理前）无损检测			√	
		1.4 焊接后（热处理前）尺寸检查		√	√	
		1.5 消除应力热处理			√	
		1.6 热处理后无损检测		√	√	
		1.7 热处理后焊接尺寸检查		√	√	
		1.8 轴承油箱焊缝渗漏试验		√	√	
		1.9 加工尺寸检查		√	√	
		2 支臂				
		2.1 主要材料检查（材质证明书）			√	
		2.2 焊接后（热处理前）焊缝尺寸及外观检查		√		
		2.3 焊接后（热处理前）无损检测		√	√	
		2.4 焊接后（热处理前）尺寸检查		√	√	
		2.5 消除应力热处理			√	
		2.6 热处理后无损检测		√	√	
		2.7 热处理后焊接尺寸检查		√	√	
		3 中心体与支臂预装检查		√	√	
		4 防腐检查		√		
14	导轴承	轴瓦材料检查（材质证明书）			√	
		轴瓦无损检测		√	√	
		轴瓦加工尺寸、表面粗糙度检查		√	√	
		预装检查		√		如果有
15	推力轴承	1 推力头与镜板				
		1.1 推力头				
		1.1.1 材料检查（材质证明书）			√	
		1.1.2 无损检测		√	√	
		1.1.3 加工尺寸检查		√	√	
		1.2 镜板				
		1.2.1 材料检查（材质证明书）			√	
		1.2.2 无损检测		√	√	
		1.2.3 硬度测试		√	√	

续表

序号	监造部件	见证项目	见证方式 H	见证方式 W	见证方式 R	备注
15	推力轴承	1.2.4 加工尺寸检查		√	√	
		1.3 推力头与镜板装配加工后无损检测		√	√	如果有
		1.4 推力头与镜板装配后加工尺寸检查		√	√	
		2 推力瓦装配				
		2.1 推力瓦及支撑结构材料检查(材质证明书)			√	
		2.2 推力瓦及支撑结构无损检测		√	√	如果有
		2.3 推力瓦加工尺寸检查		√	√	
		2.4 支撑结构尺寸检查		√	√	
		2.5 预装检查		√		
16	上端轴	上端轴及滑转子材料检查(材质证明书)			√	
		无损检测		√	√	
		上端轴及滑转子加工尺寸检查		√	√	
		上端轴与上导滑转子热套加工后尺寸检查		√	√	
		绝缘电阻测试		√	√	
17	发电机主轴	材料检查(材质证明书)			√	
		焊接后(热处理前)焊缝尺寸及外观检查		√		分段主轴
		焊接后(热处理前)无损检测		√	√	分段主轴
		焊接后(热处理前)尺寸检查		√	√	分段主轴
		材料检查(材质证明书)			√	
		焊接后(热处理前)焊缝尺寸及外观检查		√		分段主轴
		焊接后(热处理前)无损检测		√	√	分段主轴
		焊接后(热处理前)尺寸检查		√	√	分段主轴
		消除应力热处理		√		分段主轴
		热处理后焊缝无损检测		√	√	分段主轴
		热处理后焊接尺寸检查		√	√	
		加工尺寸、形位公差、表面粗糙度检查		√	√	
		水轮机主轴与发电机主轴联轴找摆度	√	√	√	如果有
		水轮机主轴与发电机主轴同镗尺寸检查	√	√	√	如果有
		防腐检查		√		

续表

序号	监造部件	见证项目	见证方式 H	见证方式 W	见证方式 R	备注
18	联轴螺栓	材料检查（材质证明书）			√	
		无损检测		√	√	
		加工尺寸检查		√	√	

表 H3 进水球阀主要部件制造质量见证项目表

序号	监造部件	见证项目	H	W	R	备注
1	阀体	材料检查（质量证明书）			√	
		焊接后（热处理前）焊缝尺寸及外观检查		√		
		焊接后（热处理前）无损检测		√	√	
		焊接后（热处理前）尺寸检查		√	√	
		消除应力热处理			√	
		热处理后焊缝无损检测		√	√	
		热处理后焊接尺寸检查		√	√	
		加工尺寸、形位公差检查	√	√		
		耐压试验、渗漏检查	√	√	√	球阀总装后进行
		防腐检查		√		
2	活门/枢轴	材料检查（质量证明书）			√	
		焊接后（热处理前）焊缝尺寸及外观检查		√		
		焊接后（热处理前）无损检测		√	√	
		焊接后（热处理前）尺寸检查		√	√	
		消除应力热处理			√	
		热处理后焊缝无损检测		√	√	
		热处理后焊接尺寸检查		√	√	
		加工尺寸检查		√		
		加工尺寸、形位公差、粗糙度检查	√	√	√	
		动作试验、耐压试验及渗漏检查	√	√	√	球阀总装后进行
		防腐检查		√		
3	接力器	材料检查（质量证明书）			√	
		无损检测		√	√	

续表

序号	监造部件	见证项目	见证方式 H	见证方式 W	见证方式 R	备注
3	接力器	活塞、活塞杆、接力器缸加工尺寸及外观检查		√	√	
		动作试验、耐压试验及渗漏检查	√	√	√	
4	工作密封检修密封	材料检查（质量证明书）			√	
		加工尺寸检查		√	√	
		装配检查		√	√	
		动作试验、耐压试验	√	√	√	球阀总装后进行
5	上游连接管	材料检查（质量证明书）			√	
		焊接后（热处理前）焊缝尺寸及外观检查		√		
		焊接后（热处理前）无损检测		√	√	
		焊接后（热处理前）尺寸检查		√	√	
		消除应力热处理		√		
		热处理后焊缝无损检测		√	√	
		热处理后焊接尺寸检查		√	√	
		加工尺寸、形位公差、粗糙度检查		√	√	
		耐压试验	√	√	√	
		防腐检查		√		
6	下游伸缩节	材料检查（质量证明书）			√	
		焊接后（热处理前）焊缝尺寸及外观检查		√		
		焊接后（热处理前）无损检测		√	√	
		焊接后（热处理前）尺寸检查		√	√	
		消除应力热处理		√		
		热处理后焊缝无损检测		√	√	
		热处理后焊接尺寸检查		√	√	
		加工尺寸、形位公差、粗糙度检查		√	√	
		耐压试验	√	√	√	
		进人门加工尺寸检查		√	√	如果有
		进人门装配检查及开、关动作试验		√		如果有
		防腐检查		√		
7	旁通阀及管路	材料检查（质量证明书）			√	
		耐压试验	√	√	√	

289

续表

序号	监造部件	见证项目	见证方式 H	见证方式 W	见证方式 R	备注
8	轴承	材料检查（质量证明书）			√	
		尺寸检查		√	√	
		耐压试验、渗漏检查	√	√	√	
9	螺栓	材料检查（质量证明书）			√	如果有球阀本体把合螺栓、球阀与延伸管和伸缩节的连接螺栓
		无损检测		√	√	
		加工尺寸及形位公差、粗糙度检查		√	√	
10	空气阀	主要材料检查（质量证明书）			√	
		装配质量检查		√		
11	油压装置	1 压力油罐				
		1.1 主要材料检查（质量证明书）			√	
		1.2 焊缝无损检测		√	√	
		1.3 加工尺寸检查		√	√	
		2 回油箱				
		2.1 主要材料检查（质量证明书）			√	
		2.2 焊缝无损检测		√	√	
		2.3 加工尺寸检查		√	√	
		3 组合阀门				
		3.1 原产地核实与合格证书检查			√	
		3.2 性能试验		√		
12	测量、控制元件及动力柜、控制柜、电气盘柜	材料检查（质量证明书）			√	
		主要元器件合格证检查			√	
		盘柜尺寸检查			√	
		相关试验			√	

附录 I 水轮发电机组设备原材料业主方检测参考清单

委托人可委托监造单位对重要原材料进行第三方检测，混流式水轮机设备检测范围和检测比例可以参考表 I1，发电机设备可参考表 I2，进水球阀设备可参考表 I3。混流式水泵水轮机设备可参考表 I1，发电电动机设备可参考表 I2。

表 I1 混流式水轮机重要原材料第三方检测参考清单

序号	检测部位	抽检比例	备注
1	蜗壳钢板	每个供货厂家每台机选取 2 组样品	若采用高强钢板，每个供货厂家首台机每炉选取 1 组样品检测
2	蜗壳过渡段	每个供货厂家每台机选取 1 组样品	若采用高强钢板，每个供货厂家首台机每炉选取 1 组样品检测
3	座环环板	每个供货厂家每台机选取 1 组样品	若采用高强钢板，每个供货厂家首台机每炉选取 1 组样品检测
4	座环固定导叶	每个供货厂家每台机选取 2 组样品	若采用高强钢板，每个供货厂家首台机每炉选取 1 组样品检测；若采用锻件，每个供货厂家首台机增加 1 组样品检测
5	座环大舌板	每个供货厂家每台机选取 1 组样品	若采用高强钢板，每个供货厂家首台机每炉选取 1 组样品检测
6	转轮上冠	每个供货厂家每台机选取 1 组样品	若分瓣浇铸，每瓣取 1 组
7	转轮下环	每个供货厂家每台机选取 1 组样品	若分瓣浇铸，每瓣取 1 组
8	转轮叶片	每个供货厂家每台机选取 2 组样品	每个供货厂家首台机增加 1 组样品检测
9	顶盖外法兰钢板	每个供货厂家每台机选取 1 组样品	若采用高强钢板，每个供货厂家首台机每炉选取 1 组样品检测
10	活动导叶铸件	每个供货厂家每台机选取 2 组样品	每个供货厂家首台机增加 1 组样品检测
11	水轮机轴上、下法兰	每个供货厂家每台机选取 1 组样品	
12	水轮机轴轴身	每个供货厂家每台机选取 1 组样品	
13	联轴螺栓	每个供货厂家每台机选取 1 组样品	每个供货厂家首台机增加 1 组样品检测；若有销套，销套单取 1 组

表 12　水轮发电机重要原材料第三方检测参考清单

序号	复核部位	抽检比例	备注
1	定子硅钢片	每个供货厂家每台机选取 1 组样品	
2	定子铁心拉紧螺杆	每个供货厂家每台机选取 2 组样品	每个供货厂家首台机增加 1 组样品检测
3	转子支架中心体上、下圆盘	每个供货厂家每台机选取 1 组样品	若采用高强钢板,每个供货厂家首台机每炉选取 1 组样品检测
4	转子磁轭钢板	每个供货厂家每台机选取 4 组样品	
5	转子磁轭拉紧螺杆	每个供货厂家每台机选取 4 组样品	每个供货厂家首台机增加 1 组样品检测
6	下机架中心体 120mm 以上厚钢板	每个供货厂家每台机选取 1 组样品	若采用高强钢板,每个供货厂家首台机每炉选取 1 组样品检测
7	推力头	每个供货厂家每台机选取 1 组样品	
8	镜板	每个供货厂家每台机选取 1 组样品	
9	发电机轴上、下法兰	每个供货厂家每台机选取 1 组样品	
10	发电机轴轴身	每个供货厂家每台机选取 1 组样品	
11	联轴螺栓	每个供货厂家每台机选取 1 组样品	每个供货厂家首台机增加 1 组样品检测;若有销套,销套单取 1 组
12	上端轴	每个供货厂家每台机选取 1 组样品	

表 13　进水球阀重要原材料第三方检测参考清单

序号	部件原材料	抽检比例	备注
1	阀体	每台机组选取 2 组样品	若采取分瓣浇铸,每瓣选取 1 组样品检测
2	活门	每台机组选取 1 组样品	
3	枢轴	每台机组选取 1 组样品	
4	上游连接管	每台机组选取 2 组样品	
5	下游伸缩节	每台机组选取 2 组样品	
6	法兰	每台机组选取 2 组样品	上游连接管、下游伸缩节分别与球阀阀体的连接法兰
7	螺栓	每个原材料生产厂家提供的材料中,每台机组选取 2 组样品	每个原材料生产厂家提供的材料中,首台机组另增加 1 组样品检测

参考文献

[1] 中国电力企业联合会. DL/T 586—2008 电力设备监造技术导则 [S]. 北京：中国电力出版社，2008.

[2] 中国建设监理协会，北京交通大学，华北电力大学，等. GB/T 50319—2013 建设工程监理规范 [S]. 北京：中国建筑工业出版社，2013.

[3] 全国设备监理工程咨询标准化技术委员会. GB/T 26429—2010 设备工程监理规范 [S]. 北京：中国标准出版社，2011.

[4] 梁维燕，邴凤山，饶芳权，等. 中国电气工程大典：第5卷 水力发电工程 [M]. 北京：中国电力出版社，2010.

[5] 汪洋，吕文学，张连营，等. 设备工程监理系列教材 [M]. 北京：中国人事出版社，2016.

[6] 杜荣幸，王庆，榎本保之，等. 长短叶片转轮水泵水轮机在清远抽水蓄能电站中的应用 [J]. 水电与抽水蓄能，2016（5）：39.

[7] 李铁军，管亚军. 大型抽水蓄能发电电动机环形磁轭结构分析 [J]. 水电与抽水蓄能，2017（3）：92-94.

[8] 王艳武，王建刚. 大型水轮发电机转子极间支撑结构可靠性分析 [J]. 上海大中型电机，2015（3）：19.

[9] 袁晓红，王玉田. VPI与模压的发电机定子线棒之性价比 [J]. 大电机技术，2011（1）：37.

[10] 翦健. 溪洛渡水电站机电设备监造实践与创新 [J]. 设备监理，2017（4）：6-11.

[11] 张华清，陈志华，程诗昊，等. 马来西亚沐若水电站主机设备监造工作实践 [J]. 人民长江，2018，49（增刊1）：176-180.